SolidWorks 2023 三维设计及应用教程

商跃进 曹 茹 主编

机械工业出版社

本书系统地介绍了计算机三维辅助机械设计的原理及现代工具应用实践。本书以 SolidWorks 2023 为平台,详细讲述了零件建模、虚拟装配及图纸绘制的 CAD 技术、运动仿真和 FEM(有限元法)分析的 CAE 技术,以及数控车铣的 CAM 技术。全书包括设计入门、零件建模、虚拟装配、图纸绘制、高效工具、运动仿真、强度设计和辅助制造八大部分。本书最大的特色是基于 OBE(Outcomes-based Education,基于学习产出的教育模式)理念,按照"因用而学"的原则,内容系统够用,原理精炼通用,范例仿真实用。本书为新形态立体化教材,以学生为中心,精简文字解释,运用二维码技术融合案例视频,配有练习素材、资源文件、授课讲稿及题库网页等资源,激发学生学习的积极性和主动性,既便于学生快速入门,又能渐进精通。

　　本书可作为高等学校机械类专业和各种培训机构相关课程的教材,也可供从事机械 CAD/CAE/CAM 研究与应用的工程技术人员参阅。

　　本书配有授课电子课件,需要的教师可登录 www.cmpedu.com 免费注册,审核通过后下载,或联系编辑索取(微信:13146070618,电话:010-88379739)。

图书在版编目(CIP)数据

SolidWorks 2023 三维设计及应用教程 / 商跃进,曹茹主编. --北京:机械工业出版社,2024.10.
(普通高等教育系列教材). -- ISBN 978-7-111-76083-2

Ⅰ. TH122

中国国家版本馆 CIP 数据核字第 2024XM8355 号

机械工业出版社(北京市百万庄大街 22 号　邮政编码 100037)

策划编辑:解　芳	责任编辑:解　芳　王　良
责任校对:甘慧彤　杨　霞　景　飞	责任印制:李　昂

北京新华印刷有限公司印刷

2024 年 10 月第 1 版第 1 次印刷

184mm×260mm·19.25 印张·474 千字

标准书号:ISBN 978-7-111-76083-2

定价:79.00 元

前　　言

在当前数字孪生等智能制造技术蓬勃发展的大背景下，三维设计技术普及化是必然的趋势。基于这种形势，目前社会上急需学习和掌握三维机械设计原理、方法与技术的相关书籍。

通过三维 CAD 系统设计的零部件所见即所得，零件、装配和图纸全相关，能够实现牵一发动全身，并且可以进行质量属性评测、装配干涉检查、运动性能仿真、结构强度校核、可加工性分析等一系列的虚拟仿真，极大地提高了产品设计质量和开发效率。本书以 SolidWorks 2023 为平台，基于 OBE 工程教育理念，本着 CAD/CAE/CAM 一体化的思路组织内容，按照"内容系统够用，原理精炼通用，范例仿真实用"的原则编写，重在培养读者利用现代工具解决机械工程领域复杂工程问题的创新设计能力。本书尽力避免理论过深和命令堆砌的教材编写问题，力求做到通俗易懂、简练实用，举一反三，使读者真正做到既知其然，又知其所以然，从本质上提高设计能力。本书最大的特色是：

（1）内容系统够用——更注重"知识系统"，力求做到"融会贯通"。尽力使读者明白计算机三维辅助设计是机械制图、机械原理、机械设计及制造等课程中所学理论知识的综合运用，是"产品设计与制造仿真，而非简单的画图"。尽力使读者建立贯穿三维技术的全新机械设计知识体系。

（2）原理精炼通用——更注重"能力培养"，力求做到"删繁就简"。"让读者专注于设计技术而非软件本身"，按照设计需求，深入浅出地归纳通用设计方法、演绎设计技术、解析最常用命令。尽力做到选材精炼、图文并茂、通俗易懂。

（3）范例仿真实用——更注重"因用而学"，力求做到"工程背景"。广泛搜集工程范例，精解技术应用，使读者进一步理解和掌握设计原理，全面提高读者解决工程实际问题的能力。尽力做到举一反三、学以致用。

本书中，图纸标准术语为图样；皮带轮标准术语为带轮；形位公差标准术语为几何公差。

本书由商跃进和曹茹主编，董雅宏、朱喜锋、曹兴潇参编，其中：第 1、5 章由董雅宏编写，第 2 章由曹茹编写，第 3、6 章由朱喜锋编写，第 4 章由曹兴潇编写，第 7、8 章由商跃进编写。全书由商跃进和曹茹统稿；商跃进和董雅宏进行了例题上机验证、授课 PPT 制作和教学实践；曹茹对全书进行了校对。

本书编写过程中，得到了兰州交通大学天佑创新团队项目（TY202006）的资助，兰州交通大学机电工程学院有关老师及机械工业出版社编辑给予了大力支持和帮助，在此表示衷心的感谢。

由于编者水平有限、时间仓促，书中难免存在不妥之处，敬请广大读者提出宝贵意见和建议。

编　者

目　　录

前言
第1章　三维设计入门 ……………………………………………………………………… 1
　1.1　三维设计技术基础 ……………………………………………………………………… 1
　　1.1.1　CAD/CAM 技术概述 ……………………………………………………………… 1
　　1.1.2　机械三维设计工具简介 …………………………………………………………… 1
　　1.1.3　三维设计快速入门 ………………………………………………………………… 3
　1.2　SolidWorks 基础 ……………………………………………………………………… 8
　　1.2.1　SolidWorks 主要功能 ……………………………………………………………… 8
　　1.2.2　SolidWorks 基本操作 ……………………………………………………………… 9
　1.3　习题 1 …………………………………………………………………………………… 11
第2章　零件参数化设计 …………………………………………………………………… 12
　2.1　草图绘制 ………………………………………………………………………………… 12
　　2.1.1　草图绘制快速入门 ………………………………………………………………… 12
　　2.1.2　草图绘制基础 ……………………………………………………………………… 14
　　2.1.3　草图绘制实践 ……………………………………………………………………… 19
　2.2　特征造型 ………………………………………………………………………………… 21
　　2.2.1　特征造型快速入门 ………………………………………………………………… 21
　　2.2.2　特征基本操作 ……………………………………………………………………… 24
　　2.2.3　特征建模实践 ……………………………………………………………………… 26
　2.3　零件设计 ………………………………………………………………………………… 33
　　2.3.1　零件设计快速入门 ………………………………………………………………… 33
　　2.3.2　零件设计基础 ……………………………………………………………………… 36
　　2.3.3　零件设计原则 ……………………………………………………………………… 41
　2.4　机械零件综合设计实践 ………………………………………………………………… 42
　　2.4.1　轴类零件设计 ……………………………………………………………………… 42
　　2.4.2　螺旋弹簧类零件设计 ……………………………………………………………… 46
　　2.4.3　盘类零件设计 ……………………………………………………………………… 49
　　2.4.4　齿轮类零件设计 …………………………………………………………………… 50
　　2.4.5　箱体零件设计 ……………………………………………………………………… 55
　2.5　习题 2 …………………………………………………………………………………… 66
第3章　虚拟装配设计 ……………………………………………………………………… 73
　3.1　虚拟装配设计入门 ……………………………………………………………………… 73
　　3.1.1　装配设计快速入门 ………………………………………………………………… 73
　　3.1.2　虚拟装配设计基础 ………………………………………………………………… 76
　　3.1.3　装配实践——铁路轮对压装仿真 ………………………………………………… 80
　3.2　活塞式压缩机虚拟装配 ………………………………………………………………… 83
　　3.2.1　装配过程分析 ……………………………………………………………………… 83

3.2.2 活塞连杆组装配 ·· 84

3.2.3 压缩机总成装配 ··· 86

3.3 机械产品设计表达 ··· 90

3.3.1 概述 ··· 90

3.3.2 机械产品的静态表达 ·· 91

3.3.3 机械产品的动画表达 ·· 95

3.4 习题3 ··· 101

第4章 工程图创建 ··· 104

4.1 工程图快速入门 ··· 104

4.2 工程图模板创建 ··· 109

4.2.1 创建符合GB规范的图纸格式 ·· 109

4.2.2 设定符合GB规范的图纸选项 ·· 112

4.2.3 工程图模板管理与使用 ·· 114

4.3 工程图纸创建 ·· 115

4.3.1 创建符合GB规范的视图 ··· 115

4.3.2 添加符合GB规范的注解 ··· 123

4.3.3 工程图输出 ·· 125

4.4 创建零件图 ··· 128

4.4.1 零件图基本知识 ·· 128

4.4.2 轴套类零件工程图实践 ·· 130

4.4.3 齿轮工程图实践 ·· 135

4.4.4 弹簧工程图实践 ·· 140

4.5 创建装配图 ··· 144

4.5.1 装配图基础操作 ·· 144

4.5.2 螺栓联接装配图实践 ·· 147

4.5.3 减速器总装配图实践 ·· 151

4.5.4 螺栓联接拆装工程图实践 ··· 156

4.6 习题4 ··· 158

第5章 SolidWorks提高设计效率的方法 ··························· 161

5.1 设计重用 ··· 161

5.1.1 配置 ·· 161

5.1.2 设计库定制与使用 ·· 163

5.1.3 智能扣件等智能功能 ·· 165

5.1.4 方程式参数化设计 ·· 169

5.1.5 二次开发 ·· 172

5.2 钣金 ·· 177

5.2.1 钣金设计快速入门 ·· 177

5.2.2 建立钣金零件的方法 ·· 180

5.2.3 机箱盖子钣金设计实践 ·· 184

5.3 焊件 ·· 189

5.3.1 焊件设计快速入门 ·· 189

5.3.2 框架焊件设计实践 ·· 191

5.3.3 焊件型材定制 ·· 196

5.4 管路与布线 ·· 198

　　5.4.1 管路设计快速入门 ·· 198

　　5.4.2 三维管路设计实践 ·· 202

　　5.4.3 计算机数据线建模 ·· 206

5.5 习题 5 ··· 209

第 6 章 机构运动/动力学仿真 ··· 211

6.1 机构分析快速入门 ·· 211

　　6.1.1 引例：曲柄滑块机构分析 ··· 211

　　6.1.2 SolidWorks Motion 基础 ·· 213

6.2 SolidWorks Motion 应用 ··· 215

　　6.2.1 压气机机构仿真分析 ··· 215

　　6.2.2 阀门凸轮机构仿真设计 ·· 218

　　6.2.3 工件夹紧机构仿真设计 ·· 220

　　6.2.4 挂锁夹紧机构仿真设计 ·· 221

6.3 自上而下的装配设计 ·· 225

　　6.3.1 快速入门 ·· 225

　　6.3.2 螺栓联接自上而下设计 ·· 228

　　6.3.3 发动机自上而下设计 ··· 230

6.4 习题 6 ··· 232

第 7 章 机械零件结构设计 ·· 233

7.1 有限元分析快速入门 ·· 233

　　7.1.1 引例：带孔板应力分析 ·· 233

　　7.1.2 有限元的建模策略 ·· 238

7.2 高速轴设计 ·· 241

　　7.2.1 轴的静强度与刚度分析 ·· 242

　　7.2.2 轴的疲劳强度分析 ·· 244

　　7.2.3 轴的模态分析 ·· 248

7.3 圆柱螺旋压缩弹簧设计 ··· 249

　　7.3.1 弹簧刚度计算 ·· 249

　　7.3.2 弹簧强度计算 ·· 250

　　7.3.3 弹簧稳定性分析 ··· 251

7.4 直齿圆柱齿轮强度设计 ··· 252

　　7.4.1 齿轮啮合传动强度计算 ·· 253

　　7.4.2 轮轴过盈配合强度计算 ·· 254

7.5 优化设计 ·· 257

　　7.5.1 拓扑优化设计 ·· 258

　　7.5.2 尺寸优化设计 ·· 259

7.6 耦合场分析 ·· 264

　　7.6.1 压气机连杆动应力分析 ·· 264

　　7.6.2 制动零件热应力分析 ··· 266

　　7.6.3 动车组车体碰撞分析 ··· 268

　　7.6.4 动车组车体流固耦合分析 ··· 270

7.7 习题 7 ··· 273

第 8 章 计算机辅助制造 ……………………………………………………………… 275

8.1 SolidWorks CAM 快速入门 …………………………………………………… 275

8.2 SolidWorks CAM 数控铣削加工 ……………………………………………… 277

8.2.1 平面凸轮轮廓铣削 ……………………………………………………… 278

8.2.2 外形与凹槽铣削加工 …………………………………………………… 282

8.3 SolidWorks CAM 数控车削加工 ……………………………………………… 287

8.3.1 车削入门——手柄车削加工 …………………………………………… 288

8.3.2 整体辗钢车轮车削加工 ………………………………………………… 291

8.4 习题 8 ………………………………………………………………………… 297

参考文献 ………………………………………………………………………………… 299

第1章　三维设计入门

　　CAD/CAM 三维设计的发展和应用已经成为衡量一个国家科技现代化与工业现代化水平的重要指标。本章重点介绍三维设计技术的意义、内容及建模工具，SolidWorks 图形用户界面、工作环境设置和文件基本操作。

1.1　三维设计技术基础

　　制造业的全球化、信息化，催生出一门产品开发综合性应用技术——计算机辅助设计与制造（Computer Aided Design and Computer Aided Manufacturing，简称 CAD/CAM）。该技术是新一代数字化、虚拟化、智能化设计平台的基础，是培育创新型人才的重要手段。

1.1.1　CAD/CAM 技术概述

　　与二维设计相比，三维参数化设计使用三维模型表达产品设计理念，不仅更为直观、高效，而且包含质量、材料等物理、工程特性的三维功能模型，可以实现真正的虚拟设计和优化设计。

CAD/CAM
技术概述

　　1. 三维设计的意义与作用

　　三维 CAD 系统中，用参数化约束来表达零部件的设计意图，三维/二维全相关，设计的修改在三维与二维模型中保持一致，使得所设计的产品修改更容易，管理更方便，可起到事半功倍的作用。三维 CAD 系统中，工程图直接由三维模型投影而成，生成的工程图更准确。三维 CAD 系统中，可以渲染产品的颜色等属性和纹理等效果，所见即所得。三维 CAD 设计中，可以进行机构运动等 CAE（Computer Aided Engineer）、CAM 数控加工仿真分析。凡此种种，采用三维设计是设计理念的一种变革，是 CAD 应用的真正开始。

　　使用三维 CAD 的目的主要是：

　　1）表达设计思维——绘图/建模不是设计的终极目标。

　　2）提高修改速度——零件设计必须实现关联。

　　3）实现制造仿真——设计就是模拟加工和装配。

　　2. CAD/CAM 的功能和任务

　　图 1-1 所示为铁路车轮的设计过程示例，分析可知，CAD/CAM 的主要任务是对产品设计制造过程中的信息进行处理。信息主要包括：设计制造中的设计需求分析、概念设计、设计建模、设计分析、设计评价和设计表示、加工工艺分析、数控编程等，其工作流程如图 1-2 所示。

1.1.2　机械三维设计工具简介

　　不同的三维设计软件侧重的功能不一样，准确了解三维设计软件的特性有助于更好地掌握三维设计软件。

1

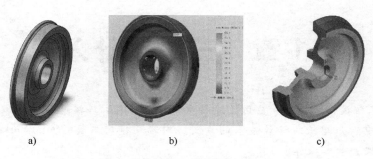

图 1-1　铁路车轮的设计过程

a）CAD 设计　b）CAE 分析　c）CAM 仿真

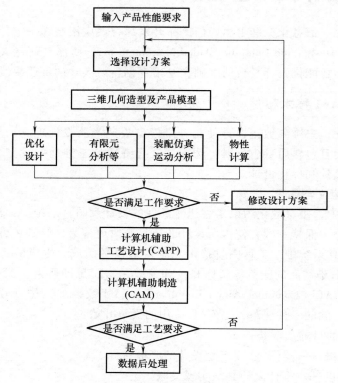

图 1-2　CAD/CAM 的工作流程

1. 软件的类型

机械三维设计软件包括 CAD 设计软件（如 SolidWorks、CATIA、UG、Creo 等）、CAE 分析软件（如 ANSYS、ADAMS 等）、CAM 数控加工软件、CAPP 工艺软件和 PDM/PLM 协同管理软件等。

2. 软件的选用原则

企业在选择 CAD 软件的时候，应首先对自身的需求以及企业实力做出客观的评价。主要从以下 5 个方面来对软件的选择进行考虑：

1）软件功能：这里所指的软件功能不仅仅包括软件的 CAD 功能，还包括软件所提供的二次开发环境、与其他 CAD 软件的数据交换能力、是否能够与其他 CAM/CAE 等设计软件较好地集成等。一款优秀的 CAD 软件应在提供了强大的几何（曲线、曲面）造型能力的基础上，还应具有参数化设计功能，三维实体模型与二维工程图形应能转化并关联。企业应视自身需求选择具有相应功能的 CAD 软件。

2）软硬件的性价比：软件的功能是否满足企业发展的要求是非常重要的，此外，价格也是一个因素。

3）软件的集成化程度：目前很多大型 CAD 软件实际上都与 CAM/CAE 相结合，集三维绘图、零部件装配、运动仿真、有限元分析、数控加工动态显示等功能于一身，企业应视自身需求选用。

4）软件学习和使用的难度：一个好的 CAD 软件还应满足易学易用的要求。

5）升级方法及技术支持：升级方式可以参考企业所要购买软件的前几个版本所用的升级方式。技术支持主要包括软件商是否提供技术培训，是否提供软硬件维护等。

3. 如何成为合格的三维设计人员

要想成为一名合格的机械三维设计人员，应该注意掌握以下所列三维设计软件学习方法：

1）明确设计思想。要明白三维设计不仅为了直观，更重要的是为了贯彻设计思想，减少错误，提高设计效率。没有设计思想，就等于没有了设计灵魂，只是单一的"搭积木"方式，往往会事倍功半。

2）注重学练结合。三维设计软件的实践性很强，"光学不练等于白干，光练不看等于傻干，边看边练事半功倍"。

3）夯实基础知识。三维设计通常就是零件加工过程的虚拟仿真。一般来说，机械设计人员一定要掌握机械制图、极限与配合、机构学等基础知识，了解制造工艺过程。

4）培养美学认识。现代的工业设计很大程度上依赖于美学和工程学的结合，要搞好设计必须从美学和工程学两个方面入手。

1.1.3 三维设计快速入门

1. 快速入门引例——哑铃三维设计

下面通过在 SolidWorks 中建立图 1-3 所示哑铃的设计过程，领略三维设计的基本流程及特点。具体过程为：

三维设计
快速入门

（1）造铃片

1）新零件。

单击"文件"→"新建"，在弹出的"新建 SolidWorks 文件"对话框中，选中"零件"，单击"确定"按钮，进入 SolidWorks "零件"造型界面。单击"文件"→"保存"，在弹出的文件对话框中设文件名为"铃片.sldprt"，单击"保存"按钮。

2）造片体。

● 绘制截面：选择右视基准面，单击"草图"工具栏上的"草图绘制"和"圆"，单击坐标原点，拖动绘制圆，单击"智能尺寸"，选择圆，将直径设置为 140mm，单击"确定"按钮。

● 拉片体：在命令管理器中单击"特征" 特征 工具条和"拉伸凸台/基体"，如图 1-4 所示，在拉伸对话框中设"两侧对称"，设 为"40.00mm"，单击"确定"按钮。

3

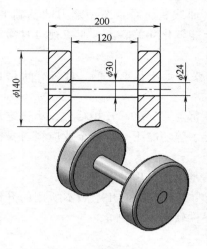

图 1-3 哑铃示意图　　　　　　　　　　图 1-4 哑铃片体造型

3) 打通孔。

● 绘孔圆：选铃片端面，单击"草图"工具栏上的"草图绘制"和"圆"⊙，单击坐标原点，拖动绘制圆，单击"智能尺寸"◇，将圆直径设置为"24mm"，单击"确定"按钮✔。

● 切孔体：在命令管理器中单击"特征"│特征│工具条和"拉伸切除"⬛，如图 1-5 所示，设"方向"↗为"完全贯穿"，单击"确定"按钮✔。

4) 倒圆角。在命令管理器中单击"特征"│特征│工具条和"圆角"🔲·，如图 1-6 所示，单击圆柱面，选中"完整预览"单选框，设圆角参数为"5.00mm"，单击"确定"按钮✔。单击"文件"→"保存"。

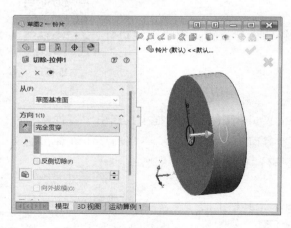

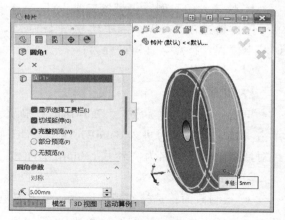

图 1-5 打通孔　　　　　　　　　　　图 1-6 倒圆角

（2）改手柄

1) 另存为。在哑铃片编辑环境，单击"文件"→"另存为"，修改文件名为"手柄.sldprt"，单击"保存"按钮。

2）改柄身。

• 改直径：如图 1-7 所示，在设计树中右键单击"凸台-拉伸 1"，单击"编辑草图" ✐，双击直径尺寸，更改为 30mm，单击"确定"按钮 ✔。单击"更新工具" 🔘 。

• 改长度：如图 1-8 所示，在设计树中右键单击"凸台-拉伸 1"，单击"编辑特征" 🔲，将长度更改为 200mm，单击"确定"按钮 ✔。

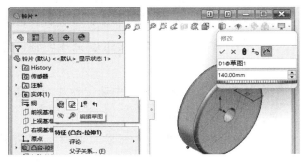

图 1-7　改直径　　　　　　　　　　　　　图 1-8　改长度

3）改柄头。

• 改左头：在设计树中右键单击"切除-拉伸 1"，单击"编辑特征" 🔲，如图 1-9 所示，选"给定深度"，尺寸设为 40mm，选中"反侧切除"复选框，单击"确定"按钮 ✔。

• 删圆角：在设计树中右键单击"圆角 1"，单击"删除"，单击"是（Y）"按钮。

• 镜右头：在命令管理器中的 特征 工具条单击"镜像" ▮◖｜，如图 1-10 所示，选镜像面为"右视基准面"，选"切除-拉伸 1"为要镜像的特征，单击"确定"按钮 ✔。

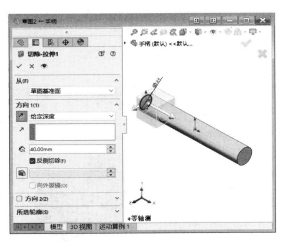

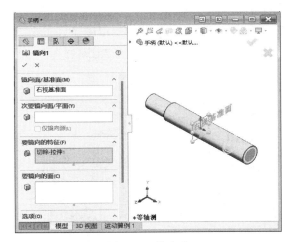

图 1-9　改左头　　　　　　　　　　　　　图 1-10　镜右头

（3）装哑铃

1）生成新装配。单击"标准"工具栏中的"新建" ▯，在新建文件对话框中选中"装配体" 🔲，然后单击"确定"按钮。

2）装手柄。在插入零部件对话框中单击"浏览"按钮，在图 1-11 所示的对话框中，找到"手柄"文件后，单击"打开"按钮。再单击"确定"按钮✔即可插入哑铃杆。单击"文件"→"保存"，在弹出的文件对话框中设文件名为"哑铃"，单击"确定"按钮。

3）装左铃片。

● 插铃片：在命令管理器中的 装配体 工具条中单击"插入零部件"按钮📦，单击"浏览"按钮，找到哑铃片，单击"打开"按钮，在图形区空白处单击，即可插入哑铃片。

● 设同心：在"装配"工具条上单击"配合"按钮📎，在图形区中选中哑铃杆柱面和哑铃片孔圆柱面，如图 1-12 所示，选中"同轴心"◎，单击"确定"按钮✔完成轮轴同心配合。重复上述步骤完成哑铃杆和另一个哑铃片同心配合。

● 设重合：在"装配"工具条上单击"配合"按钮📎，在图形区中选中铃片侧面和手柄安装面，如图 1-13 所示，选中"重合"⏄，单击"确定"按钮✔。

4）装右铃片：重复上述步骤，插入另一个哑铃片，如图 1-14 所示。保存为"哑铃.sldasm"。

图 1-11　插入哑铃杆

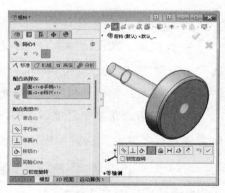

图 1-12　设同轴心

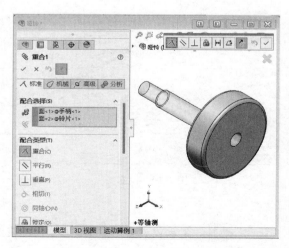

图 1-13　铃片内侧面和手柄头重合配合

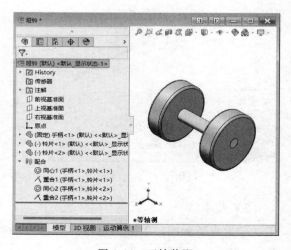

图 1-14　哑铃装配

（4）添材料　如图 1-15 所示，在装配设计树中右键单击手柄中的材质，在弹出菜单中选"黄铜"，零件被赋予相应材料并变为相应颜色。重复上述步骤为铃片之一添加"红铜"即可。

（5）称质量　在哑铃装配环境中，在命令管理器的"评估"工具条中单击"质量属性"，弹出图 1-16 所示的"质量属性"对话框，可知哑铃质量为 11.584kg。

图 1-15　添材料

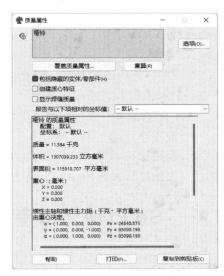

图 1-16　称质量

（6）出图纸

1）生成新的工程图文档。单击"标准"工具栏上的"新建" ，新建 SolidWorks 文件对话框出现，单击"工程图" ，单击"确定"按钮，新工程图窗口出现。

2）生成标准三视图。单击 视图布局 上的"标准三视图" 按钮，在弹出的"标准三视图"对话框中浏览到"哑铃 .sldasm"文件，并单击"确定"按钮 。单击"文件"→"保存"，在弹出的文件对话框中设文件名为"哑铃"，单击"确定"按钮。

3）标注尺寸。单击"注解"工具条 注解 上的"模型项目" 按钮，单击"确定"按钮 ，再单击 是(Y) 按钮，完成尺寸标注。保存为"哑铃装配图 .sldasm"。

（7）验关联　打开铃片，如图 1-17 所示，右键单击"草图 1"，选"编辑草图" ，修改铃片直径为 100mm。单击命令管理器中的"更新工具" ，完成零件更新。然后，打开哑铃装配文件测量，可见质量变为 6.240kg；打开哑铃工程图，可见铃片直径变为 100。这说明零

图 1-17　零件、装配和工程图是全相关验证

件、装配和工程图是全相关的。

2. 三维设计不传之秘

由以上哑铃建模过程可归纳总结出 SolidWorks 等三维 CAD 软件建模的奥秘如下：

（1）3 大特点　具有"机械制造仿真、所见即所得和牵一发动全身"的特点。

（2）4 个层次　如图 1-18 所示，三维设计分为 5 个层次："草图是基础，特征是关键，零件是核心，装配是目标，图纸是成果"。

（3）3 个步骤　操作步骤可总结为以下三步。

- **造零件**：画草图、造特征、制零件。
- **装机械**：添零件、设配合、装机械。
- **出图纸**：投视图、添注解、出图纸。

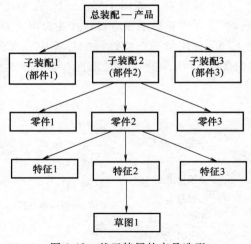

图 1-18　基于特征的产品造型

1.2　SolidWorks 基础

SolidWorks 软件以其优异的性能、易用性和创新性，极大地提高了机械设计工程师的设计效率，在与同类软件的激烈竞争中已经确立了它的市场地位。

1.2.1　SolidWorks 主要功能

SolidWorks 软件是世界上第一个基于 Windows 开发的三维 CAD 系统，具有功能强大、易学易用和技术创新三大特点，这使得 SolidWorks 成为主流的三维 CAD 解决方案。自 1995 年问世，SolidWorks 软件已为我国数千家制造企业的信息化建设提供了完整、实用的解决方案，广泛用于航空、航天、铁道、兵器、电子、机械等领域。

1. SolidWorks 主要模块

SolidWorks 软件包含多种三维设计模块，可以实现完整的 CAD/CAE/CAM 设计。主要模块包括：

1）基本模块：包含零件建模、虚拟装配与图纸设计等基本模块，可实现基于特征的、参数化的实体建模功能，通过特征工具进行拉伸、旋转、抽壳、阵列、拉伸切除、扫描、扫描切除、放样等操作完成零件的建模。建模后的零件可以插入装配体中形成装配关系，还可以进行干涉检查等。利用零件及其装配实体模型，可以自动生成零件及装配的工程图，且工程图是全相关的，当修改图纸的尺寸时，零件模型、各个视图、装配体都自动更新。

2）专用模块：包含钣金、焊接、布路、曲面造型等专用模块。

3）仿真插件：与有限元分析 Simulation、机构运动分析 Motion 以及 SolidCAM 数控加工软件等著名软件无缝集成。

2. SolidWorks 术语

SolidWorks 是一个基于特征、参数化的实体造型系统，其主要术语如下：

（1）实体建模　实体建模就是在计算机上用一些三维基本元素（特征）来构造零件的完整三维模型。

（2）基于特征　特征是指可以用参数驱动的三维几何体，特征兼有形状和功能两种属性，包括特定几何形状、拓扑关系、典型功能、制造技术和公差要求。基于特征的设计中，特征是设计的基本单元，零件是各种特征的叠加。例如，图1-19所示的哑铃片是下料、打孔和倒圆角3个特征的组合。

（3）参数化　传统的CAD绘图，其尺寸仅有"注释"功能，参数化设计的尺寸用变量参数来表示，具有"驱动"能力，模型改变由尺寸驱动。

（4）全相关　SolidWorks零件模型

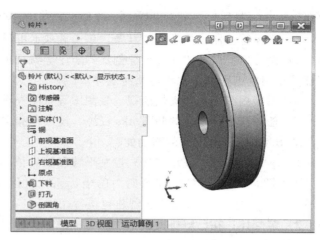

图1-19　基于特征举例

与其相关的工程图及装配体是完全关联的，即对模型的修改会自动反映到与之相关的工程图和装配体中，同样，对工程图和装配体的修改也会自动反映到模型中。

1.2.2　SolidWorks 基本操作

1. SolidWorks 2023 用户界面

SolidWorks界面操作完全使用Windows风格，界面友好，操作方便，易学易用。启动SolidWorks 2023后，在其欢迎界面里单击"零件"按钮即可进入其界面，如图1-20所示。常用操作界面包括菜单栏、命令管理器（CommandManager）、设计树（FeatureManager）、前导视图工具和任务窗格，分别如图1-20中1~5所示。

1）菜单栏：菜单几乎包括所有SolidWorks命令。默认情况下，菜单是隐藏的。若想使菜

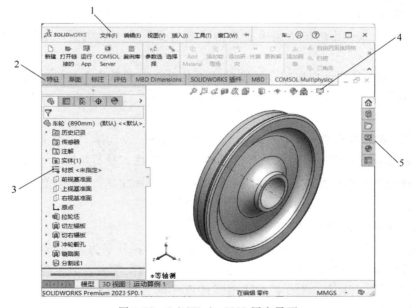

图1-20　SolidWorks 2023 用户界面

单保持可见，将鼠标移到 SolidWorks 徽标上，单击 钉住。

2）命令管理器：为常用工具条，单击选项卡可显示相应工具。

3）设计树：设计树显示特征创建的顺序等特征的相关信息。可以通过设计树选择和编辑特征、草图、工程视图和构造几何线等。

4）前导视图工具：提供前视、轴测图等视图查看方式工具。

5）任务窗格：包含 SolidWorks 资源、设计库和文件夹资源管理器等面板。

2. SolidWorks 2023 的新功能

1）零件和特征：使用方程式控制平移和旋转值的功能，可以加快几何体的复制。使用参考 3D 草图、2D 草图尺寸和镜向中的坐标系，可以加快零件建模。使用单线字体（也称为 Stick 字体）的草图，可以快速创建包覆特征。

2）装配体：在已解析模式下加载零部件时，可以通过有选择地使用轻量化的技术自动优化已解析模式。利用更快地保存大型装配体的功能，来提高工作效率。

3）工程图和出详图：使用"启用/禁用"选项将形位公差限制为特定标准，从而确保标准化。通过值在被覆盖时将变为蓝色的功能，在 BOM 表中更轻松地识别覆盖值。消除隐藏线（HLR）和隐藏线可见（HLV）的模式，在工程图中就可以显示透明模型。

4）钣金设计：用基体法兰或放样折弯特征应用对称厚度，让设计师更轻松地均衡折弯半径值。在注解和切割清单中包括钣金规格值。

5）电气和管道布线：可以创建含多个电路的接头，并且可以将电线或电缆芯连接到其中。

6）随时查看线束段的图形横截面，清晰地可视化线束段。

3. SolidWorks 工作环境设置

要熟练地使用一款软件，必须先认识软件的工作环境，然后设置适合自己的使用环境，这样设计工作可以更加快捷。SolidWorks 可以根据需要显示或者隐藏工具栏，以及添加或删除工具栏中的命令按钮，还可以根据需要设置零件、装配体和工程图的工作界面。

（1）显示/隐藏工具栏　系统默认的工具栏是比较常用的。显示/隐藏工具栏的方法：在工具栏区域右键单击，在弹出的快捷菜单中单击"自定义"命令，勾选/取消需要显示/隐藏的工具栏复选框即可。

（2）添加/删除工具栏命令按钮　系统默认工具栏中，并没有包括平时所用的所有命令按钮，单击"工具"→"自定义"，将弹出对话框的"命令"选项卡中的相应按钮拖放到工具栏中。

（3）显示/隐藏坐标轴等　单击"视图"→"显示/隐藏"，选择"坐标系"等。

（4）显示效果设置　用户可以更改操作界面的背景颜色、显示角度、显示方式等。操作方法是使用前导视图中的相应按钮，如用前导视图中的"视图定向" 按钮等可以选择观察角度等。

4. 设计文件的命名和保存

SolidWorks 零件文件、装配文件和工程图文件的扩展名分别为"＊.sldprt""＊.sldasm""＊.slddrw"。为了便于管理，根据产品和部件建立不同的文件夹，分别保存相应部件或产品的模型和工程图文件。模型文件的名称使用零件或装配名称命名，其对应的工程图文件使用"模型文件的相同名称+工程图或装配"保存。

单击"文件"→"保存"即可保存相应编辑格式的文件；单击"文件"→"Pack and Go"（打包），即可把相关文件一起保存到压缩文件中。

1.3　习题 1

1-1　简述三维设计的意义与作用。

1-2　简述三维设计软件的基本功能与步骤。

1-3　SolidWorks 是什么样的软件？它有什么特点？

1-4　简述 SolidWorks 设计树的作用。

1-5　简述 SolidWorks 零件、装配和工程图文件的扩展名。

1-6　上机练习哑铃建模全过程。

第2章　零件参数化设计

在三维 CAD 软件中，通常先在选定的平面上绘制二维几何图形（草图），再对这个草图进行特征操作，使之生成三维特征，然后由多个特征组成零件。**"零件设计是核心，特征设计是关键，草图设计是基础"**。本章重点介绍草图绘制的技巧、特征造型的奥妙和零件设计的相关知识。

2.1　草图绘制

本节重点介绍草图绘制步骤、绘制工具、约束方法和设计意图的表达等。

草图绘制

2.1.1　草图绘制快速入门

1. 草图绘制引例

下面以在前视基准面上绘制图 2-1d 所示草图为例，说明草图绘制的技巧。绘制过程如图 2-1a~d 所示。具体操作如下：

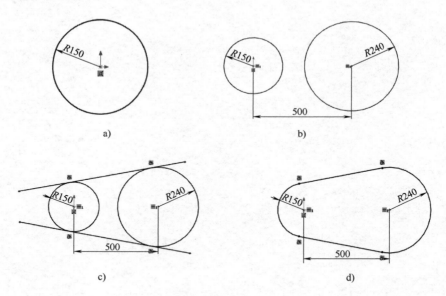

a）绘左圆　　b）绘右圆

c）　　　　　　　　d）

图 2-1　草图绘制引例
a）绘左圆　b）绘右圆　c）绘切线　d）裁多余

［步骤1］　达意图

分析可见此例的设计意图为：在基准圆（左圆）和右圆之间连接两条公切线，常用于带轮廓线（基准圆能用右圆吗？）。绘制顺序为：绘左圆、绘右圆、绘切线、裁多余。

［步骤2］　选平面

启动 SolidWorks，在新建文件对话框中单击"零件" ，然后，单击"确定"按钮。在左侧设计树中选择"前视基准面"。在命令管理器中，单击 草图 →"草图绘制" 进入草图绘制环境。

[步骤3] 绘左圆

• 绘形状：单击"草图"工具栏上的"圆" 工具，在绘图区的坐标原点附近单击，并移动鼠标绘制圆形，如图 2-2a 所示草图。

• 定位置：按住〈Ctrl〉键，单击原点和圆心，按图 2-2b 所示，添加"重合"关系。

• 设大小：在"草图"工具栏中单击"智能尺寸" ，单击圆线，单击"确定"按钮 ，先接受默认尺寸，在尺寸对话框中选择"引线"标签，并选择半径方式后，在图形区双击尺寸线，将其数值修改为圆弧半径为 150mm，如图 2-1a 所示。单击"标准"工具栏上的 按钮保存其为名称为"草图实例"的文件。

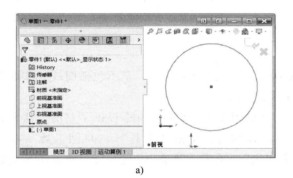 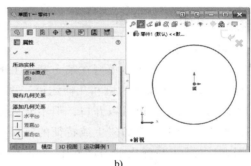

a)   b)

图 2-2 绘左圆

[步骤4] 绘右圆

• 绘形状：单击"草图"工具栏上的"圆" ，在左圆附近单击，并移动鼠标绘制圆形。

• 定位置：按住〈Ctrl〉键，单击两圆圆心，添加"水平"关系。在"草图"工具栏中单击"智能尺寸" ，单击左圆和右圆圆线，标注两圆距离为 500mm。

• 设大小：在"草图"工具栏中单击"智能尺寸" ，单击圆线，单击"确定"按钮 ，先接受默认尺寸，在尺寸对话框中选择"引线"标签，并选择半径方式后，在图形区双击尺寸线，将圆弧半径的数值修改为 240mm，如图 2-1b 所示。

[步骤5] 绘切线

• 绘形状：单击"草图"工具栏上的"直线" ，在两圆上下分别绘制两条较长的直线。

• 定位置：按住〈Ctrl〉键，单击上直线和左圆，添加"相切"关系；重复上述步骤，添加直线和右圆的"相切"关系。以此类推，添加下直线"相切"关系，如图 2-1c 所示。

[步骤6] 裁多余

在"草图"工具栏中单击"剪裁实体" ![剪裁图标]，用 ![剪裁到最近端] 方式，裁剪掉草图中多余的部分获得所需草图，如图 2-1d 所示。单击"标准"工具栏上的"保存"按钮 ![保存图标]。

［步骤 7］　看多变

在绘图区中，分别单击 R150、R240 和 500 等尺寸，修改为其他数值（如，将 R240 改为 R300），观察草图的变化，理解"牵一发而动全身"的思想在草图绘制过程中是如何实现的。

2. 草图设计的奥秘

由上面引例可挖掘出草图设计的奥妙为：**"达意图→选平面→绘形状→添约束"**。即

1）达意图：确定设计基准、图元约束、绘制顺序和绘制平面。

2）选平面：选定绘制二维几何图形（草图）的平面（草图平面）。

3）绘形状：用草图工具（如直线、圆弧等）绘制或编辑图线。

4）添约束：添加定位和定形关系。

2.1.2　草图绘制基础

1. 基本术语

（1）草图　三维实体模型在某个截面上的平面二维轮廓称为草图，草图包括图线（实线和辅助线）和约束（尺寸约束和几何约束）两方面的信息。

草图可以封闭，也可以开口，但不允许交叉（见图 2-3）。SolidWorks 提供了草图合法性检查工具检查草图中可能妨碍生成特征的错误。具体操作为：单击"工具"→"草图工具"→"检查草图合法性"。在弹出的对话框中，选"特征用法"，单击"检查"。根据所需特征类型的轮廓类型来进行检查草图。

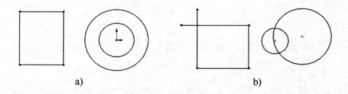

图 2-3　草图合法性

a）可以作为草图的图线　b）不可以作为草图的图线

（2）草图平面　即绘制二维几何图形（草图）的基准平面（见图 2-4）。可以是实体表面，也可以是用户插入的参考表面。

（3）约束　约束指草图中对图线自身大小的定形限制及图线之间位置关系的定位限制。包括几何约束和尺寸约束。

2. 选平面

在绘制草图前，必须选择草图平面作为绘制平面。如图 2-4 所示，选取草图平面的原则可归纳为**"先已有，后默认，次插入"**。

1）先已有：选取前一个特征的某一个平面。图 2-4a 所示为选矩形块上表面为圆柱草图平面。

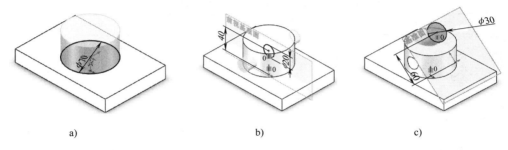

图 2-4 草图平面类型

a）已有平面 b）默认平面 c）插入平面

2）后默认：选取系统默认基准面，SolidWorks 系统默认提供三个基准面，分别是上视基准面、前视基准面和右视基准面。图 2-4b 所示为选前视基准面为圆孔草图平面。

3）次插入：用户使用菜单命令自建基准面。SolidWorks 用户创建基准平面的菜单命令为："工具"→"参考几何体"→"基准面"。图 2-4c 所示为选插入的基准面为斜圆柱草图平面。

3. 定顺序

绘制草图前，仔细分析草图构成，根据设计意图确定图线的约束关系、图线类型和作图顺序。平面图形的线段可分为三种：已知线段、中间线段和连接线段。绘制顺序为**"先已知，后中间，再连接"**。

1）先已知：先绘制定位尺寸和定形尺寸齐全的线段——已知线段。已知线段的定位点通常是设计基准或工艺基准。图 2-5 中的 R150 圆的圆心与坐标原点重合，即两个定位尺寸均等于零。

2）后中间：后绘制和已知线段有定位几何关系和定位尺寸的线段——中间线段。图 2-5 中的 R240 圆的圆心与左圆圆心在同一水平线上，且相距 500mm。

3）再连接：绘制与上述线段只有定位几何关系、没有定位尺寸的线段—连接线段。图 2-5 中的直线只有与左、右两圆相切的几何关系。

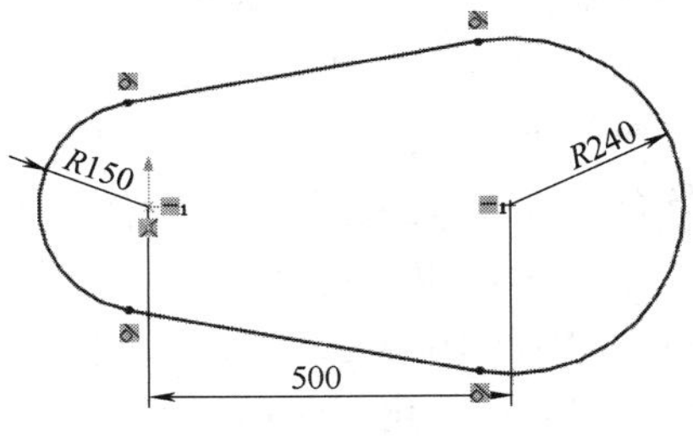

4. 绘形状

绘形状就是用草图工具绘制、编辑或约束图线。如图 2-6 所示，在"草图"选项卡中列出了常用的草图工具，包括草图绘制工具、草图编辑工具和草图约束工具等。

图 2-5 草图组成示例

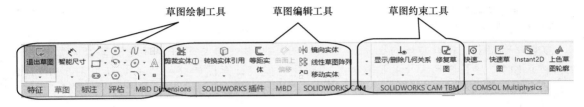

图 2-6 常用草图工具

最常用草图工具可以总结为**"一尺、一规、一灯、一剪刀"**，其功能见表 2-1。

表 2-1　常用草图工具的功能

名称		功能	示例
一尺	直线	两点连线:绘制基于两点的一条直线	0.948,180°
一规	中心圆	一点半径圆:绘制基于中心的圆	R=14.125
一灯	转换实体	边线投影:把原有模型的边缘投影成当前草图基准面上的草图线,并自动添加与原轮廓重合的几何约束	
一剪刀	剪裁实体	最近端擦除:根据指定的剪裁类型(如"最近端"＋)剪裁实体	

5. 添约束

添约束就是为草图图线添加定位几何约束（垂直、相切等）、定位尺寸约束和定形尺寸约束，以确定图线的位置和大小。

（1）约束的类型　约束有两种：

● 几何约束：用几何关系进行图线之间的位置约束，如上面引例中的左圆圆心与坐标原点重合、直线与圆相切等，几何约束是第一约束条件。

● 尺寸约束：用尺寸进行图线位置或图线形状约束，包括定位尺寸和定形尺寸。如上面引例中的左圆圆心与右圆圆心相距 500mm 为定位尺寸，两圆半径为定形尺寸。定位尺寸和定形尺寸均为参数化驱动尺寸，当它改变时，草图可以随之更改。

（2）约束的作用　草图约束是设计意图的直接体现。绘制草图前必须熟悉草图组成，明确草图的几何约束和尺寸约束。例如，单从图 2-7a 的图形来看，仅有长度、角度等几个尺寸约束，但图形中隐含了以下设计意图：

1）矩形中心是定位基准，且位于坐标原点处。

2）左右边线竖直，上下边线水平，且两条上边线共线。

3）根据所画的中心线，草图左右两侧对称，槽口顶点位于中心线上。

为此，根据上述设计意图对图形施加足够的几何约束和尺寸约束（见图 2-7b）后，当驱动尺寸变化时，尽管图形大小和形状发生了变化，但设计意图始终保持不变（见图 2-7c），真正实现"牵一发动全身"。

（3）草图约束状态

草图约束状态包括欠定义、完全定义和过定义三种。

● 欠定义是指草图的不充分约束状态，欠定义图线是蓝色（默认）。图 2-8 中的四边形上

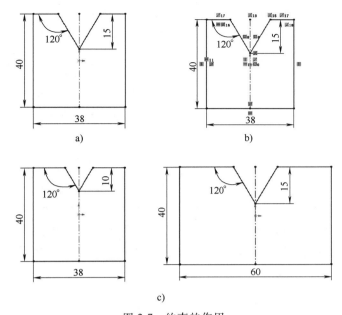

图 2-7　约束的作用

a) 设计意图　b) 完整约束　c) 牵一发动全身

边线缺角度或长度约束。

● 完全定义是指草图具有完整的约束, 完全定义图线是黑色 (默认)。图 2-8 中的左边线起始于坐标原点, 角度为竖直, 长度 为 50mm, 已经完全确定。一般来说, 零件最终完成设计时, 要 实现尺寸驱动, 即通过修改尺寸改变草图形状和大小, 草图必须 完全定义。

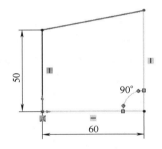

图 2-8　草图约束状态

● 过定义是指草图中有重复的尺寸或互相冲突的约束关系, 过定义图线是红色的 (默认)。图 2-8 中的右边线, 已经为竖直 线, 又想添加与下边线 (水平线) 的直角关系, 两者冲突。直到 修改后才能使用, 应该删除其中一个多余约束。

(4) 几何约束添加　几何约束添加方法包括: 草图反馈 (自动添加) 和手工添加两种 方法。

● 自动添加: 即利用草图绘制过程中 SolidWorks 草图反馈添加。在草图绘制过程中, 鼠 标指针形状会根据实体捕捉情况发生相应的变化, 这称为草图反馈。常见的反馈符号见表 2-2。

表 2-2　常见的反馈符号

反馈 名称	解释	反馈符号	反馈 名称	解释	反馈符号
水平	绘制直线时,单击 确定起点后,沿水平 方向移动光标时,显 示可添加水平关系	30.58,180°	竖直	绘制直线时,单击 确定起点后,沿垂直 方向移动光标时,显 示可添加垂直关系	19.04,90°

（续）

反馈名称	解释	反馈符号	反馈名称	解释	反馈符号
端点	当光标扫过时,黄色同心圆表示终点		中点	当光标越过直线时,变成红色	
重合点（在边缘）	在中心点处,同心圆的圆周四分点被显示出来		相切	与圆或圆弧相切	6.28,90°

• 手工添加：即利用 SolidWorks 添加几何关系工具添加。具体操作为在草图工具栏中单击"添加几何关系" ，单击（单选）或按住〈Ctrl〉键单击（多选）选择对象，选择约束类型（见表 2-3），单击"确定"按钮 ✔️。

表 2-3 常用草图约束工具的功能

名称	功能	示例
添加几何关系	给选定的实体添加"水平"等几何关系（也可以选定实体,在其相应的属性对话框中添加）	
显示/删除几何关系	显示/删除已经存在的几何关系。右键单击"显示/删除几何关系"图标,在弹出菜单中选"删除"	
显示/隐藏几何关系	显示/隐藏几何关系。单击"视图"→"显示/隐藏"→"草图几何关系"	
完全定义草图	用尺寸实现草图完全约束（先添几何约束,再使用）。单击"工具"→"标注尺寸"→"完全定义草图"	13.04 Φ11.39 8.44

（5）尺寸标注 SolidWorks 常用的尺寸标注命令是智能尺寸标注和完全定义草图。具体使用过程为：

1）智能尺寸标注：单击"工具"→"尺寸"→"智能尺寸"或"草图"工具栏上的"智能尺寸"，单击选中标注尺寸的图线，再单击确定尺寸放置的位置。

2）完全定义草图：用尺寸实现草图完全约束（见表 2-3。可在添加几何约束后使用），菜单命令为："工具"→"标注尺寸"→"完全定义草图"（或右键单击空白处在弹出的快捷菜单中选择"完全定义草图"）。

3）修改尺寸数值：在选中尺寸的状态下，双击尺寸文本，即可修改为新的尺寸值。由于是驱动尺寸，因此图形大小也自动发生改变。

4）修改尺寸属性：选择要修改属性的尺寸，在属性对话框中修改数值、名称等。如图 2-9a 所示，可以通过选择不同的属性为两个圆标注不同的定位关系。

5）尺寸标注技巧：选择两条直线，平行时标注其距离，不平行时标注其角度。选择圆时可标注其直径，选择圆弧时标注其半径。选择两圆线，默认标注圆心距，如图 2-9b 所示，可通过修改属性标注最远和最近。鼠标指针在中心线内侧之间时标注与实线的间距，若指针在中心线外侧，则标注实线的对称尺寸（间距的 2 倍）。

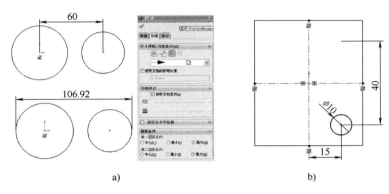

a)　　　　　　　　　　　　　　　　b)

图 2-9　修改尺寸属性

a）圆距离标注　b）对称尺寸标注

6. 草图绘制方法

草图服务于特征，在绘制草图的过程中应该注意以下几个原则：

1）草图平面应该选在零件工作状态时所处方位的平面上。草图平面选取基本原则是：先已有，后默认，次插入。

2）草图形状应该满足"尽量简，单轮廓，不倒角"的原则，圆角和倒角用特征来生成。

3）高效草图绘制的顺序是：先已知，后中间，再连接。

4）图线绘制的步骤为：绘形状，定位置，设大小。约束原则是：先定位，后定形；先几何，后尺寸。

5）为了贯彻设计意图，零件的第一幅草图应该以坐标原点定位，以确定特征在绘图空间的位置。对于复杂的草图，尽量"边绘图，边约束"，使每个图线完全定义。

2.1.3　草图绘制实践

本节以图 2-10 所示草图为例，详细说明草图设计的步骤。

1. 草图构成分析

参照前面草图设计的方法，分析可知：该草图半径为 R15 的圆弧为已知线段，半径为 R10 和 R12 的两条圆弧为中间线段，半径为 R10 和 R45 的两条圆弧及直线为连接线段。各图线连接点均为相切关系。

2. 草图绘制步骤

［步骤 1］　选平面

双击桌面上的快捷图标启动 SolidWorks，在新建文件对话框中单击"零件"，然后单击"确定"按钮，新零件窗口出现，单击标准工具栏上的 ⊟ 按钮，将文件保存为"草图实践"文件。在左侧的设计树中选择前视基准面。在命令管理器中，单击 草图 →"草图绘制" 进入草图绘制环境。

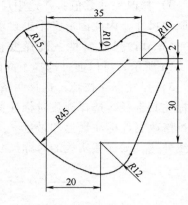

图 2-10　设计实践草图

[步骤2]　绘制已知线段——R15 的圆

● 定位绘形状：单击"草图"工具栏上的"圆" ⊙ 工具，在绘图区捕捉坐标原点，并移动鼠标绘制圆形。

● 标半径尺寸：在"草图"工具栏中单击"智能尺寸" ，单击圆线，单击"确定"按钮 ✔，先接受默认尺寸，然后在尺寸对话框中选择"引线"标签，选择半径方式后，在图形区双击尺寸线，将其数值修改为圆弧半径 15mm，如图 2-11a 所示。

[步骤3]　绘制中间线段——R10 和 R12 的两圆

● 绘形状：单击"草图"工具栏上的"圆" ⊙，在绘图区 R15 圆附近单击并移动鼠标绘制圆形。

● 标尺寸：右键单击空白处，选择"完全定义草图"，单击"确定"按钮 ✔，在"草图"工具栏中单击"智能尺寸" ，单击两圆圆线，标注两圆的中心距。

● 改数值：单击尺寸线，修改定位尺寸（水平距离为 35mm，竖直距离为 2mm）；修改定形尺寸半径为 10mm（在尺寸对话框中选择"引线"标签并选择半径方式后，在图形区双击尺寸线，将其数值修改为圆弧半径 10mm）。

重复上述步骤，绘制 R12 的圆，如图 2-11b 所示。

[步骤4]　绘制连接线段 1——R10 和 R45 的两圆弧及直线

● 绘形状：单击"草图"工具栏上的"圆" ⊙，在绘图区 R15 和 R10 两圆上部较远位置单击，并移动鼠标绘制圆形，其最下端不得与两圆交叉。

● 定位置：按住〈Ctrl〉键，单击上面"绘形状"中刚绘制的圆和 R15 圆，添加"相切"关系；重复上述步骤，添加该圆与 R10 圆的"相切"关系。

● 裁多余：在"草图"工具栏中单击"剪裁实体" ，用 ┿ 剪裁到最近端(T) 方式，裁剪掉上部圆弧。

● 标半径：在"草图"工具栏中单击"智能尺寸" ，单击圆弧线标注半径为 10mm。

重复上述步骤，绘制 R45 的圆弧。

[步骤5]　绘制连接线段 2——直线

● 绘形状：单击"草图"工具栏上的"直线" ，在绘图区的两圆上、下分别绘制一条较长的直线。

● 定位置：按住〈Ctrl〉键，单击上面的直线和 R10 的圆线，添加"相切"关系；重复上述步骤，添加上面的直线和 R12 的圆的"相切"关系，如图 2-11c 所示。

● 裁多余：在"草图"工具栏中单击"剪裁实体"　，用　剪裁到最近端(T)方式，裁剪掉草图中多余的部分获得最终草图，如图 2-11d 所示。单击标准工具栏上的"保存"按钮　。

［步骤6］ 看多变

在绘图区中，分别单击图中的 R15 等各尺寸，修改其数值，观察草图的变化，理解牵一发而动全身的思想在草图绘制过程中是如何实现的。

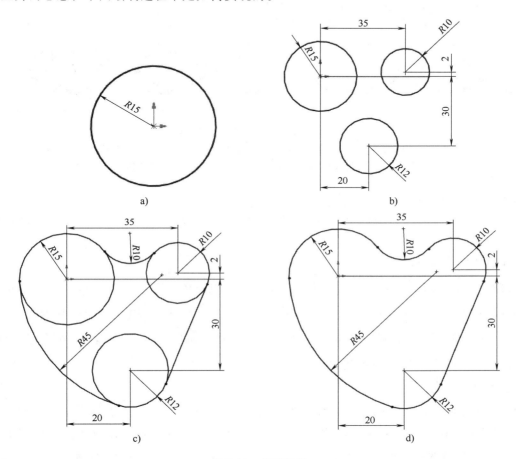

图 2-11　草图绘制

a）先已知　b）后中间　c）再连接　d）裁多余

特征造型

2.2　特征造型

本节介绍特征的类型及创建方法、特征编辑工具的使用方法等特征创建的奥秘。

2.2.1　特征造型快速入门

1. 引例：法兰盘建模

如图 2-12 所示，参照加工工艺确定建模流程：首先，用拉伸凸台特征完成法兰盘下料；然后，用拉伸切除工具钻孔，用倒角特征对孔边倒角；最后，用圆周阵列特征钻其他孔。

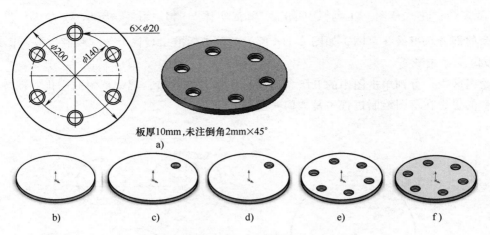

图 2-12 法兰盘建模流程

a）法兰盘零件　b）建模流程1——下坯料　c）建模流程2——打通孔

d）建模流程3——设置倒角　e）建模流程4——阵列孔　f）建模流程5——添材料

［步骤1］　建零件

单击"标准"工具栏上的"新建" ▢，在新建对话框中单击"零件" ◤，然后单击"确定"按钮。

［步骤2］　下坯料

选择上视基准面，单击"草图"工具栏中的"绘制草图" ✐→"圆" ◎，单击捕捉坐标原点完成圆的绘制。在"草图"工具栏中单击"智能尺寸" ◈，单击圆周标注直径为200mm。在"特征"工具条中单击"拉伸凸台/基体" ◪，在拉伸对话框中设 ✍ 为厚度10mm，单击"确定"按钮✔创建圆盘。

［步骤3］　打通孔

• 绘制定位圆：选择圆盘上表面，单击 ⬆ 正视于，单击"草图"工具栏上的"圆" ◎，捕捉原点单击，移动指针并单击即完成圆的绘制，如图 2-13a 所示。在圆属性对话框中选中"作为构造线"复选框。单击"智能尺寸" ◈ 设置直径为 140mm，单击"确定"按钮✔。

• 绘制孔截面圆：单击"草图"工具栏上的"圆" ◎，单击捕捉定位圆周上的定位点，

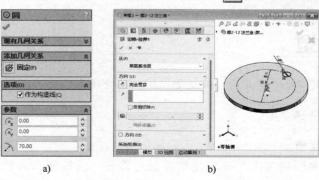

图 2-13　打通孔

移动指针并单击即完成圆的绘制。单击"智能尺寸" ，将圆的直径设置为 20mm，单击"确定"按钮 。

• 拉伸切除特征：在"特征"工具条中单击"拉伸切除" ，如图 2-13b 所示，在拉伸对话框中设 为"完全贯穿"，单击"确定"按钮 。

［步骤 4］ 设置倒角

如图 2-14 所示，在"特征"工具条中单击 下拉列表中的"倒角" ，单击选择孔的圆柱面为倒角对象，设倒角方式为"角度距离"，倒角参数为 2mm×45°，单击"确定"按钮 。

［步骤 5］ 阵列孔

在"特征"工具条中单击"线性阵列" 下拉列表框中的"圆周阵列" ，如图 2-15 所示，单击选择圆盘的圆柱面，以其轴线为圆周阵列的轴线，如图 2-16 所示，设阵列个数为 6，选中"等间距"单选框，打开设计树，从中选中切除-拉伸 1 和倒角特征，单击"确定"按钮 。

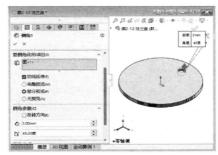

图 2-14 设置倒角

图 2-15 阵列孔

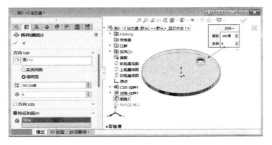

图 2-16 孔阵列特征编辑

［步骤 6］ 添材料

在设计树中，右键单击"材质"，在弹出的菜单中选择"黄铜"。

［步骤 7］ 看多变

在设计树中右键单击 阵列（圆周），在弹出的菜单中选择"编辑特征"，在阵列对话框中修改阵列个数（如 3 个），观察零件变化。

对比上述建模方法与直接用一个草图拉伸建模的优缺点，体会草图尽量简单的好处。

2. 特征创建步骤

由法兰盘建模过程，可归纳出特征建模的步骤为：先草图→次附加→再操作。即先建立拉伸等草图特征，再在其上添加倒角等附加特征，最后对孔特征等阵列，形成操作特征。

2.2.2 特征基本操作

1. 特征定义

特征对应于零件上的一个或多个功能，能被特定的方法加工成形，如钻孔、车退刀槽等。特征是构成零件模型的三维基本单元，正确创建特征是三维设计的关键。

2. 特征类型

零件是特征的有机组合。SolidWorks 中的特征按其建立特点分为以下 4 种，常用特征见表 2-4。

1）草图特征：由草图经过拉伸、旋转、扫描、放样等操作生成的特征。在模型上添加材料的称为"凸台"，如引例中法兰盘的下坯料；在模型上去除材料的称为"切除"，如引例中法兰盘的打通孔。

2）附加特征：对已有特征的局部进行附加操作生成的特征，如引例中法兰盘的倒角。

3）操作特征：对已有特征进行整体阵列等操作获得的特征，如引例中法兰盘阵列孔。

4）参考特征：也叫定位特征，是建立其他特征的基准，如引例中选用的上视基准面。

表 2-4 SolidWorks 中的常用特征

类型	名称	定义	示例
草图特征	拉伸特征	一个草图轮廓，从指定位置开始（默认为草图平面），沿指定直线方向（默认为草图法线）移动到指定位置形成实体模型（只需要一个草图）。 例：圆沿草图法线移动得圆柱	
	旋转特征	一个草图轮廓，绕一条轴线旋转一定的角度形成实体模型（只需要一个草图）。 例：圆绕中心线转 360°得圆环	
	扫描特征	一个草图轮廓，沿一个路径（一条线）移动形成实体模型（需要两个草图，先路径，后轮廓）。 例：圆沿长圆形轴线运动一周扫描得环	
	放样特征	在两个以上轮廓中间进行光滑过渡形成实体模型（两个以上草图）。 例：天圆地方台	
附加特征	圆角/倒角	在草图特征的两面交线处生成圆角/倒角	
	抽壳特征	抽取特征内部材料，生成薄壁特征	

（续）

类型	名称	定义	示例
操作特征	镜向特征	沿镜面（模型面或基准面）镜向，生成一个特征（或多个特征）的复制。 例：一孔沿中心面镜向得对称孔	
	阵列特征	将现有特征沿某一个方向进行线性阵列或绕某个轴圆周阵列获得实体模型。 例：一孔进行双向线性阵列或圆周阵列得四孔	

3. 特征关联关系

特征关联关系是指建立后一个特征时参考了前一个特征，对于具有关联关系的特征，被参考的特征称为父特征，参考父特征的则称为子特征。如在平板上钻孔，平板-拉伸凸台特征为父特征，钻孔-拉伸切除特征为子特征，两者在钻孔草图平面和钻孔切除目标面等方面有关联关系。

4. 特征创建步骤

由引例中的法兰盘建模过程，可总结出**特征建模奥秘**为：**先草图→次附加→再操作**。即：

• 先草图——先创建草图特征：选草图→指起点→取路径→定目标。如法兰盘中的打通孔的设置，为草图圆由坯料上表面沿其法线贯穿到坯料底面，如图 2-17a 所示。

• 次附加——然后对草图特征进行附加操作：选位置→定方式→设参数→添附加。如法兰盘中的设置倒角，为在孔圆柱面端线上按角度距离方式倒 2mm×45° 倒角，如图 2-17b 所示。

• 再操作——对草图特征和附加特征进行整体操作：选对象→定方式→设参数→加操作。如法兰盘中的阵列孔角，为将通孔和倒角按照圆周方式阵列 6 次，如图 2-17c 所示。

5. 特征编辑方法

设计树是指记录组成零件的所有特征的类型及其相互关系的树形结构，通过右键单击设计树中的特征名称可对特征进行编辑操作，如图 2-18 所示。常用特征编辑方法见表 2-5。

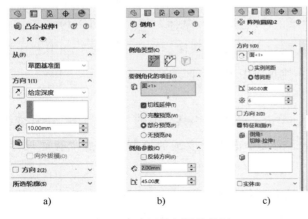

a)   b)   c)

图 2-17　常用特征属性设置

a）拉伸设置　b）倒角设置　c）阵列设置编辑菜单

图 2-18　设计树及常用特征编辑

表 2-5　SolidWorks 常用特征编辑方法

特征名称	特征功能	操作方法
编辑草图	进入草图编辑状态,以便修改草图	
编辑草图平面	改变草图所在平面,用于调整视向	
编辑特征	进入特征编辑状态,以便修改特征尺寸	右键单击设计树中的草图名称,然后在弹出的快捷菜单中选择相应菜单项
压缩/解除压缩	隐藏/显示特征,且不装入/装入内存	
删除	在零件中删除特征(不可恢复)	
更改顺序	更改特征先后顺序(不能改变父子特征先后)	在设计树中选中并拖动特征名定位
插入特征(回退)	暂时隐藏回退棒之后的特征,以便插入特征	在设计树中拖动回退棒(设计树底线)
重命名	对设计树中的特征或草图按加工工序重命名	单击设计树中的特征,输入新名称

2.2.3　特征建模实践

1. 拉伸特征——垫片设计

（1）基本流程　垫片是具有一定厚度的中空实体,其建模流程为:首先,绘制横断面草图轮廓,并利用拉伸工具生成基本特征;然后,绘制中间孔并利用拉伸切除工具生成孔特征。

（2）操作步骤

［步骤1］　生成新的零件文档

单击"标准"工具栏上的"新建" 　。新建 SolidWorks 文件对话框出现。单击"零件" 　,然后单击"确定"按钮,新零件窗口出现。

［步骤2］　下料

● 绘制垫片外圆:选择上视基准面。单击"草图"工具栏中的"绘制草图" 　后,单击"圆" 　,将指针移到草图原点,当指针变为 　时,单击并移动指针,再次单击即完成圆的绘制。

● 添加尺寸:单击"智能尺寸" 　。选择圆,移动指针,单击放置该直径尺寸,将直径设置为 40mm,单击"确定"按钮 　。

● 拉伸基体特征:在"特征"工具条中单击"拉伸凸台/基体" 　,如图 2-19 所示,在拉伸对话框中设 　为 3mm,单击"确定"按钮 　创建垫片基体。单击"视图"工具栏上的"整屏显示全图" 　以显示整个矩形的全图并使其居中于图形区域。

［步骤3］　冲孔

● 绘制垫片内圆:选择基体特征的上面。单击"草图"工具栏上的"圆" 　,指针变为 　。将指针移到草图原点,单击并移动指针,再次单击即完成圆的绘制。单击"智能尺寸" 　,将圆的直径设置为 20mm,单击"确定"按钮 　。

● 拉伸切除特征:在"特征"工具条中单击"拉伸切除" 　,如图 2-20 所示,在拉伸对话框中设 　为"完全贯穿",单击"确定"按钮 　。单击"视图"工具栏上的"整屏显示全图" 　以显示整个矩形的全图并使其居中于图形区域。

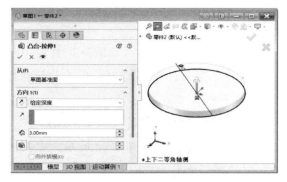

图 2-19　下料

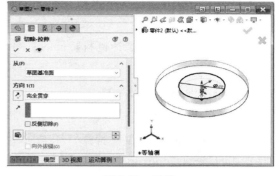

图 2-20　冲孔

[步骤 4]　改料厚

在设计树中右键单击"拉伸 1",在弹出菜单中选择"编辑特征" ，在拉伸对话框中通过改变下料厚度,对比分析用"完全贯穿"和给定深度为 3mm 进行冲孔的区别,理解特征之间的关联关系对设计意图的影响。

2. 旋转特征-手柄建模

(1)基本流程　如图 2-21 所示,手柄一般由棒料车削加工,参照加工过程确定其建模流程为:首先用拉伸凸台工具生成棒料;然后用反侧拉伸切除工具生成安装座;最后用旋转切除工具生成手柄。

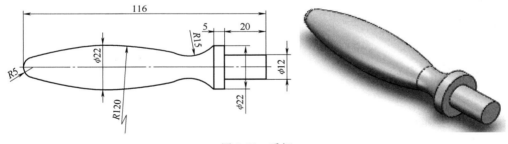

图 2-21　手柄

(2)操作步骤

[步骤 1]　生成新的零件文档

单击"标准"工具栏上的"新建" ，新建 SolidWorks 文件对话框出现。单击"零件" ，然后单击"确定"按钮,新零件窗口出现。

[步骤 2]　生成棒料

● 绘制棒料圆:选择右视基准面,单击"草图"工具栏中的"绘制草图" 后,单击"圆" ，将指针移到草图原点,当指针变为 时,单击并移动指针,再次单击即完成圆的绘制。

● 标注尺寸:单击"智能尺寸" 。选择圆,移动指针,单击放置该直径尺寸,将直径设置为 22mm,单击"确定"按钮 。

● 拉伸棒料特征:在"特征"工具条中单击"拉伸凸台/基体" ，在拉伸对话框中设为 116mm，单击"确定"按钮  创建棒料基体。

　[步骤 3]　车安装座

　● 绘制安装座圆：选择棒料特征的右端面，选择上视基准面，单击"草图"工具栏中的"绘制草图"后，单击"圆"，将指针移到草图原点，当指针变为时，单击并移动指针，再次单击即完成圆的绘制。

　● 标注尺寸：单击"智能尺寸"，将圆的直径设置为 12mm，单击"确定"按钮。

　● 拉伸切除特征：在"特征"工具条中单击"拉伸切除"，如图 2-22 所示，在拉伸对话框中设 为"20.00mm"，并选中"反侧切除"复选框后单击"确定"按钮。

　[步骤 4]　车手柄

　● 绘制手柄草图：按照先绘制三条短直线，然后绘制两条长直线，再依次绘制 R5 的圆弧、R120 的圆弧、R15 的圆弧，绘制如图 2-23 所示的手柄草图。

图 2-22　拉伸切除特征

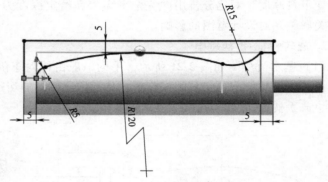

图 2-23　手把旋转切除草图

　● 旋转切除特征：在"特征"工具条中单击"旋转切除"，如图 2-24 所示，单击手柄草图左侧的短直线作为旋转轴，单击"确定"按钮。

　[步骤 5]　添材料

　如图 2-25 所示，在设计树中，右键单击"材质"，在弹出的菜单中选择"红铜"。对比上述建模方法与整个断面旋转凸台建模方法的优缺点，体会草图尽量简单的好处。

图 2-24　旋转切除设置

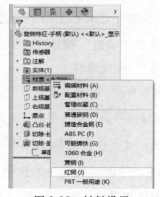

图 2-25　材料设置

3. 扫描特征——皮带建模

（1）基本流程

图 2-26 所示皮带的建模流程为：首先，生成皮带轮廓草图；然后，生成皮带截面草图；最后，用扫描特征使皮带截面草图沿皮带轮廓草图扫描成皮带零件。

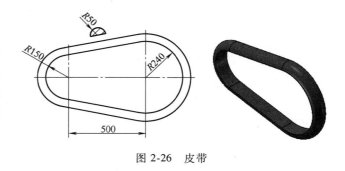

图 2-26　皮带

（2）操作步骤

［步骤 1］　生成新的零件文档

单击"标准"工具栏上的"新建" 。新建 SolidWorks 文件对话框出现。单击"零件"，然后单击"确定"按钮，新零件窗口出现。

［步骤 2］　生成皮带轮廓草图

选择前视基准面，单击"草图"工具栏中的"绘制草图"后，按照第 2.2.1 节中草图设计引例的步骤完成皮带轮廓草图绘制。

［步骤 3］　生成皮带截面草图

● 改视向：如图 2-27 所示，单击"视图"工具栏上的"视向选择"中的"轴测图"以显示整个矩形的全图并使其居中于图形区域。

● 绘形状：选择右视基准面，单击"草图"工具栏中的"绘制草图"后，单击"圆"，如图 2-28 所示，在皮带轮廓草图上方，单击并移动指针，再次单击完成圆的绘制。单击"草图"绘制工具上的"直线"，在绘图区捕捉圆上的两个直径点绘制直径直线。

● 裁多余：在"草图"工具栏中单击"剪裁实体"，用　剪裁到最近端(T)　方式，裁剪掉下部圆弧。

● 定位置：按住〈Ctrl〉键，单击皮带截面草图圆心和皮带轮廓草图的上方直线，按图 2-29 所示，添加"穿透"关系。

图 2-27　视向设置

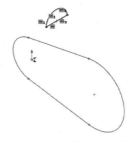

图 2-28　皮带截面形状

图 2-29　穿透关系设置

● 标半径：在"草图"工具栏中单击"智能尺寸"，单击圆弧线标注半径为 50mm。单击绘图区右上角的"退出草图"。

［步骤 4］　扫描生成皮带

在"特征"工具条中单击"扫描"，如图 2-30 所示，单击皮带截面草图作为扫描轮

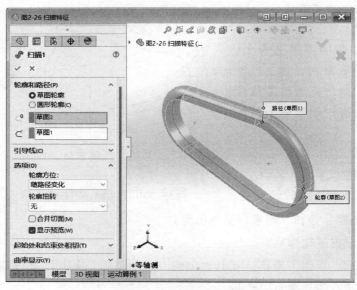

图 2-30　扫描特征设置

廓，单击皮带轮廓草图作为扫描路径，单击"确定"按钮✔。

[步骤5]　添材料

在设计树中，右键单击"材质"，在弹出的菜单中选择"橡胶"。

4. 放样特征——扁铲建模

如图 2-31 所示，扁铲建模流程为：首先，生成 5 个控制截面的草图；然后，用放样特征生成矩形断面的铲面；最后，用放样特征生成由矩形断面逐步过渡到圆截面的铲头。

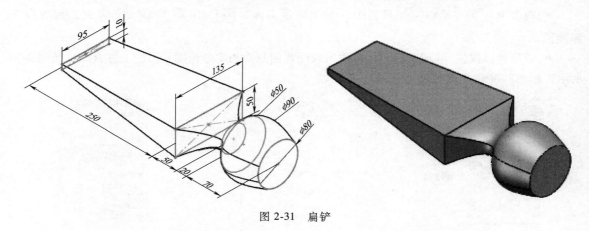

图 2-31　扁铲

操作步骤

[步骤1]　生成新的零件文档

单击"标准"工具栏上的"新建"⬜。新建 SolidWorks 文件对话框出现。单击"零件"🧊，然后单击"确定"按钮，新零件窗口出现。

[步骤2]　绘制 95mm×10mm 矩形草图

选择右视基准面，在"草图"工具栏中单击"绘制草图" 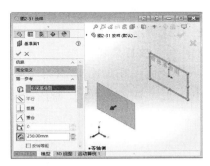 后，如图2-32所示，单击"矩形" □ 中的"中心矩形" □ ，捕捉坐标原点，拖动鼠标绘制矩形。单击"智能尺寸"，标注矩形尺寸为95mm×10mm。单击绘图区右上角的"退出草图"。单击"视图"工具栏上的"视向选择" 中的"轴测图"，以显示整个矩形的全图并使其居中于图形区域。

[步骤3]　绘制135mm×50mm矩形草图

• 插基准：单击"插入"→"参考几何体"→"基准面"，如图2-33所示，在打开的设计树中选择"前视基准面"作为第一参考，在基准面对话框中将两者距离设为250mm，单击"确定"按钮插入基准面1。

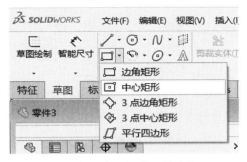

图2-32　中心矩形工具选择

图2-33　插入基准面设置

• 绘形状：选择"基准面1"，在"草图"工具栏中单击"绘制草图" 后，单击"矩形" □ 中的"中心矩形" □ ，捕捉坐标原点，拖动鼠标绘制矩形。单击"智能尺寸"，标注矩形尺寸为135mm×50mm。单击绘图区右上角的"退出草图"。

[步骤4]　绘制φ50的圆草图

• 插基准：单击"插入"→"参考几何体"→"基准面"，在打开的设计树中选择"基准面1"作为第一参考，在基准面对话框中将两者距离设为50mm，单击"确定"按钮插入基准面2。

• 绘形状：选择"基准面2"，在"草图"工具栏中单击"绘制草图" 后，单击"圆" ，捕捉坐标原点，拖动鼠标绘制圆。单击"智能尺寸"，标注直径为50mm。单击绘图区右上角的"退出草图"。

[步骤5]　绘制φ90的圆草图

• 插基准：单击"插入"→"参考几何体"→"基准面"，在打开的设计树中选择"基准面2"作为第一参考，在"基准面"对话框中将两者距离设为20mm，单击"确定"按钮插入基准面3。

• 绘形状：选择"基准面3"，在"草图"工具栏中单击"绘制草图" 后，单击"圆" ，捕捉坐标原点，拖动鼠标绘制圆。单击"智能尺寸"，标注直径为90mm。单击绘图区右上角的"退出草图"。

[步骤6]　绘制φ80的圆草图

● 插基准：单击"插入"→"参考几何体"→"基准面"，在打开的设计树中选择"基准面3"作为第一参考，在基准面对话框中将两者距离设为70mm，单击"确定"按钮✔插入基准面4。

● 绘形状：选择"基准面4"，在"草图"工具栏中单击"绘制草图"后，单击"圆"⊙，捕捉坐标原点，拖动鼠标绘制圆。单击"智能尺寸"◇，标注直径为80mm。单击绘图区右上角的"退出草图"⤵。完成5个控制截面草图的绘制，如图2-34所示。

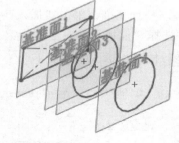

图2-34　5个控制截面草图

［步骤7］　放样扁铲

● 放样铲面：在命令管理器"特征"工具条中单击"放样"⊥，如图2-35所示，单击铲面两个矩形截面草图中对应的定点，单击"确定"按钮✔完成铲面放样。

● 放样铲头：在"特征"工具条中单击"放样"⊥，如图2-36所示，在铲面135mm×50mm矩形中心附近单击，再依次单击各个圆的圆心，将其选为放样轮廓，单击"确定"按钮✔完成铲头放样。

［步骤8］　添材料

在设计树中，右键单击"材质"，在弹出的菜单中选择"黄铜"。为了清理图形显示，单击"视图"→"隐藏所用类型"，隐藏基准面和坐标原点等辅助内容。

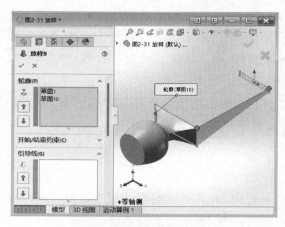

图2-35　铲面放样设置

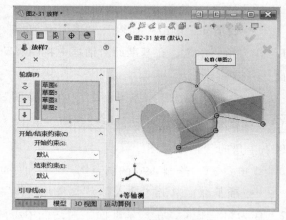

图2-36　铲头放样设置

5. 草图特征造型方法选用技巧

采用不同草图特征进行圆柱建模的步骤，见表2-6。可见，拉伸特征仅有一个圆草图和一个直径尺寸，旋转特征有一个矩形草图和两个线性尺寸，扫描特征和放样特征均需要2个草图，而放样特征还需要插入参考平面。从而可以归纳出草图特征的选用奥秘是**"先拉伸，次旋转，再扫描，后放样"**。

表 2-6　草图特征造型方法选用技巧

序号	特征名称	操作过程	序号	特征名称	操作过程
1	拉伸特征	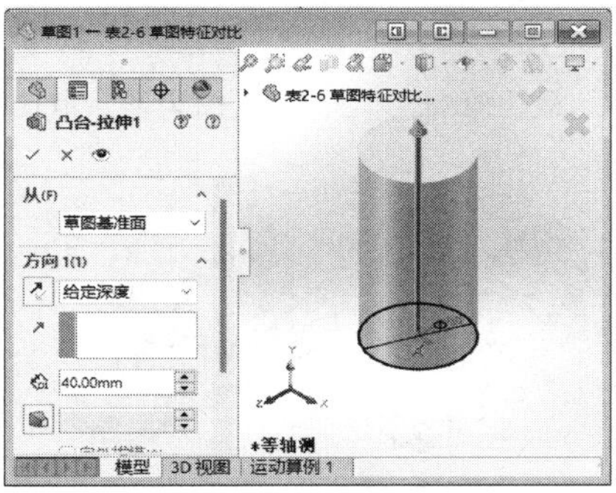	3	扫描特征	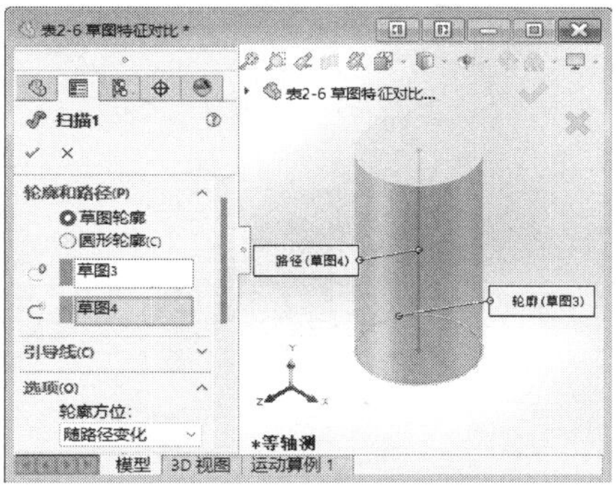
2	旋转特征	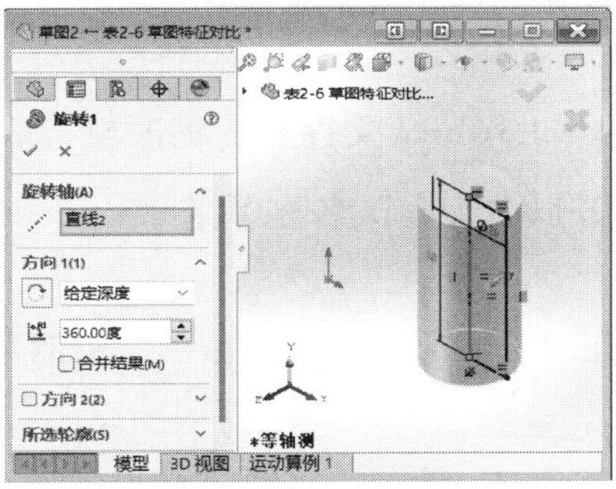	4	放样特征	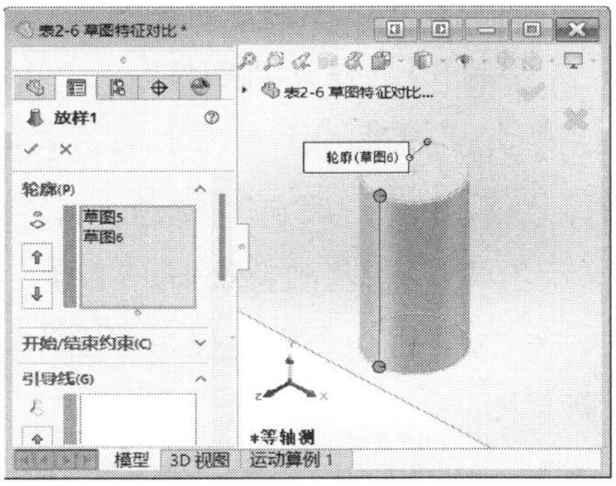

2.3　零件设计

本节将介绍结构分析、最佳轮廓和草图平面选择、设计意图表达等零件设计的相关知识。

2.3.1　零件设计快速入门

1. 零件设计引例

本节要建立如图 2-37 所示的轴承座。

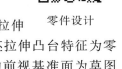

零件设计

（1）零件结构分析　参照该零件的加工过程，分析可知该零件由毛坯拉伸凸台特征、轴承孔安装孔 1 拉伸切除特征和安装孔镜向特征组成。其中毛坯拉伸凸台特征为零件第一个特征，且应该选择图 2-38 所示的草图为最佳轮廓和图 2-39 所示的前视基准面为草图平面以获得最佳视角，用拉伸凸台特征形成实体。其他特征建立顺序如图 2-40 所示。

（2）零件设计过程　完成零件特征组成分析、特征创建顺序确定、特征最佳草图轮廓和草图平面选择后即可开始零件设计。具体步骤如下：

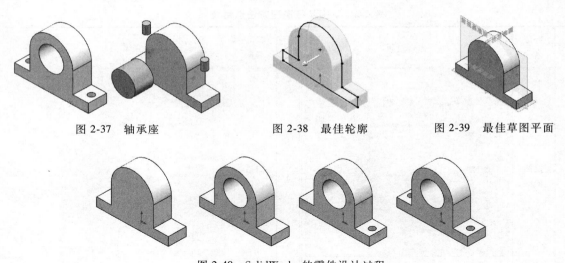

图 2-37　轴承座　　　　　图 2-38　最佳轮廓　　　　　图 2-39　最佳草图平面

图 2-40　SolidWorks 的零件设计过程

零件加工：毛坯>打轴承孔>钻安装孔 1>钻安装孔 2

零件造型：基础特征（毛坯）>拉伸切除（轴承孔）>拉伸切除（安装孔 1）>镜向（安装孔 2）

[步骤 1]　建立新零件

单击"标准"工具栏上的"新建" ▢。新建 SolidWorks 文件对话框出现。单击"零件" ▱，然后单击"确定"按钮。新零件窗口出现。并以"支座"名称保存。

[步骤 2]　基础特征——毛坯

• 选平面：选择前视基准面作为草图平面，在"草图"工具栏中单击"绘制草图" ✍ 插入新草图。

• 先已知——矩形：单击"矩形" ▢，如图 2-41a 所示，移动鼠标捕捉圆的左侧定位点，并拖动鼠标绘制矩形。按〈Ctrl〉键，单击矩形下边线和坐标原点，添加"中点"关系。在"草图"工具栏中单击"智能尺寸" ◈ 标注，标准长度和高度分别为 120mm 和 15mm。

• 后中间——圆：在"草图"工具栏中单击"圆" ◉，在矩形上方完成圆绘制。按住〈Ctrl〉键，单击圆心和坐标原点，添加"竖直"关系。在"草图"工具栏中单击"智能尺寸" ◈，单击圆线和矩形下边线，标注两者距离为 60mm。单击圆线，标注圆线半径为 35mm，如图 2-41b 所示。

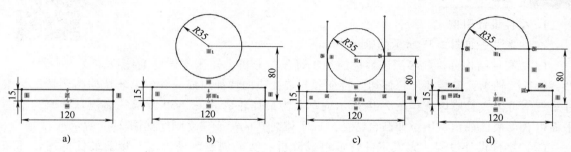

a)　　　　　　　　b)　　　　　　　　c)　　　　　　　　d)

图 2-41　毛坯草图

- 再连接——直线：绘制两条竖线，并分别添加直线和圆的相切关系，如图2-41c所示。
- 裁多余：单击"剪裁" ✂，剪裁掉多余草图的部分，如图2-41d所示。
- 造特征：在"特征"工具条中单击"拉伸凸台/基体" 🗔，在拉伸对话框中设方向1为"两侧对称"，▮DI 为30mm并单击"确定"按钮 ✔，则完成拉伸特征建立。
- 重命名：在设计树中，单击"拉伸1"特征，当名称高亮显示并可编辑时，输入"毛坯"作为新的特征名称。

［步骤3］ 切除特征——轴承孔

- 选平面：选择"毛坯前面"，单击"视向选择" 🗗▾，选择 ⬆ 正视于。
- 绘形状：在"草图"工具栏中单击"绘制草图" 🖉 插入新草图，在"草图"工具栏中单击"圆" 🔘，完成圆绘制。
- 定位置：按住〈Ctrl〉键，选择毛坯前面圆弧和圆线，添加"同心"关系。
- 设大小：单击"智能尺寸" 🔶，将圆直径设为40mm，然后单击"确定"按钮 ✔。
- 轴承孔：单击"插入"→"切除"→"拉伸"或在"特征"工具栏单击"拉伸切除"。如图2-42所示，在切除-拉伸对话框中选择"完全贯穿"，单击"确定"按钮 ✔。这种类型的终止条件总是完全贯穿整个实体模型以适应深度变化。把这个特征改名为"轴承孔"。

［步骤4］ 切除特征——安装孔1

- 孔定位：选择底板上平面，单击"视向选择" 🗗▾，选择"正视于" ⬆。如图2-43所示，单击"草图"工具栏上的"直线" ＼，捕捉底板上平面上下两边的中点，绘制直线，在属性对话框中选中"作为构造线"复选框。在"草图"工具栏中单击"圆" 🔘，完成圆绘制。按住〈Ctrl〉键，选择圆心和坐标原点，添加"水平"关系约束。在"草图"工具栏中单击"智能尺寸" 🔶，单击圆线和中心线，移动鼠标超过中心线，标注对称尺寸为100mm。单击圆线，标注其直径为10mm。
- 钻通孔：单击"插入"→"切除"→"拉伸"或在"特征"工具栏单击"拉伸切除"。在切除-拉伸对话框中选择"完全贯穿"，单击"确定"按钮 ✔。把该特征改名为"安装孔1"。

［步骤5］ 镜向特征——安装孔2

单击"插入"→"阵列/镜向"→"镜向"。在设计树中选择"右视基准面"作为镜向平面，选安装孔1为要镜向的特征，单击"确定"按钮 ✔。改名为"安装孔2"。

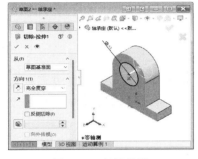

图2-42 打轴承孔

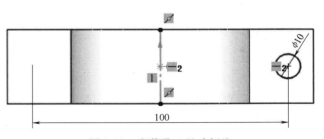

图2-43 安装孔1尺寸标注

[步骤 6]　编辑材料

右键单击设计树上的材料特征 ，在弹出的菜单中选择"编辑材料"，选择"黄铜"，完成材料添加。

[步骤 7]　保存结果

在"标准"工具栏中单击"保存"按钮，或者单击"文件"→"保存"来保存所做工作。

[步骤 8]　视图显示方式

如图 2-44 所示，SolidWorks 的显示工具条中提供显式控制，其中显示方式 中提供了实体模型在屏幕上的不同显示方式。

图 2-44　显示方式和对应图标

2. 零件建模步骤

由以上引例可见，三维零件设计过程是零件真实制造过程的虚拟仿真，其建模过程可总结为：**分特征→定顺序→选视向→造基础→添其他→选材料**。

1）分特征：分析零件的特征组成、相互关系及最佳轮廓；如引例中的轴承座包括毛坯、轴承孔、安装孔等特征，其中前者相关面是后两者的草图平面，而后两者均完全贯穿前者。

2）定顺序：确定特征的构造顺序、构造方法和关联方式。

3）选视向：确定基础特征的最佳草图平面和草图轮廓以获得美观的零件在三维空间和将来工程图中各个视图中的位置。如，引例中选择前视基准面为基础特征的草图平面时，其轴测图更美观。

4）造基础：按照确定的最佳草图平面、最佳草图轮廓和特征造型方法建立零件的第一个特征，即基础特征。

5）添其他：按照特征之间的关系，参照零件加工过程创建剩余特征，即"如何加工就如何造型"。

6）选材料：为零件选择合适的材料。

2.3.2　零件设计基础

1. 零件规划

把零件分解成若干个特征，并确定特征之间组合形式与相对位置及其构造方法的过程称为零件规划。零件规划是指分析零件的特征组成、特征之间的关系、特征的构造顺序及构造方法，确定最佳的轮廓、最佳视向等，充分体现设计意图。

2. 特征分解

在基于特征的零件设计系统中，特征的组成及其相互关系是系统的核心部分，直接关系着几何造型的难易程度和设计与制造信息在企业内各应用环节间交换与共享的方便程度。图 2-45 所示表明任何复杂的三维模型都可以由一些相对简单、规则的基本模型通过一系列布尔运算得到。

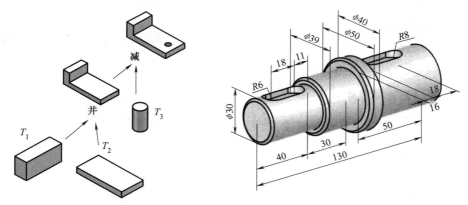

图 2-45　构造实体几何（Constructive Solid Geometry，CSG）表示

零件通常是在第一个特征——基础特征上叠加和挖切其他特征形成的。其分解原则可总结为"**达意图，仿加工，便修改**"。

1）特征应具有一定的设计和制造意义。如为了使减速器从动轴能够满足设计要求和工艺要求，它的结构形状形成过程和需要考虑的主要问题见表 2-7。

表 2-7　从动轴的结构分析

结构组成	主要考虑的问题	结构组成	主要考虑的问题
	为了伸出外部与其他机器相接，制作出一个轴颈		为了支承齿轮和用轴承支承轴，右端做成轴颈
	为了用轴承支承轴，又在左端做一个轴颈		为了与齿轮连接，右端做一个键槽；为了与外部设备连接，左端也做一个键槽。为了装配方便，保护装配表面，多处做成倒角
	为了固定齿轮的轴向位置，增加一个稍大的凸肩		

2）特征应方便加工信息的输入。按照设计意图合理规划特征关系出现的层次，如比较固定的关系封装在较低的层次，需要经常调整的关系放在较高的层次。

3）特征应有利于提高造型效率，增加造型稳定性。应仔细分析零件，简单、合理、有效地建立相应草图；严格按机械制图原则绘制草图；合理应用尺寸驱动、几何关系，方便日后修改与零件产品系列化；倒圆、倒角等图素尽量用相应的辅助特征实现，而不在草图中完成。为了观察方便和简化工程图生成时的操作，需要按照观察角度合理地选择基体特征草图平面。

按照上述原则分析，可得到图 2-46 所示零件的特征构成。

3. 设计意图体现

关于尺寸数值被改变后模型会如何变化的计划称为设计意图。例如，引例中零件的设计意图是：所有的孔都是通孔，安装孔是对称的，顶端孔的高度基准是底面。如果一个特征的建立

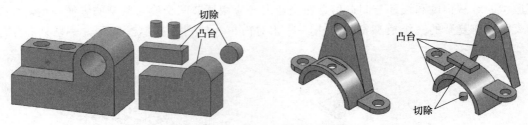

图 2-46　零件设计前的规划过程示例

参照了其他特征的元素，则该特征称为子特征，被参照特征称为该特征的父特征，父特征与子特征之间形成父子关系，也叫特征关联。例如，带孔板的特征组成如图 2-47a 所示，其父子关系如图 2-47b 所示。在设计树中，子特征肯定位于父特征之后。删除父特征会同时删除子特征，而删除子特征不会影响父特征。

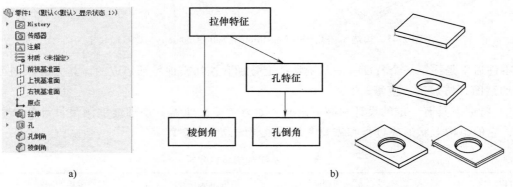

图 2-47　带孔板特征组成及其父子关系
a）设计树　b）特征的父子关系

设计意图由特征之间的关联关系体现。特征关联方式如下几种类型：草图约束关联、特征拓扑关联和特征时序关联等。下面以图 2-48 中的零件说明特征关联关系。

（1）草图约束关联　草图约束关联指定义草图时借用父特征的平面作为草图平面、草图图线与父特征的边线建立了几何关联（重合、相切等）或尺寸关联（距离、角度等）关系，如图 2-49 所示。

●定位基准关联：地板上的两个孔以底板边线或竖直中心线为定位基准。如图 2-49a 所示，无论矩形尺寸 100mm 如何变化，两个孔始终与边界保持 20mm 的距离。如图 2-49b

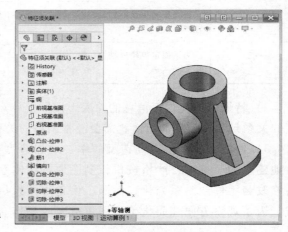

图 2-48　特征关联示例零件

所示，两个孔以左侧为基准，孔的位置不受矩形整体宽度的影响。如图 2-49c 所示，标注孔与矩形边线的距离以及两个孔的中心距，这将保证两孔中心之间的距离。如图 2-49c 所示，标注两个孔的中心距，这将保证两孔中心之间的距离。

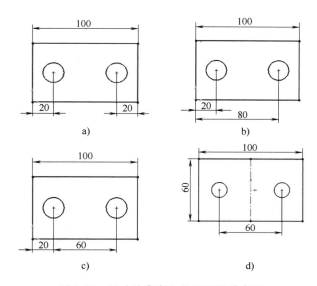

图 2-49　尺寸约束产生的不同设计意图

a）双边基准、圆不相关　b）单边基准、圆不相关　c）单边基准、圆相关　d）中心基准、圆相关

- 草图关系关联：用中心孔的草图圆与圆柱边线等距 5mm 的关系实现圆筒壁厚设计意图。
- 草图平面关联：图中圆柱和地脚螺栓孔的草图平面都是底板的上表面，中心孔的上表面是圆柱的上端面。

（2）特征拓扑关联　拓扑关系指的是几何实体在空间中的相互位置关系，如特征定义的终止条件等。

- 完全贯穿关联：地脚螺栓孔对底板和中心孔、对整个实体均为完全贯穿关联。
- 指定距离关联：用图 2-50a 方式指定圆柱的高度时，底板盘厚度 10mm 变化时总高度增加，圆柱高度 30mm 不变；用图 2-50b 方式指定圆柱的高度时，底板厚度 10mm 变化时总高度 40mm 不变，圆柱高度减小。

（3）特征时序关联　时序关系指的是特征建立先后次序。建立多个特征组成的零件时，应该按照特征的重要性和尺度进行建模。先建立构成零件基本形态的主要特征和较大尺度的特征，再添加辅助的圆角、倒角等辅助特征。如图 2-48 中的特征树所示，为零件建立了底板拉伸凸台>圆柱拉伸凸台>中心孔拉伸切除>底板地脚螺栓孔拉伸切除>螺栓孔镜向的特征时序关联关系，且根据拓扑关联形成了父子特征关系。

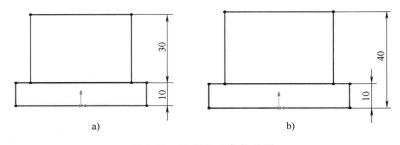

图 2-50　特征终止条件关联

4. 零件规划实例

下面以图 2-51 所示的零件为例，说明零件设计前的规划过程。

选择不同的特征建立模型很大程度上决定了模型的设计意图，直接影响零件以后的修改方法和修改的便利性。合理的特征建模的基本原则是根据零件的加工方式和成形方法、零件的形状特点以及零件局部细节等来选择合适的特征。

[步骤 1] 选择合适的观察角度

如图 2-52 所示，对于这个模型而言，A 的放置方法最佳，应该把选择的最佳轮廓草图绘制在上视基准面上。

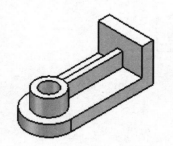

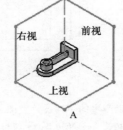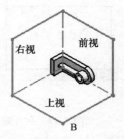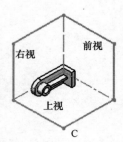

图 2-51　零件设计型　　　　　　　　图 2-52　确定合适的观察角度

[步骤 2] 选择最佳的草图轮廓

图 2-53 显示了三种可以选择的草图轮廓，这三个草图轮廓都可以用来建立模型，下面分析这三个草图轮廓的优缺点，以便于确定一个最佳的草图轮廓。

选择轮廓"A"：建立拉伸特征时有两种情况——拉伸的深度（后面凸台的厚度）较短时，会形成一个比较薄的实体，无法反映零件的整体面貌；拉伸的深度较长（大于整个模型）时，将需要一系列其他切除特征切除多余的部分。

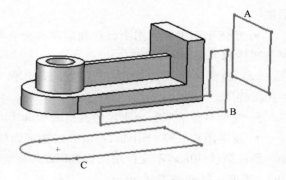

图 2-53　三种草图轮廓

选择轮廓"B"：轮廓的整体外形是一个"L"形，这个形状可以反映零件的整体外貌。但是，拉伸特征无法形成前面的圆弧面，还需要一个圆角或切除特征来实现。

选择轮廓"C"：使用此轮廓建立拉伸时，给定一个较短深度（下部的厚度），圆弧面部分可以直接形成，再添加拉伸凸台和拉伸切除即可完成模型。因此，轮廓 C 是最佳的轮廓。

[步骤 3] 确定特征建立顺序

根据确定最佳的轮廓分析过程划分出整个零件的建模过程，如图 2-54 所示。

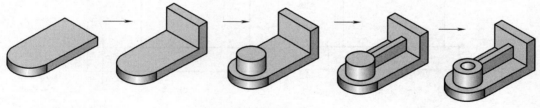

图 2-54　建模过程

2.3.3　零件设计原则

由上述分析可见，建立零件模型绝不是"只要看起来像，怎么构建都可以"，而应该采用"怎样加工就怎样建模"的思想，建模前必须想好用怎样的特征表达零件的设计意图，必须考虑零件的加工和测量等问题。结合之前的学习，再通过以下几个零件的建模可以得出合理、高效的零件设计原则是**"草图尽量简，特征须关联，造型要仿真，别只顾眼前"**。

1）草图尽量简：为了有利于草图的修改和特征的管理，草图应尽可能简单，一般为"单轮廓，不倒角"，零件上的圆角和倒角用特征来生成。如图 2-55 所示，从单轮廓草图开始建模。

2）特征须关联：为了充分体现设计意图，提高零件的可修改性，特征相互之间应该有草图平面借用、特征目标参考、尺寸和几何关系约束、特征建立先后顺序等关联关系。通常，先建立构成零件基本形态的主要特征和较大尺度的特征，再添加辅助的圆角、倒角等辅助特征。图 2-56 中，圆筒的草图平面在平板的底面上，支管的拉伸切除终止关系为"成形到下一个面"，而不是用"给定深度"。这样通过建立与前一个特征的关联关系，不仅与其实际加工工程相似，而且在改变前一个特征尺寸时，仍然可以反映最初的设计意图，体现牵一发而动全身，从而提高设计效率。

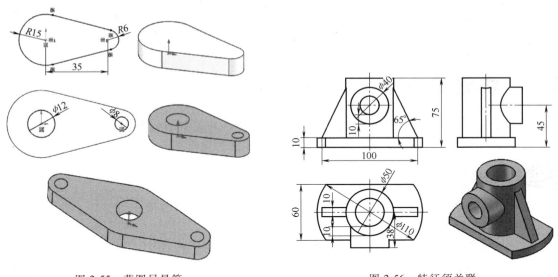

图 2-55　草图尽量简　　　　　　　　　图 2-56　特征须关联

3）造型要仿真：为了充分体现零件的可加工性能，减少特征分解时间，尽量参照零件的加工制造过程确定特征的组成及其建立顺序与建立方法。如图 2-57 所示，阶梯轴的建模过程参照一夹一顶的阶梯轴加工过程建模，而不采用旋转特征一次成形。

4）别只顾眼前：建模时，不能只考虑目前正在建模的零件建立相关特征，而应该从提高零件模型的可重复利用程度、以后装配时减小零件规模、生成图纸和后续 CAE 分析等多种用途选择合理的草图和特征组成。如图 2-58 所示，两个零件均是由图中所示特征圆周阵列而获得，只是角度不同而已。

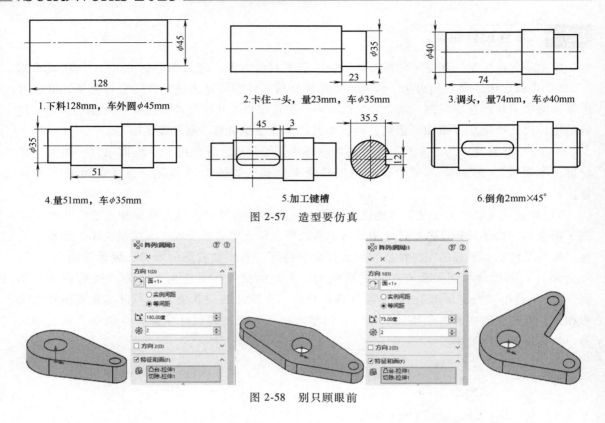

图 2-57　造型要仿真

图 2-58　别只顾眼前

2.4　机械零件综合设计实践

广泛应用于机械行业的机械装置中包含多种零件，其主要结构类型包括轴类、盘类、轮类、箱体类、标准件类等。本节主要研究常用机械零件的建模思路及建模过程。

2.4.1　轴类零件设计

在机械机构中，轴的结构多采用阶梯形，一般在轴上都开有键槽。

1. 基本流程

在对一般的轴类零件进行实体造型时，可以利用"加工仿真"思想确定其建模过程为：拉伸凸台获得棒料→反侧拉伸切除获得各个部位→拉伸切除获得键槽→倒角和圆角完成轴模型，具体见表 2-8。

表 2-8　轴类零件主要加工过程及其仿真

工序	工序名称与工序草图	SolidWorks 特征建模
1	下料 128mm，车外圆 ϕ45mm	右视基准面上 ϕ45mm 的圆给定深度 128mm 拉伸凸台

（续）

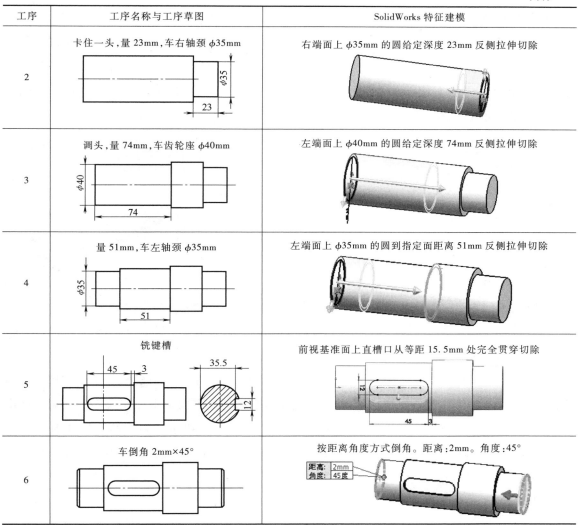

工序	工序名称与工序草图	SolidWorks 特征建模
2	卡住一头,量 23mm,车右轴颈 ϕ35mm	右端面上 ϕ35mm 的圆给定深度 23mm 反侧拉伸切除
3	调头,量 74mm,车齿轮座 ϕ40mm	左端面上 ϕ40mm 的圆给定深度 74mm 反侧拉伸切除
4	量 51mm,车左轴颈 ϕ35mm	左端面上 ϕ35mm 的圆到指定面距离 51mm 反侧拉伸切除
5	铣键槽	前视基准面上直槽口从等距 15.5mm 处完全贯穿切除
6	车倒角 2mm×45°	按距离角度方式倒角。距离:2mm。角度:45°

2. 操作步骤

在一级圆柱齿轮减速器中，包含有轴和齿轮轴两种类型的轴类零件。其造型过程如下：

[步骤 1]　生成新的零件文档

单击"标准"工具栏上的"新建" ▯，新建 SolidWorks 文件对话框出现。单击"零件" ▱，然后单击"确定"按钮，新零件窗口出现。

[步骤 2]　下料

选择右视基准面，单击"草图"工具栏中的"绘制草图" ▱后，单击"圆" ⊙，单击捕捉坐标原点，移动指针并单击完成圆的绘制。在"草图"工具栏中单击"智能尺寸" ◇，单击圆弧线，标注直径为 45mm。在"特征"工具条中单击"拉伸凸台/基体" ▣，在拉伸对话框中设 ▱ 为长度 128mm，单击"确定"按钮 ✔创建下料，如图 2-59 所示。

［步骤3］ 车右轴颈

选择棒料特征的右端面，单击"草图"工具栏中的"绘制草图" ![icon]后，单击"圆" ![icon]，将指针移到草图原点，当指针变为 ![icon]时，单击并移动指针，再次单击即完成圆的绘制。单击"智能尺寸" ![icon]，将圆的直径设置为35mm，单击"确定"按钮 ![icon]。在"特征"工具条中单击"拉伸切除" ![icon]，如图2-60所示，在拉伸对话框中设 ![icon]为"23.00mm"，并选中"反侧切除"复选框，单击"确定"按钮 ![icon]。

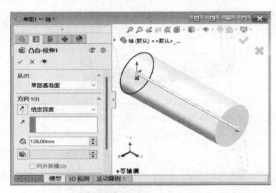

图2-59 下料

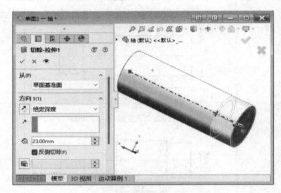

图2-60 车右轴颈

［步骤4］ 车齿轮座

选择棒料特征的左端面，单击"草图"工具栏中的"绘制草图" ![icon]后，单击"圆" ![icon]，将指针移到草图原点，当指针变为 ![icon]时，单击并移动指针，再次单击即完成圆的绘制。单击"智能尺寸" ![icon]，将圆的直径设置为40mm，单击"确定"按钮 ![icon]。在"特征"工具条中单击"拉伸切除" ![icon]，如图2-61所示，在拉伸对话框中设 ![icon]为74mm，并选中"反侧切除"复选框，单击"确定"按钮 ![icon]。

［步骤5］ 车左轴颈

选择棒料特征的左端面，单击"草图"工具栏中的"绘制草图" ![icon]后，单击"圆" ![icon]，将指针移到草图原点，当指针变为 ![icon]时，单击并移动指针，再次单击即完成圆的绘制。单击"智能尺寸" ![icon]，将圆的直径设置为35mm，单击"确定"按钮 ![icon]。在"特征"工具条中单击"拉伸切除" ![icon]，如图2-62所示，在拉伸对话框中设拉伸方式为"到离指定面指定的距离"，单击选中轴肩左侧面，设距离 ![icon]为51mm，并选中"反侧切除"复选框，单击"确定"按钮 ![icon]。

［步骤6］ 铣键槽

选择前视基准面，单击"视图定向" ![icon]中的"正视于" ![icon]，单击"草图"工具栏上的"直槽口绘制" ![icon]，绘制键槽草图。给槽口中心线和草图原点添加"重合"关系，并单击"智能尺寸" ![icon]，为其添加定位尺寸（槽距轴肩3mm）、定形尺寸（槽长45mm）和槽宽12mm。在标注圆弧之间的距离时，在尺寸对话框中单击"引线"，选择圆弧条件为"最大"，

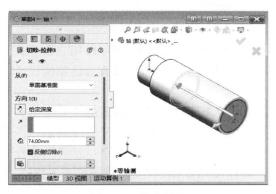

图 2-61　车齿轮座

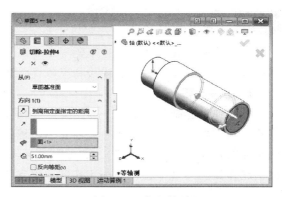

图 2-62　车左轴颈

如图 2-63 所示。再单击"特征"工具条中的"拉伸切除" ，在图 2-64 所示的拉伸对话框中设拉伸起点为"等距" 15.5mm（即 $35.5 - 40/2 = 15.5$），拉伸方式为"完全贯穿"，单击"确定"按钮。

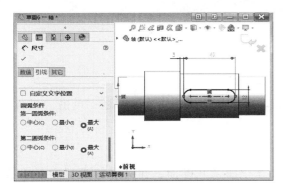

图 2-63　键槽草图

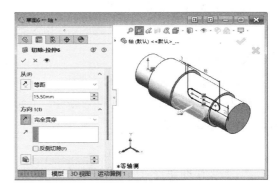

图 2-64　铣键槽

[步骤 7]　车倒角

在"特征"工具条中单击"倒角" ，选择倒角边线，在图 2-65 所示的倒角对话框中设 为 2mm，设 为 45°并单击"确定"按钮，完成阶梯轴建模，如图 2-66 所示。

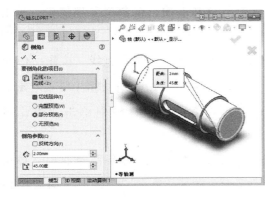

图 2-65　倒角对话框

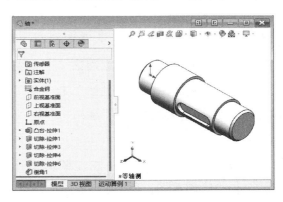

图 2-66　轴模型

2.4.2　螺旋弹簧类零件设计

圆柱压缩螺旋弹簧在铁道车辆等工业产品中广泛应用。在 SolidWorks 中可以用三段等螺距螺旋线法、一段变螺距螺旋线法和三段直线法进行建模，本节主要介绍三段直线法建模过程。

1. 基本流程

参照弹簧卷制工艺过程，如图 2-67 所示，弹簧是由簧条圆绕三条首尾相连的直线扭转而成的，基本思路是"**先滚子→后卷簧→再磨圈**"，其造型过程为：先在 3 个草图中绘制三条首尾相连的直线（滚子中心线），再绘制簧条圆，然后利用扫描特征中的"沿路径扭转"命令依次创建弹簧基体（下支撑圈→工作圈→上支撑圈），最后利用反侧拉伸切除特征磨平支撑圈。

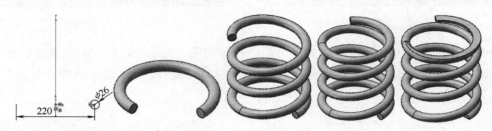

图 2-67　弹簧建模流程

2. 操作步骤

［步骤 1］　生成新的零件文档

单击"标准"工具栏上的"新建" 📄。出现新建 SolidWorks 文件对话框。单击"零件" 🔩，然后单击"确定"按钮，新零件窗口出现。

［步骤 2］　绘制滚子中心线

- 下支撑圈滚子中心线：在左侧的设计树中选择前视基准面，在命令管理器中，单击 草图 →"绘制草图" ✏️ 进入草图绘制环境。如图 2-68a 所示，单击"草图"工具栏上的"直线" ✏️，在绘图区捕捉草图原点，并移动鼠标绘制竖直直线。单击"智能尺寸" ◈，标注直线高为 13mm（簧条半径），单击→"绘制草图" ✔️。在"草图"工具栏中单击"退出草图" ↩️。

- 上支撑圈滚子中心线：在左侧的设计树中选择前视基准面，在命令管理器中，单击 草图 →"绘制草图" ✏️ 进入草图绘制环境。如图 2-68b 所示，单击"草图"工具栏上的"直线" ✏️，在绘图区下支撑圈滚子中心线上方单击并移动鼠标绘制竖直直线。按住〈Ctrl〉键，单击两条直线，添加"共线"和"相等关系"。单击"智能尺寸" ◈，标注两直线端点距离为弹簧自由高 260mm，单击"确定"按钮 ✔️。在"草图"工具栏中单击"退出草图" ↩️。

- 工作圈滚子中心线：在左侧的设计树中选择前视基准面，在命令管理器中，单击 草图 →"绘制草图" ✏️ 进入草图绘制环境。如图 2-68c 所示，单击"草图"工具栏上的"直线" ✏️，将上面的两条直线首尾相连。在"草图"工具栏中单击"退出草图" ↩️。

[步骤 3]　卷下支撑圈

● 绘制簧条圆：在设计树中选择前视基准面，单击"草图"工具栏上的"圆" 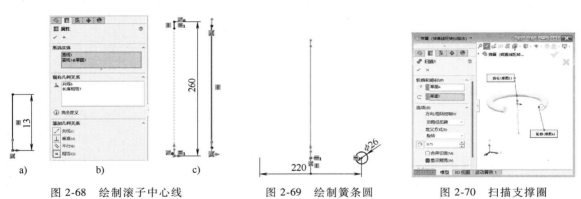，在绘图区滚子中心线右侧，单击并移动指针，再次单击即完成簧条圆的绘制。单击"直线" ，捕捉草图原点，向下绘制竖直直线，并设为构造线。按住〈Ctrl〉键，单击草图原点和簧条圆圆心，添加"水平"关系；单击"智能尺寸" ，单击簧条圆和构造线，并将鼠标移动到构造线左侧单击，标注对称尺寸为弹簧中径 220mm，完成簧条圆定位。再单击簧条圆，标注其直径为 26mm，如图 2-69 所示。在"草图"工具栏中单击"退出草图" 。

● 扫描下支撑圈：在"特征"工具条中单击"扫描" ，如图 2-70 所示，单击簧条圆草图作为扫描轮廓，单击下支撑圈滚子中心线草图作为扫描路径，在选项卡中设"方向/扭转控制"为"沿路径扭转"；"定义方式"为"旋转 0.75"（即旋转 0.75 圈），单击"确定"按钮 。

a)　　　　b)　　　　c)

图 2-68　绘制滚子中心线　　　　图 2-69　绘制簧条圆　　　　图 2-70　扫描支撑圈

[步骤 4]　绕工作圈

● 绘制簧条圆：选下支撑圈上端的平面作为草图平面，单击"草图"工具栏上的"绘制草图" 进入草图环境，再单击"转换实体引用" ，将边线投影成簧条圆。单击"草图"工具栏中的 退出草图。

● 扫描工作圈：在"特征"工具条中单击"扫描" ，如图 2-71 所示，单击簧条圆草图作为扫描轮廓，单击工作圈滚子中心线草图作为扫描路径，在选项卡中设"方向/扭转控制"为"沿路径扭转"；"定义方式"为"旋转 2.9"（即旋转 2.9 圈），单击 改变旋向，单击"确定"按钮 。

[步骤 5]　绕上支撑圈

● 绘制簧条圆：选工作圈上端的平面作为草图平面，单击"草图"工具栏上的"绘制草图" 进入草图环境，再单击"转换实体引用" ，将边线投影成簧条圆。单击"草图"工具栏中的 退出草图。

● 扫描支撑圈：在"特征"工具条中单击"扫描" ，如图 2-72 所示，单击簧条圆草图作为扫描轮廓，单击上支撑圈滚子中心线草图作为扫描路径，在选项卡中设"方向/扭转控制"为"沿路径扭转";"定义方式"为"旋转 0.75"（即旋转 0.75 圈），单击"确定"按钮✔。

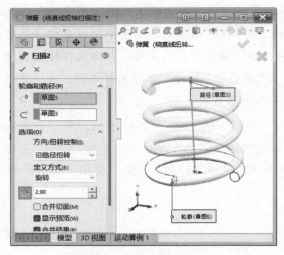

图 2-71　绕工作圈　　　　　　　　　　图 2-72　绕上支撑圈

[步骤 6]　磨支撑圈

● 绘制磨簧矩形：选下支撑圈端面作为草图平面，单击"视图定向" ，选择"正视于" 。如图 2-73 所示，在"草图"工具栏中单击"绘制草图" 插入新草图，单击"矩形" ，在绘图区单击，然后移动指针来生成矩形。按住〈Ctrl〉键，单击草图原点和矩形下边线，添加"中点"关系；单击矩形右边线和下支撑圈圆线，添加"相切"关系；单击打开设计树中扫描 4，右键单击上支撑圈滚子中心线草图，在弹出菜单中选择 显示命令使草图显示，单击矩形上边线和支撑圈滚子中心线的上端点，添加"中点"关系，如图 2-74 所示。

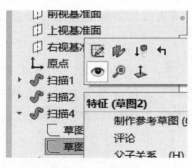

图 2-73　显示草图

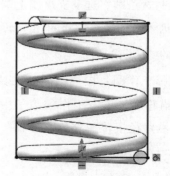

图 2-74　磨圈草图

● 反侧切除磨圈：在命令管理器"特征"工具条中单击"拉伸切除" ，如图 2-75 所示，设"方向 1"为"完全贯穿"，并选中"反侧切除"复选框，"方向 2"也为"完全贯穿"，单击"确定"按钮✔完成磨圈。

[步骤 7]　看多变

在设计树中，右键单击"注解"，在弹出的菜单中选择"显示特征尺寸"，在绘图区中修改簧条直径、弹簧中径和有效圈数等驱动尺寸，观察模型变化，体会牵一发动全身的特点。对比两种弹簧建模方法，体会加工仿真的优势。

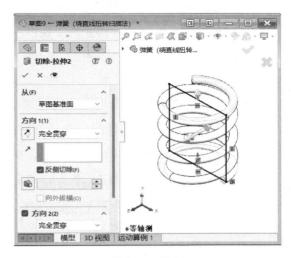

图 2-75　磨圈

2.4.3　盘类零件设计

盘类零件通常是指机械机构中盖、环、套类零件，如：垫圈、垫片、轴套。

1. 基本流程

如图 2-76 所示，齿轮减速器轴承端盖的造型过程为：先用拉伸凸台特征生成盖板，再用拉伸凸台特征生成定位筒形成轴承基本形体。然后，使用拉伸切除命令打孔，使用阵列特征得到零件的其他孔特征。最后，生成圆角和倒角特征。

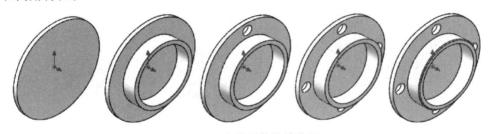

图 2-76　盘类零件设计流程

2. 操作步骤

［步骤 1］　生成新的零件文档

单击"标准"工具栏上的"新建" 。出现新建 SolidWorks 文件对话框。单击"零件"
，然后单击"确定"按钮，新零件窗口出现。

［步骤 2］　建盖板

● 绘板面：在设计树中选择右视基准面，单击"草图"工具栏上的"圆" ，在绘图区捕捉草图原点，单击并移动指针，再次单击即完成圆的绘制。单击"智能尺寸" ，设直径为 240mm。

● 拉盖板：在"特征"工具条中单击"拉伸凸台/基体" ，在拉伸对话框中设 为 10mm，单击"确定"按钮 。

［步骤 3］　建支筒

● 绘内边：在设计树中选择右视基准面，单击"草图"工具栏上的"圆" ，在绘图区捕捉草图原点，单击并移动指针，再次单击即完成圆的绘制。单击"智能尺寸" ，设直径为 140mm。

• 拉支筒：在"特征"工具条中单击"拉伸凸台/基体"，如图 2-77 所示，设定给定深度 为 30mm，选中"薄壁特征"复选框，壁厚设为 10mm，单击"确定"按钮。

［步骤 4］ 钻螺栓孔

选择端盖前面，单击"草图"工具栏上的"圆"，捕捉草图原点，绘制螺栓孔定位圆，选中"作为构造线"复选框，单击"智能尺寸"，标注其直径为 200mm。单击"草图"工具栏上的"圆"，捕捉定位圆上侧的定位原点，绘制螺栓孔圆，单击"智能尺寸"，标注其直径为 25mm。如图 2-78 所示，在"特征"工具条中单击"拉伸切除"，在拉伸对话框中设 为"完全贯穿"，单击"确定"按钮。

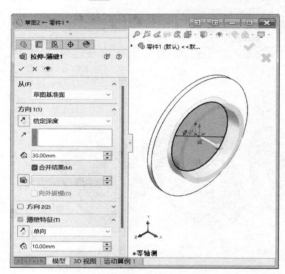

图 2-77　拉支筒　　　　　　　　　　图 2-78　钻螺栓孔

［步骤 5］ 圆周阵列螺栓孔

单击"插入"→"阵列/镜向"→"圆周阵列"，如图 2-79 所示，选圆柱面为阵列方向，阵列角度为 360°，阵列数目为 4，并选中"等间距"单选框，单击"确定"按钮。

［步骤 6］ 倒角

在"特征"工具条中单击"倒角"，选择倒角边线，在图 2-80 所示的倒角对话框中设 为 2mm，再设 为 45°并单击"确定"按钮，完成端盖造型。

［步骤 7］ 选材料

在特征树中右键单击"材质"，在弹出的菜单中选普通碳钢。

2.4.4　齿轮类零件设计

在机械机构中，常常用齿轮把一个轴的转动传递给另一根轴。齿轮的种类很多，根据其传动情况可分为：用于两平行轴的机构传递——圆柱齿轮、用于两相交轴的机构传递——锥齿轮及用于两交叉轴的机构传递——蜗轮蜗杆。

在 SolidWorks 中可以采用直接造型法或由 Toolbox、Geartrax、Fntgear、Rfswapi 等插件生成

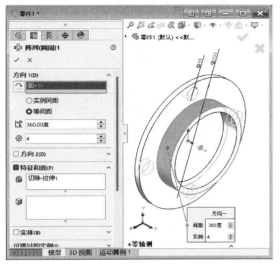

图 2-79　阵列参数设置

图 2-80　倒角参数设置

齿轮。常见的圆柱齿轮分为直齿圆柱齿轮和斜齿圆柱齿轮两种，下面以直齿圆柱齿轮为例说明圆柱齿轮的设计方法。

1. 直接造型法基本流程

SolidWorks 可以在"草图"→"样条曲线"→"方程式驱动的曲线"，输入参数方程来绘制 3D 曲线，因此也可以通过这个功能，用渐开线的参数方程来画标准齿轮。齿轮相应的参数见表 2-9 和图 2-81。

圆柱齿轮的直接造型过程为：计算齿轮参数；用齿顶圆拉伸凸台生成直齿轮毛坯；绘制齿轮渐开线齿槽轮廓，完全贯穿插处的单个齿槽，阵列完成所有齿槽的创建；拉伸切除、镜向和阵列切除辐板及辐板孔；拉伸切除，完成轴孔与键槽。

表 2-9　渐开线直齿圆柱齿轮参数

参数名称	参数值	参数名称	参数值
模数 m	$m = 10\text{mm}$	齿顶高 h_a	$h_a = m = 10$
齿数 z	$z = 47$	齿根高 h_f	$h_f = h_a + c = 10.25\text{mm}$
压力角 α	$\alpha = 20°$	分度圆直径 d	$d = mz = 470\text{mm}$
顶隙系数 c	$c = 0.25$	基圆直径 d_b	$d_b = d\cos20° = 441.656\text{mm}$
齿距 p	$p = \pi m = 31.4\text{mm}$	齿根圆直径 d_f	$d_f = d - 2h_f = 449.5\text{mm}$
齿厚 s	$s = p/2 = 15.7\text{mm}$	齿顶圆直径 d_a	$d_a = d + 2h_a = 490\text{mm}$
齿槽宽 e	$e = p/2 = 15.7\text{mm}$	齿根圆角半径 r_f	$r_f = 0.38 \times m = 3.8\text{mm}$

2. 齿轮直接法建模步骤

［步骤 1］　生成新的零件文档

单击"标准"工具栏上的"新建" ，新建 SolidWorks 文件对话框出现。单击"零件" ，然后单击"确定"按钮，新零件窗口出现。

［步骤 2］　拉轮坯

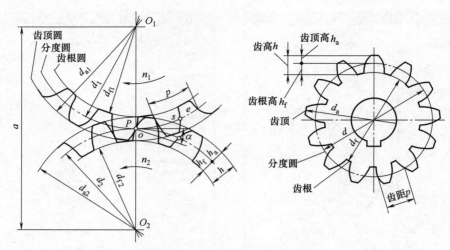

图 2-81　齿轮参数示意图

选择前视基准面，单击"草图"工具栏上的"绘制草图" → "圆" ，捕捉草图原点，单击并移动指针，再次单击即完成圆的绘制。单击"草图"工具栏上的"智能尺寸" ，标注圆直径尺寸为齿顶圆直径 490mm，单击"确定"按钮 。

在"特征"工具条中单击"拉伸凸台/基体" ，在拉伸对话框中设拉伸方向为"两侧对称"，设 为 140mm，单击"确定"按钮 （使用两侧对称方式，便于以后装配时以前视基准面作为中面参与配合）。在设计树中单击"拉伸 1"使其高亮显示后，再次单击，并重命名为"拉轮坯"。

[步骤 3]　插齿槽

● 绘制齿根圆：选择齿轮前视基准面，单击"视图定向" 中的"正视于" 转换视向后，单击"草图"工具栏上的"草图绘制" → "圆" ，捕捉草图原点并单击，移动指针，再次单击即完成圆的绘制。单击"草图"工具栏中"绘制草图" 上的"智能尺寸" 。选择圆，移动指针，单击放置该直径尺寸，将尺寸数值设为齿根圆直径 449.5mm。

● 绘制分度圆：重复以上操作，完成直径为 470mm 的分度圆的绘制，单击选中分度圆线，在"圆"属性对话框的"选项"中选中"作为构造线"复选框，单击"确定"按钮 。

● 绘制齿顶圆：选中齿轮毛坯外轮廓线，单击"草图"工具栏上的"转换实体引用" ，完成齿顶圆绘制，单击选中齿顶圆线，在"圆"属性对话框的"选项"中选中"作为构造线"复选框，单击"确定"按钮 。

● 绘制渐开线：如图 2-82 所示，选择" 样条曲线"→"方程式驱动的曲线"，选择方程式类型为"参数性"，输入渐开线参数方程" $X_t = d_b/2 * (t * \sin(t) + \cos(t))$ "" $Y_t = d_b/2 * (\sin(t) - t * \cos(t))$ "，其中：基圆直径 $d_b = 441.656$mm，t 为极坐标角度，取 $t_1 = 0$，$t_2 = 1$（单位为弧度），单击"确定"按钮 。

● 绘制齿形中心线：单击"草图"工具栏上的"中心线" ，将指针移到草图原点处捕

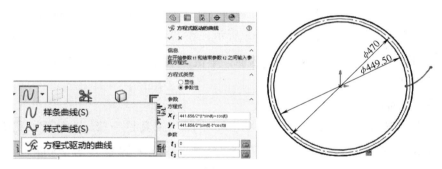

图 2-82　齿轮三圆与渐开线

捉原点并单击，移动指针到齿根圆时再次单击，如图 2-83 所示。

- 镜向渐开线：单击"草图"工具栏上的"镜向实体"⚠，如图 2-84 所示，在图形区单击样条曲线，在镜向对话框中单击"镜向点"下的空框后，在图形区单击中心线，单击"确定"按钮✔。

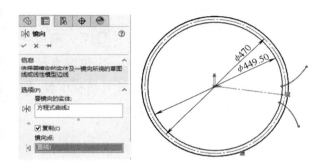

图 2-83　镜向草图

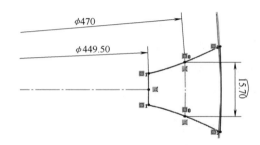

图 2-84　齿廓草图

- 裁多余：单击"剪裁"✂，剪裁掉草图的多余部分得到齿槽轮廓。
- 添约束：按住〈Ctrl〉键，单击分度圆圆弧上端点及其相邻渐开线，选择"重合"，单击"确定"按钮✔。按〈Ctrl〉键，单击分度圆圆弧下端点及其相邻渐开线，选择"重合"，单击"确定"按钮✔。单击"草图"工具栏的"智能尺寸"◇，单击分度圆圆弧，再依次单击两端点并标注弧长为 15.7mm。单击齿形中心线，选择"水平"，单击"确定"按钮✔。按住〈Ctrl〉键，单击齿根圆圆弧两端点和齿形中心线，选择"对称"，单击"确定"按钮✔。重复上述步骤，分别为分度圆圆弧两端点和齿顶圆圆弧两端点添加"对称"，单击"确定"按钮✔，完成草图约束设置。
- 拉伸齿槽：在"特征"工具条中单击"拉伸切除"▣，在拉伸对话框中设 ↗ 为"完全贯穿"，单击"确定"按钮✔。将设计树中的名称改为"插齿槽"。
- 倒根圆角：在"特征"工具条中单击"倒圆角"▣，选择齿根两条直线，圆角半径为 3.8mm，单击"确定"按钮✔。将设计树中的名称改为"根圆角"。

［步骤 4］　阵列齿特征

阵列槽："插入"→"阵列/镜向"→"圆周阵列"。选"圆柱面"为阵列基准，在设计树中选择插齿槽和根圆角为阵列对象，如图 2-85 所示，在"参数"中设阵列角度参数 为 360°；阵列数目 为 47，并选中"等间距"单选框，单击"确定"按钮 。将设计树中的名称改为"阵列槽"。

〔步骤 5〕 切辐板

• 切前辐板：选择齿轮前视基准面，单击"草图"工具栏→"绘制草图" 后，利用草图绘制工具绘制辐板草图，单击"智能尺寸" ，标注内圆直径为 200mm，外圆直径为 400mm，如图 2-86 所示。在"特征"工具条中单击"拉伸切除" ，在拉伸对话框中设 为"给定深度"，设置 为 30mm，单击"确定"按钮 。将设计树中的名称改为"切前辐板"。

• 切后辐板：在"特征"工具条中单击"镜向" ，在设计树中单击"前视基准面"，将镜向面/基准面设置为"前视基准面"，在设计树中单击"切前辐板"，设置要镜向的特征为"切前辐板"，单击"确定"按钮 。将设计树中的名称改为"切后辐板"。

• 打辐板孔：选择辐板前视基准面，单击"草图"工具栏→"绘制草图" 后，利用草图绘制工具绘制辐板草图，单击"智能尺寸" ，标注辐板孔直径为 50mm，定位圆直径为 300mm，如图 2-87 所示。在"特征"工具条中单击"拉伸切除" ，在拉伸对话框中设 为"完全贯穿"，单击"确定"按钮 。将设计树中的名称改为"打辐板孔"。

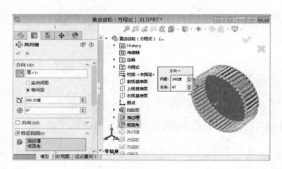

图 2-85 齿槽阵列

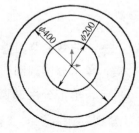

图 2-86 辐板草图

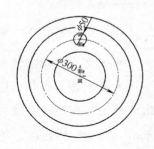

图 2-87 辐板孔草图

• 阵列孔：在"特征"工具条中单击"线性阵列" 中的"圆周阵列" ，选择圆柱面为圆周阵列基准，选择辐板孔为阵列特征，单击"等间隔"单选框，设置阵列角度为 360°，阵列数目为 6，单击"确定"按钮 。将设计树中的名称改为"阵列孔"。

〔步骤 6〕 挖孔槽

• 打轮孔：选择齿轮侧面为草图平面。单击"草图"工具栏→"绘制草图" 后，利用草图绘制工具绘制轴孔圆，单击"智能尺寸" ，标注圆直径为 140mm，如图 2-88 所示。在"特征"工具条中单击"拉伸切除" ，在拉伸对话框中设 为"完全贯穿"，单击"确定"按钮 。将设计树中的名称改为"打轮孔"。

● 挖键槽：选择齿轮侧面为草图平面。单击"草图"工具栏→"绘制草图" 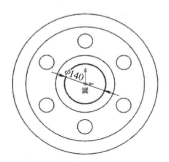后，利用草图绘制工具绘制键槽矩形，单击"智能尺寸" 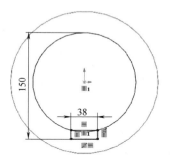，标注相关尺寸，如图 2-89 所示。在"特征"工具条中单击"拉伸切除" ，在拉伸对话框中设 为"完全贯穿"，单击"确定"按钮 。将设计树中的名称改为"挖键槽"。完成齿轮建模，如图 2-90 所示。

图 2-88　轴孔草图

图 2-89　键槽草图

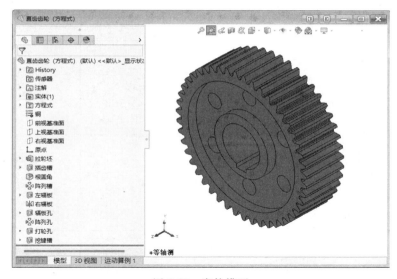

图 2-90　齿轮模型

2.4.5　箱体零件设计

减速器箱体是用以支承和固定轴系零件，保证传动件啮合精度、良好润滑及轴系可靠密封的重要零件，其质量占减速器总质量的 30%～50%，因此，必须重视箱体的结构设计。减速器箱体可以是铸造件，也可以是焊接件，进行批量生产时，通常使用铸造件。

1. 基本流程

箱体结构比较复杂，一般的造型原则为**"先面后孔，基准先行；先主后次，先加后减，先粗后细"**。一级圆柱齿轮减速器的箱体和机盖，除部分孔特征外，其结构为对称结构。为减少在创建机座模型中的工作量，应先建立对称结构的对称特征，而后使用镜向复制命令取得另外的特征。减速器的箱体建模过程见表 2-10。

表 2-10　减速器的箱体建模过程

序号	结构组成	造型方法	序号	结构组成	造型方法
1	容纳齿轮和润滑油的齿轮腔	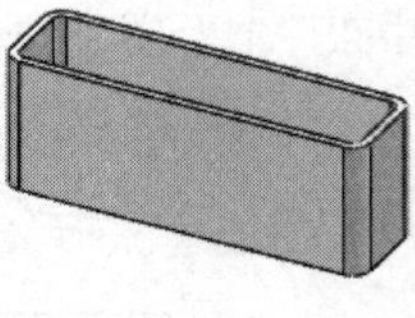	7	密封防尘用轴承端盖安装孔	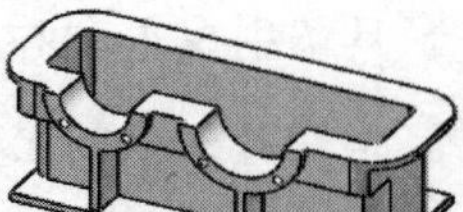
2	减速器盖连接用装配凸缘	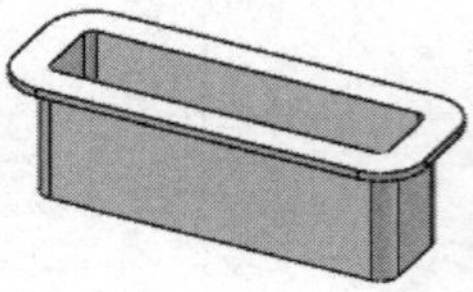	8	装配凸缘装配孔	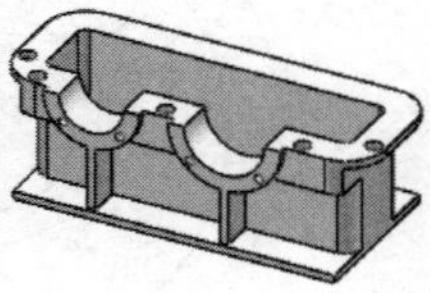
3	安装固定用安装底座	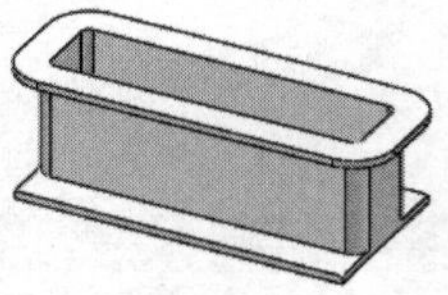	9	底座安装孔与底座槽	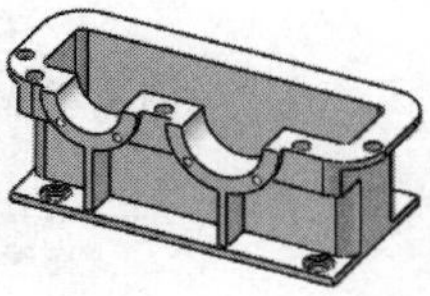
4	轴承孔加强凸缘	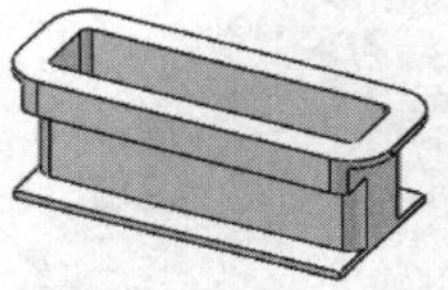	10	镜向对称	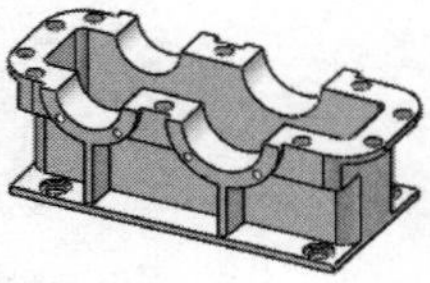
5	轴承孔凸台与加强肋	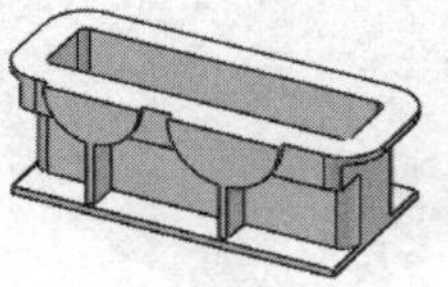	11	底座槽	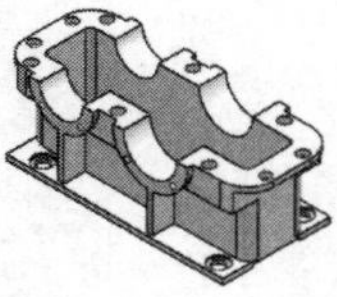
6	支承两根轴的轴承孔	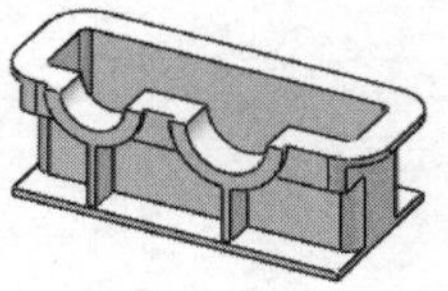	12	换油用放油凸台及孔	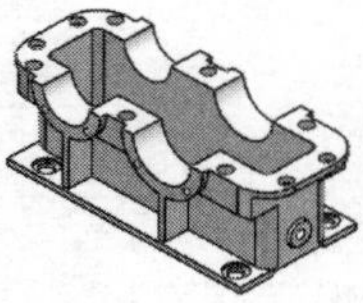

2. 操作步骤

[步骤 1]　启动 SolidWorks

启动 SolidWorks，新建文件对话框出现，单击"零件" 🔩，然后单击"确定"按钮，新零件窗口出现。

[步骤 2]　生成齿轮腔

● 拉伸基体：在打开的设计树中选择"上视"为草图绘制平面。单击"草图"工具栏上的"绘制草图" 🖊上的"矩形" ▢，绘制矩形包围草图原点。按住〈Ctrl〉键，右键单击矩形右边线，选择弹出菜单中的"选择中点"，单击草图原点，添加"水平"关系。单击"草

图"工具栏中的"智能尺寸" 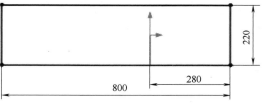，标注尺寸，如图 2-91 所示。单击"特征"工具条中的"拉伸凸台/基体" ，在拉伸对话框中设置拉伸终止条件为"给定深度"，深度值为 300mm，单击"确定"按钮 ，生成齿轮腔基体。

图 2-91　矩形轮廓

● 倒圆角：在"特征"工具条中单击"圆角" ，选择齿轮腔基体的 4 条竖线，如图 2-92 所示，在圆角对话框中设圆角半径为 40mm，单击"确定"按钮 。

● 抽壳体：单击"特征"工具条中的"抽壳" ，系统弹出抽壳对话框，如图 2-93 所示。在"厚度"输入框中设置抽壳的厚度值为 20mm，选择"显示预览"复选框，保持其他选项为系统默认值不变，单击"确定"按钮 ，生成下箱体的腔体。

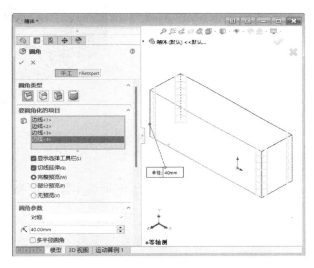

图 2-92　圆角绘制

[步骤 3]　生成装配凸缘

选择齿轮腔上端面为草图绘制平面，单击"草图"工具栏上的"等距实体" ，如图 2-94 所示，在等距实体对话框中设等距尺寸为 60mm，单击"确定"按钮 。单击"草图"工具栏上的"转换实体引用" ，如图 2-95 所示，单击齿轮腔内腔底面，单击"确定"按钮 。

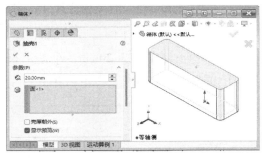

图 2-93　箱体基体抽壳

单击"特征"工具条中的"拉伸凸台/基体" ，系统弹出拉伸对话框，如图 2-96 所示，设置终止条件为"给定深度"，向下深度值为 20mm，单击"确定"按钮 。

图 2-94　等距装配凸缘外边

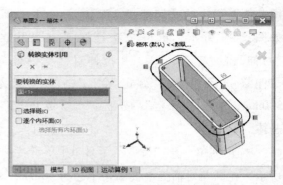

图 2-95　转换实体引用装配凸缘内边

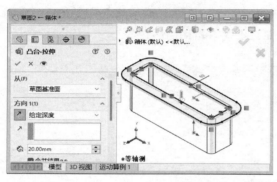

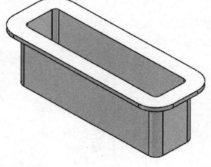

图 2-96　拉伸装配凸缘

[步骤4]　创建安装底座

单击"旋转视图" ，选择前面所完成的箱体底面为草图绘制平面，单击"视图定向"
，选择"正视于" ，使绘图平面转为正视方向。

单击"草图"工具栏上的"绘制草图" 上的"矩形" ，绘制矩形包围草图原点。
按住〈Ctrl〉键，右键单击矩形右边线，选择弹出菜单中的"选择中点"，单击草图原点，添加
"水平"关系。按住〈Ctrl〉键，为矩形左右边线与箱体底面对应左右边线分别添加"共线"关
系。单击"草图"工具栏中的"智能尺寸" ，标注矩形宽度为400mm，如图 2-97 所示。

单击"特征"工具条中的"拉伸凸台/基体" ，在拉伸对话框中设置拉伸终止条件为
"给定深度"，向上深度值为20mm，单击"确定"按钮 ，生成安装底座，如图 2-98 所示。
在设计树中单击选中该特征，再单击并更名为"底座"。

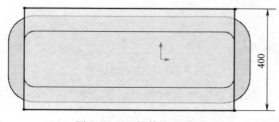

图 2-97　下箱体底座草图

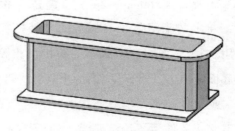

图 2-98　下箱体底座基体拉伸

［步骤5］ 生成轴承孔加强凸缘

选择下箱体装配凸缘上表面为草图绘制平面，单击"视图定向" ，选择"正视于"
，使绘图平面转为正视方向。

单击"草图"工具栏上的"转换实体引用" ，选中箱体底座上面和装配凸缘上表面前
面边线，单击"确定"按钮 ，将其转换为草图线，如图2-99所示。单击"草图"工具栏上
的"剪裁实体" ，剪裁掉多余部分，如图2-100所示。

单击"特征"工具条中的"拉伸凸台/基体" ，在拉伸对话框中设置终止条件为"给
定深度"，选择拉伸方向为向下拉伸，深度值为90mm，单击"确定"按钮 ，完成轴承孔加
强凸缘的创建，如图2-101所示。

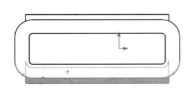 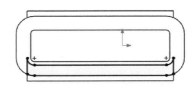 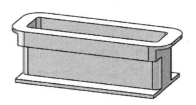

图2-99　面和边线选择　　　　图2-100　加强凸缘草图　　　　图2-101　加强凸缘

［步骤6］ 创建轴承孔凸台

单击"旋转视图" ，选择下箱体壳体内侧的前视基准面为草图绘制平面，单击"视图
定向" ，选择"正视于" ，使绘图平面转为正视方向。

选中箱体上轮廓线，单击"草图"工具栏上的"转换实体引用" ，绘制一条与轮廓线
重合的直线。单击"草图"工具栏上的"圆" ，分别绘制两个圆。按住〈Ctrl〉键，单击
右圆圆心和坐标原点，在对话框中的"添加几何关系"选择区中单击"竖直" ，添加两点的
几何关系为在同一条竖直线上。重复上述操作，分别将两圆圆心与直线的几何关系设为"重合"。
在"草图"工具栏上单击"剪裁实体" ，剪裁掉多余部分，按图2-102所示标注尺寸。

单击"视图定向" ，选择"等轴测" 显示等轴测图。单击"特征"工具条中的
"拉伸凸台/基体" ，系统弹出拉伸对话框，设置终止条件为"给定深度"，选择拉伸方向为
向外拉伸并将深度设为100mm，单击"确定"按钮 ，完成下箱体轴承孔凸台的创建，如
图2-103所示。

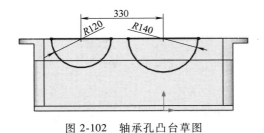

图2-102　轴承孔凸台草图　　　　　图2-103　轴承孔凸台

［步骤 7］ 创建轴承孔凸台加强筋

选择"右视"为草图绘制平面，单击"视图定向" ，选择"正视于" ↕，使绘图平面转为正视方向。单击"草图"工具栏上的"直线" ＼，如图 2-104 所示，捕捉凸台圆最下面的点和底座上面边线，绘制竖直直线。

单击"特征"工具条中的"筋" 👍，系统弹出筋对话框，设"厚度"为"两侧" ⚋，设置厚度为 20mm，如图 2-105 所示。单击"确定"按钮 ✔，创建最终的筋特征。

单击"插入"→"参考几何体"→"基准面"，系统弹出基准面对话框，如图 2-106 所示。在对话框中选择创建基准面的方式为"点和平行面" ⚋，选择"右视"和左圆圆心，单击"确定"按钮 ✔完成基准面创建。

选择新创建的"基准面 1"为加强筋草图绘制平面，单击"视图定向" ，选择"正视于" ↕，使绘图平面转为正视方向。选中箱体上轮廓线，单击"草图"工具栏上的"转换实体引用" 🔲。

单击"特征"工具条中的"筋" 👍，在系统弹出的"筋"对话框中设"厚度"为"两侧" ⚋，设置厚度为 20mm，并选中"反转材料边"，单击"确定"按钮 ✔，完成小圆下的加强筋创建，如图 2-107 所示。

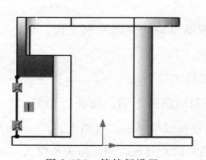

图 2-104 筋特征设置

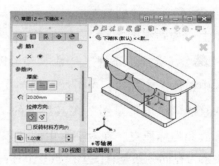

图 2-105 筋特征 1

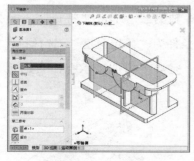

图 2-106 插入基准面

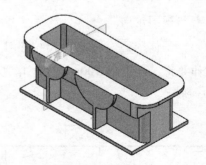

图 2-107 筋特征 2

［步骤 8］ 创建轴承安装孔

选择轴承安装凸缘外表面为草图绘制平面，单击"视图定向" ，选择"正视于" ↕，使绘图平面转为正视方向。

单击"草图"工具栏上的"圆" ⊙，分别以轴承安装凸缘的圆心为圆心画圆，分别设置圆的直径尺寸为 160mm、200mm，单击"确定"按钮 ✔，如图 2-108 所示。单击"等轴测" ⬛ 显示等轴测图。

单击"特征"工具条中的"拉伸切除"，在弹出的拉伸切除对话框中设置切除方式为"成形到下一面"，单击"确定"按钮 ✔，完成实体拉伸切除的创建，拉伸切除后的下箱体如图 2-109 所示。

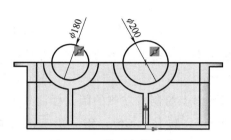

图 2-108　轴承安装孔草图

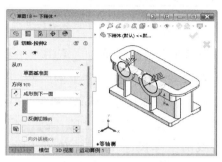

图 2-109　轴承安装孔拉伸切除

[步骤 9]　创建端盖安装孔

选择下箱体轴承安装孔凸台外表面为草图绘制平面，单击"视图定向" 🖼▾，选择"正视于" ⬆，使绘图平面转为正视方向。接下来完成如图 2-110 所示的草图。

单击"草图"工具栏上的"圆" ⊙，分别以两个轴承安装孔凸缘的圆心为圆心画圆，系统弹出圆对话框。选中"作为构造线"复选框，并分别设置直径尺寸为 240mm 和 200mm。

单击"草图"工具栏上的"中心线" ┆，绘制一条过大轴承安装孔圆心的竖直中心线。过大轴承安装孔绘制另一条中心线与竖直中心线成 45°角。

单击"草图"工具栏上的"圆" ⊙，绘制端盖安装孔并标注直径为 20mm。

单击"草图"工具栏上的 ≫ 后单击"添加几何关系" ⊥，分别将安装孔圆心与 45°中心线和直径 240mm 的圆线的几何关系设为"重合"。

单击"草图"工具栏上的 ≫ 后，单击"镜向实体" ⚠，在图形区中单击安装孔，在"镜向"对话框中单击"镜向点"下的空框，再在图形区中单击竖直中心线，单击"确定"按钮 ✔。完成安装孔镜向。

重复上述操作，完成小圆的安装孔草图绘制。

单击"特征"工具条中的"拉伸切除" ▣，在拉伸切除对话框中设切除方式为"给定深度"，在"深度"输入框中设置切除深度值为 20mm。单击"确定"按钮 ✔，完成端盖安装孔创建，如图 2-111 所示。

[步骤 10]　生成上箱盖装配孔

选择下箱体装配凸缘上表面为草图绘制平面，单击"视图定向" 🖼▾，选择"正视于" ⬆，使绘图平面转为正视方向。

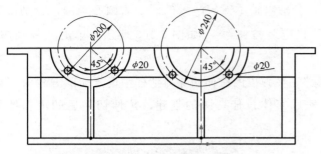

图 2-110　端盖安装孔草图

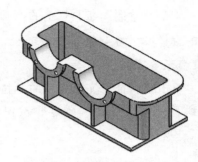

图 2-111　端盖安装孔切除

如图 2-112 所示，单击"草图"工具栏上的"中心线"　，绘制箱体中心线和两轴承孔轴线。单击"草图"工具栏上的"圆"　，在草图绘制平面上绘制左下角的圆，标注其关于相应中心线的对称尺寸 280mm 和 320mm，及其直径 40mm。

单击"草图"工具栏上的"圆"　，在草图绘制平面上绘制最左侧的圆，标注其关于箱体中心线的对称尺寸 140mm 和距草图原点的距离 550mm，按住〈Ctrl〉键，单击圆与直径 40mm 的圆，添加"相等"关系。

单击"草图"工具栏上的"镜向实体"　，在图形区中单击左侧的圆，在镜向对话框中单击"镜向点"下的空框，再在图形区中单击左轴承孔轴线，单击"确定"按钮　完成中间圆镜向。重复上述步骤镜向右下角的圆。

单击"草图"工具栏上的"圆"　，在草图绘制平面上绘制最右侧的圆，按住〈Ctrl〉键，单击该圆与直径 40mm 的圆，添加"相等"关系，单击该圆圆心与最左侧圆圆心，添加"水平"关系。标注其与最左侧圆的距离为 880mm。单击"视图定向"　，选择"等轴测"　显示等轴测图。

单击"特征"工具条中的"拉伸切除"　，在拉伸切除对话框中设置切除方式为"成形到下一面"，单击"确定"按钮　，完成实体拉伸切除的创建，如图 2-113 所示。

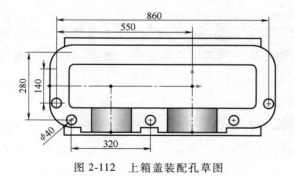

图 2-112　上箱盖装配孔草图

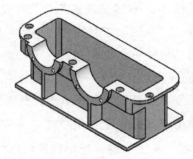

图 2-113　上箱盖装配孔切除

［步骤 11］　创建箱体底座安装孔

单击"插入"→"特征"→"钻孔"→"向导"，系统弹出孔规格对话框，如图 2-114 所示。在该对话框的"类型"选项卡中设标准为"GB"，类型为"六角头螺栓 C 级 GB/T 5780—

2016"，大小为"M30"。

单击"位置"选项卡中的"孔位置"，在安装座上面单击定位，并标注孔距离前边线为45mm，距离右边线60mm。单击"确定"按钮✔完成一个底座安装孔的创建。

单击"插入"→"阵列/镜向"→"线性阵列"，系统弹出阵列（线性）对话框，如图2-115所示。在图形区中选择底板长边作为第一阵列方向，间距为650mm，数量为2，要阵列的特征为"孔1"，单击"确定"按钮✔完成实体特征的创建。

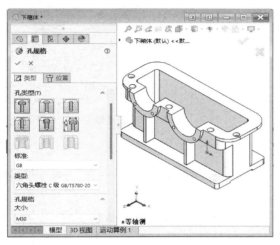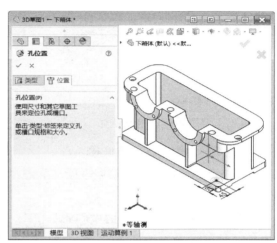

图 2-114　钻孔

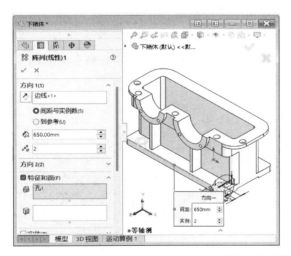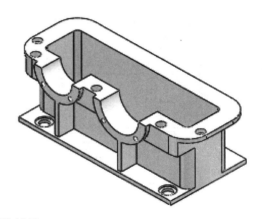

图 2-115　阵列孔特征

［步骤12］　镜向特征

单击"插入"→"阵列/镜向"→"镜向"，系统弹出镜向对话框，如图2-116所示，在设计树中选取"前视"为镜向基准面，单击设计树中的"底座"特征之后的第一个特征，然后，按住〈Shift〉键，单击设计树中的最后一个特征从而选中要镜向的全部特征，单击"确定"按钮✔，完成实体镜向特征的创建，如图2-117所示。

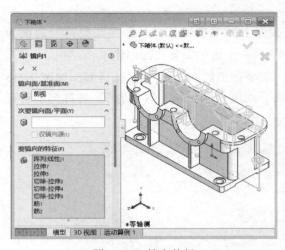

图 2-116　镜向特征

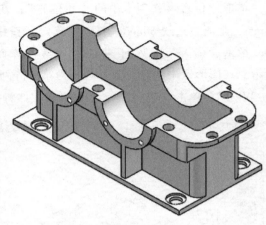

图 2-117　箱体模型

[步骤 13]　创建下箱体底槽

选择下箱体侧面为草图绘制平面，单击"视图定向" ，选择"正视于" ，使绘图平面转为正视方向。

单击"草图"工具栏上的"矩形" ，绘制切除特征的矩形轮廓。按住〈Ctrl〉键，单击草图原点和矩形下边线，添加"中点"关系。标注其尺寸为 180mm×10mm，如图 2-118 所示。

单击"视图定向" ，选择"等轴测" 显示等轴测图。

单击"特征"工具条中的"拉伸切除"，在拉伸切除对话框中设置切除方式为"完全贯穿"，单击"确定"按钮 ，完成实体拉伸切除的创建，拉伸切除后的下箱体底槽实体如图 2-119 所示。

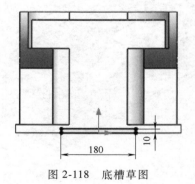

图 2-118　底槽草图

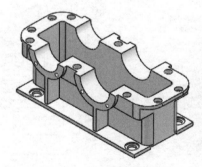

图 2-119　底槽特征拉伸

[步骤 14]　创建泄油孔

选择下箱体侧面为草图绘制平面，单击"视图定向" ，选择"正视于" ，使绘图平面转为正视方向。

单击"草图"工具栏上的"圆" ，绘制泄油孔凸台的草图，按住〈Ctrl〉键，单击草图原点和圆心，添加"竖直"关系。标注圆心与草图原点的距离为 90mm，圆直径为 80mm，如图 2-120 所示。

单击"特征"工具条中的"拉伸凸台/基体" 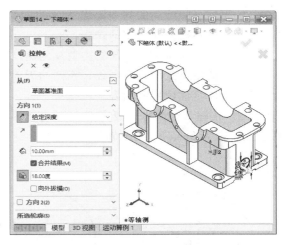，系统弹出拉伸对话框，设置拉伸类型为"给定深度"，选择拉伸方向为向外拉伸，并在设置框中设置凸台厚度为 10mm，单击"拔模"工具图标，设置拔模角度为 18°，单击"确定"按钮✅，完成泄油孔凸台的创建，如图 2-121 所示。

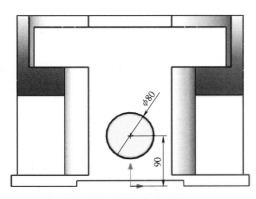

图 2-120　泄油孔凸台草图

图 2-121　泄油孔凸台拉伸

选择泄油孔凸台上表面为泄油孔的草图绘制平面，单击"视图定向" ，选择"正视于" ，使绘图平面转为正视方向。单击"草图"工具栏上的"圆" ，以泄油孔凸台中心为圆心绘制泄油孔的草图轮廓，并标注直径为 30mm。单击"特征"工具条中的"拉伸切除" ，系统弹出拉伸对话框，设置拉伸类型为"成形到下一面"，图形区高亮显示"拉伸切除"的方向，如图 2-122 所示。单击"确定"按钮✅，完成泄油孔的创建，如图 2-123 所示。

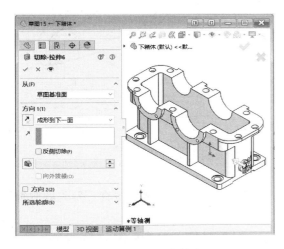

图 2-122　泄油孔创建

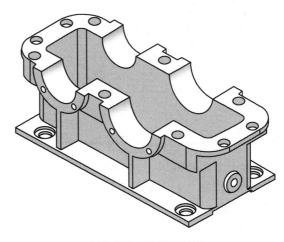

图 2-123　下箱体实体

2.5 习题 2

2-1 简答题

1）简述草图平面选择的原则。SolidWorks 的三个基本基准面的名称叫什么？

2）使用草图约束有什么好处？有几种约束状态？选择多个实体时，需要按住哪个键？

3）简述草图绘制的基本流程及原则。

4）简述转换实体引用的作用。

5）简述 SolidWorks 特征的类型及创建过程。如何编辑？

6）何谓设计意图？影响设计意图的因素有哪些？

7）简述零件规划的内容。

2-2 按图 2-124 的步骤完成草图绘制，体会"**先已知，后中间，再连接**"的绘图思想，并建立直径为 5mm 的扫描特征。

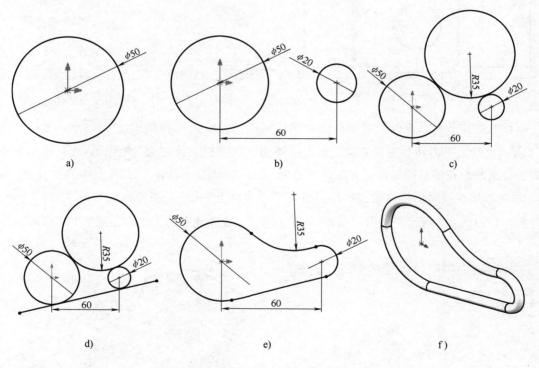

图 2-124 习题 2-2

2-3 画出图 2-125 所示各零件的草图，并给出轮廓所围成图形的面积。

2-4 基本特征练习，具体如图 2-126 所示。

2-5 按图 2-127 完成零件，体会"**草图尽量简，特征须关联，造型要仿真，别只顾眼前**"的建模思想。

2-6 按照图 2-128 所示的分析结果完成零件造型，计算材料为普通碳钢时的质量。

2-7 建立图 2-129 所示的零件模型。

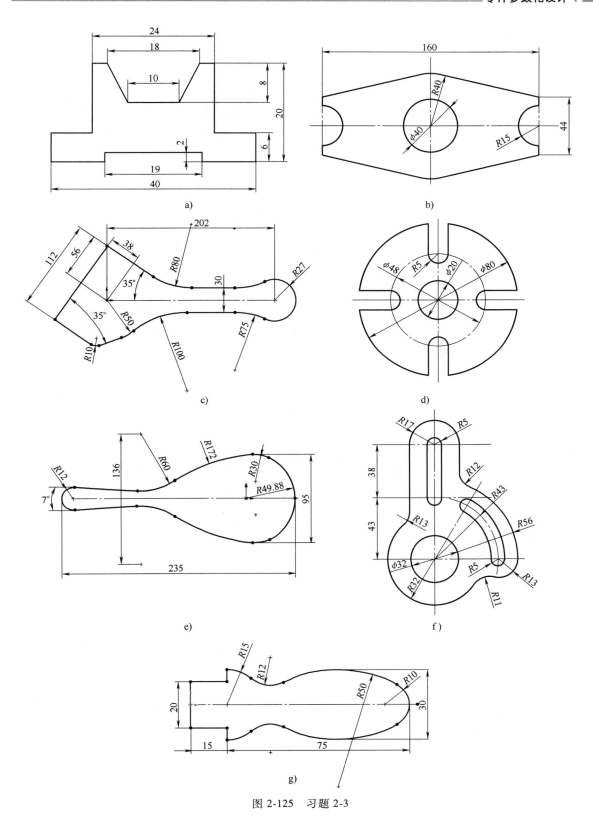

图 2-125　习题 2-3

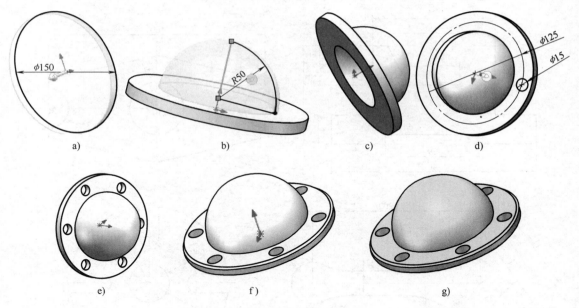

图 2-126 习题 2-4

a）拉伸厚 10mm　b）旋转 360°　c）抽壳厚 10mm　d）完全贯穿

e）阵列 6 孔　f）倒角 2mm×45°　g）添黄铜材料

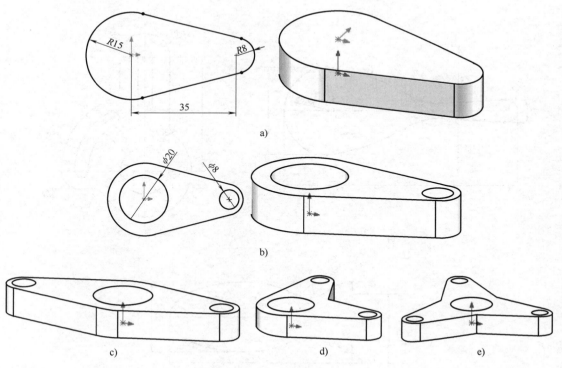

图 2-127 习题 2-5

a）拉伸　b）完全贯穿　c）圆周阵列 2 个 360°

d）改圆周阵列 2 个 90°　e）改圆周阵列 3 个 360°

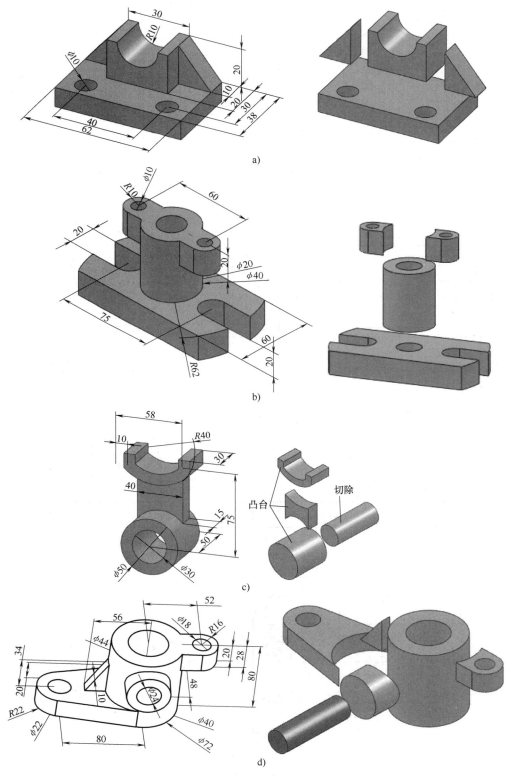

图 2-128 习题 2-6

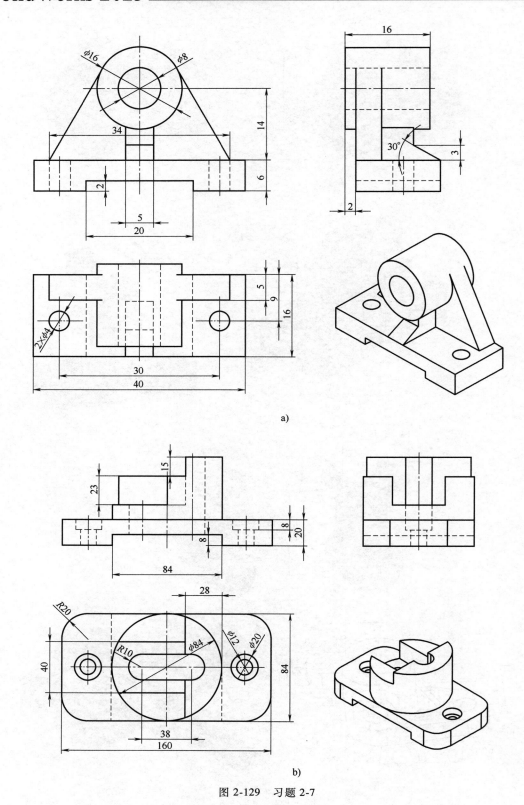

a)

b)

图 2-129　习题 2-7

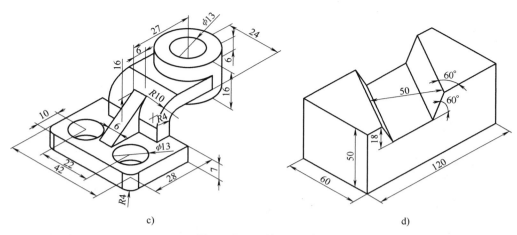

图 2-129　习题 2-7（续）

2-8　参照钳工加工过程完成图 2-130 所示的錾口锤的建模（毛坯为□30mm×94mm 的方钢）。

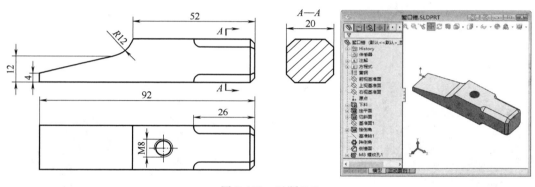

图 2-130　习题 2-8

2-9　完成图 2-131 所示零件的设计，并回答相关问题。

1）材料为普通碳钢，$A = 132mm$，$B = 910mm$，零件的质量是多少？

2）材料为纯铜，$A = 128mm$，$B = 890mm$，零件的质量是多少？

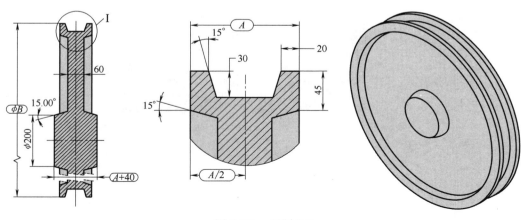

图 2-131　习题 2-9

2-10 完成图 2-132 所示零件的设计，并回答相关问题。

1）如图 2-132a 所示，材料为纯铜，$A = 65\text{mm}$，$B = 22\text{mm}$，$C = 29\text{mm}$，零件的质量和端面的面积分别是多少？

2）如图 2-132b 所示，在图 2-132a 所示零件的基础上，去除指定区域的材料后，零件的质量是多少？

3）在图 2-132b 所示零件的基础上，切除壁厚 2mm 的凹槽，零件的质量是多少？

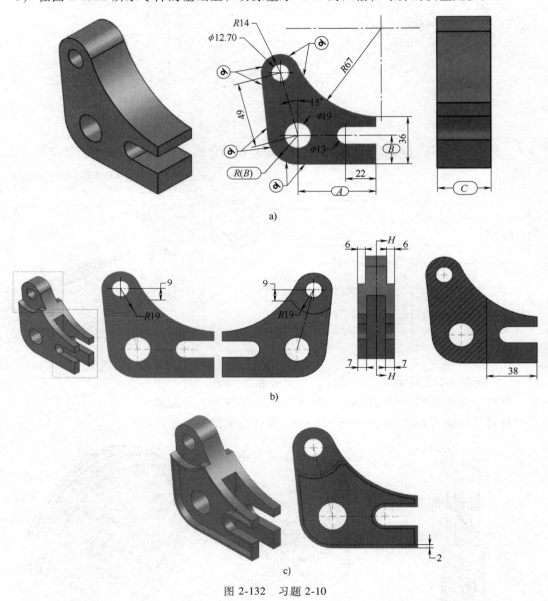

图 2-132 习题 2-10

第3章 虚拟装配设计

三维装配设计功能非常强大，包括自下而上和自上而下装配设计方法，同时还提供了强大的动画仿真等产品表达功能。

3.1 虚拟装配设计入门

本节主要介绍自下而上装配设计的过程、配合类型及其方法。

3.1.1 装配设计快速入门

1. 虚拟装配引例——螺栓联接装配

此引例完成图 3-1 所示的螺栓联接装配。螺栓联接包括被联接件（缸体和盖板）、螺栓、弹簧垫片和螺母。

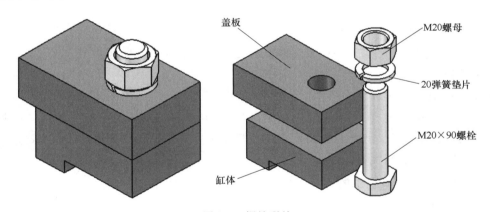

图 3-1 螺栓联接

（1）装配过程分析 根据实际装配过程确定其装配流程为：首先，将缸体插入装配环境；然后，将盖板与缸体组装；其次，装螺栓；最后，依次装弹簧垫片和螺母。

（2）虚拟装配实践

1）安缸体。

［步骤1］ 领缸体零件

启动 SolidWorks，单击"文件"→"新建"，在打开的"新建 SolidWorks 文件"对话框中，选择"装配体" ，单击"确定"按钮。系统出现 SolidWorks 建立装配体文件界面，并弹出插入零部件对话框。

［步骤2］ 缸体定位

在插入零部件对话框中单击"浏览"按钮，如图 3-2 所示，选择〈资源文件〉目录下的"缸体.sldprt"，在"打开"对话框中单击"打开" ，在图形区域中预览缸体。在插入零部件对话框中单击"确定"按钮 ✔，使缸体坐标与装配环境坐标对齐，并自动设为"固定"。该零件会出现在设计树中，并带有"固定"标记。

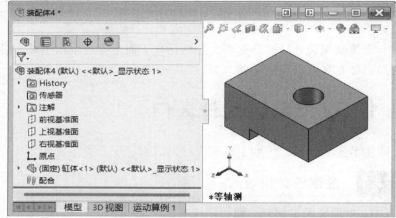

图 3-2　插入缸体

[步骤 3]　调整视角

单击"视图定向" 🔲▾，单击"等轴测" 🔲 显示等轴测图，如图 3-2 所示。单击"标准"工具栏上的"保存" 💾，将该装配体命名为"螺栓联接"并保存。

2）装盖板。

[步骤 1]　插盖板零件

单击"插入"→"零部件"→"现有零件/装配体"，并单击"浏览"按钮，找到〈资源文件〉目录下的"盖板.sldprt"，该零件在屏幕上定位后单击放置它。装配体的设计树中将显示盖板。

[步骤 2]　添加装配关系

单击"装配体"工具栏中的"插入配合" 🖉，系统弹出配合对话框。如图 3-3 所示，分别单击选择两个零件的圆孔面，选择配合对话框的"配合类型"选项区中的"同轴心"，单击"确定"按钮 ✔，添加"同轴心"关系，同时在"配合"区内显示所添加的配合。

重复上述步骤，分别添加盖板底面与缸体顶面和两者前面的重合关系。完成盖板装配，并在"配合"项内显示所有配合关系，如图 3-4 所示。

3）插螺栓。

[步骤 1]　插入螺栓

单击"装配体"工具栏上的"插入零部件" 🖼，将"M20×90 螺栓.sldpr"添加到装配体中。

[步骤 2]　添加装配关系

单击"装配体"工具栏中的"插入配合" 🖉，分别添加螺栓圆柱面和盖板圆孔面"同轴心"、螺栓头上平面和缸体凸缘底面"重合"、螺栓头侧面与缸体凸缘底面前面"平行"的配合关系，完成螺栓定位，如图 3-5 所示。

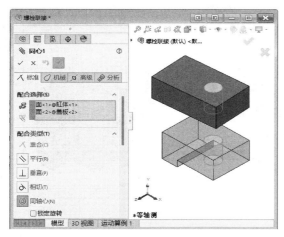

图 3-3 添加"同轴心"关系

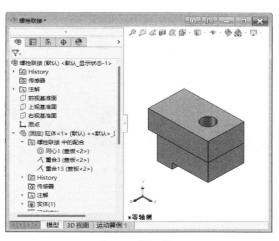

图 3-4 盖板装配

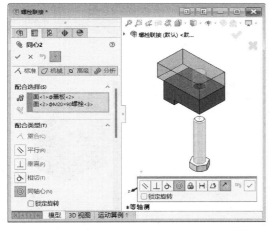

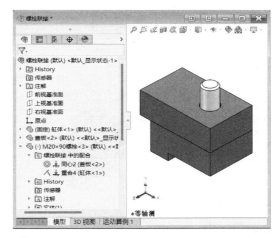

图 3-5 装螺栓

4）放垫片。

［步骤 1］ 插入弹簧垫片

单击"装配体"工具栏上的"插入零部件" 🔷，将"20 弹簧垫片 . sldpr"添加到装配体中。

［步骤 2］ 添加装配关系

单击"装配体"工具栏中的"插入配合" 🔩，分别添加垫片圆孔面和螺栓圆柱面"同轴心"、垫片底面和盖板顶面"重合"、垫片切口面与盖板前面"垂直"的配合关系，完成弹簧垫片定位，如图 3-6 所示。

5）拧螺母。

［步骤 1］ 插入螺母

单击"装配体"工具栏上的"插入零部件" 🔷，将"M20 螺母 . sldpr"添加到装配体中。

［步骤 2］ 添加装配关系

单击"装配体"工具栏中的"插入配合" 🔩 按钮，分别添加螺母圆孔面和螺栓圆柱面

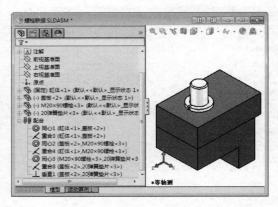

图 3-6　装垫片

"同轴心"、螺母底面和垫片顶面"重合"及螺母侧面与被联接件前面"平行"的配合关系，完成螺母定位，如图 3-7 所示。

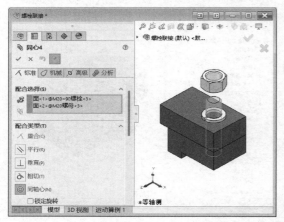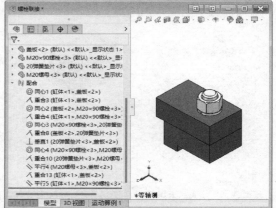

图 3-7　装螺母

2. 虚拟装配方法

由上述引例中的螺栓联接装配过程可归纳出装配设计的方法：**分层次，安地基，装零件。**

1）分层次：分析装配体的装配顺序和配合关系。

2）安地基：建立一个新的装配体，向装配体中添加第一个零部件——地零件。并设定"地零件"与装配环境坐标系的配合关系，"地零件"自动设为固定状态。

3）装零件：依次加入其他的零部件，并添加配合关系，其他零件默认为浮动状态。

3. 1. 2　虚拟装配设计基础

1. 虚拟装配设计定义

虚拟装配设计是指将造型完成的零件按实际生产的装配工艺流程，虚拟装配成部件或产品，并进行相应干涉检查等分析评价的过程。可分为子装配（即部件装配）和总装配（即产品装配）。子装配是指把零件装配成构件或机构的过程，也叫部件装配。总装配是指把零件和部件装配成最终产品的过程。

2. 虚拟装配设计过程

由引例的分析过程总结可得虚拟装配设计的具体工作步骤如图 3-8 所示。

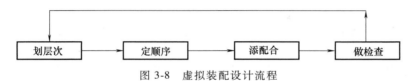

图 3-8　虚拟装配设计流程

（1）划层次　划层次，即划分装配层次，是指确定机械产品的装配单元及其基准件和配合关系。具体思路是：首先按运动功能将机械产品划分为若干个机构。然后按运动特点将机构拆分成多个运动单元——构件，各个构件通常又是由多个一起运动的制造单元——零件固定安装在一起的。减速器低速轴组件的装配层次如图 3-9 所示。常用术语如下：

1）机构：是由运动副连接在一起的具有特定运动特征的构件组合，也叫部件。如内燃机中的曲柄滑块机构等。

2）运动副：是相对运动构件的活动配合关系。

3）构件：是机器中最小的运动单元，通常由若干个最小制造单元（**零件**）构成。构架一般包括固定不动的"**机架**"，与机架相连的"**连架杆**"（包括输入动力的主动件和输出动力的从动件）及与连接两连架杆的"**连杆**"。

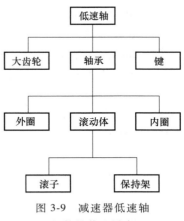

图 3-9　减速器低速轴
组件的装配层次

（2）定顺序　定顺序，即确定机械产品的装配顺序，其原则是"**先子装配，后总装配；先下后上，先内后外；先机架，后连架，再连杆**"。

（3）添配合　添配合，即按照确定的装配顺序，依次为两个构件添加配合关系。配合关系包括面约束、线约束、点约束等几大类，每种约束所限制的自由度数目不同，具体的知识可以参照机械原理方面的书籍。每个零件在空间中具有 6 个自由度（三个平移自由度和三个旋转自由度）。零件通常包括三种约束状态：当装配关系还不足以限制零部件所有 6 个自由度时，称欠约束（也叫间隙配合）；当装配关系完全限制 6 个自由度时，称为全约束（或者称为静装配）；当装配关系超过 6 个约束时，称为过约束，具体配合类型见表 3-1。

表 3-1　几何特征间的约束类型

几何特征	点	直线	圆弧	平面或基准面	圆柱与圆锥
点	重合、距离	重合、距离	—	重合、距离	重合、同轴心、距离
直线	☆	重合、平行、垂直距离、角度	同轴心	重合、平行、垂直、距离	重合、平行、垂直、相切、同轴心、距离、角度
圆弧	☆	☆	同轴心	重合	同轴心
平面或基准面	☆	☆	☆	重合、平行、垂直、距离、角度	相切、距离
圆柱与圆锥	☆	☆	☆	☆	平行、垂直、相切、同轴心、距离、角度

注：—表示两种几何实体之间无法建立配合；☆表示表格中对称单元格中的内容相同，如第 1 行第 2 列的内容与第 2 行第 1 列的内容相同。

选择装配技巧如下。

1）多用子装配：尽量按照产品的层次结构使用子装配体组织产品，避免把所有零件添加到一个装配体内。

2）尽量少对多：最佳配合是把多数零件配合到一个或两个基准零件上，避免使用链式配合。

3）配合快到慢：一定要遵循先关系配合、后逻辑配合，再距离配合、次范围配合的由快到慢的原则，一定要避免循环配合及外部参考。

（4）做检查　做检查，即执行零件相互间隙分析、静态干涉检查和动态干涉检查，发现所虚拟装配设计的错误。

在 SolidWorks 中，可以检查装配体中任意两个零部件是否占有相同的空间，即干涉检查。装配体的干涉检查分为静态干涉检查和动态干涉检查。

1）静态干涉检查。单击"工具"→"干涉检查"，弹出干涉体积对话框。在绘图区选中两个或多个零部件，单击"计算"。如果其中有干涉的情况，干涉信息方框会列出发生的干涉（每对干涉的零部件会列出一次干涉的报告）。当单击清单中的一个项目时，相关的干涉体积会在绘图区中被高亮显示，还会列出相关零部件的名称。

2）动态干涉检查。单击"移动零部件" 🕹 ，然后移动需要检查的零件，在设计树"属性"选项卡中，选中干涉图标旁边的方框，激活干涉检查功能。如果零件间存在干涉，则被拖动零件处于高亮显示，并表示干涉区域。如果选中"碰撞时停止"单选框，在移动过程中发生干涉时，零件将无法移动。

3. SolidWorks 虚拟装配操作

（1）零件操作

1）添加零件的方法：在打开的装配体中，单击"插入"→"零部件"→"已有零部件"或单击"装配工具管理器"（见图 3-10）上的"插入零部件"后，在对话框中双击所需零部件文件，在装配体窗口中放置零部件的区域单击。

图 3-10　SolidWorks 装配工具管理器

2）旋转或移动零部件的方法：对于欠约束的零部件，可以通过"装配体"工具栏上的"移动零部件"或"旋转零部件"工具来独立改变零部件的位置和方向，而不影响其他零部件。

（2）配合添加　与工程中经常使用的定位方式和零件关系相对应，SolidWorks 主要提供了平面重合、平面平行、平面之间成角度、曲面相切、直线重合、同轴心和点重合等配合关系。分为标准配合、机械配合与高级配合三大类，具体含义见表 3-2。

添加配合的步骤是：**设定配合形式，选定配合对象和指定配合部位**。添加配合的具体方法：单击"装配体"工具栏上的"插入配合" 🖾 后，在配合零件上选择配合部位，在配合属性管理器中选择配合方式即可。

表 3-2　SolidWorks 中常用的配合关系

标准配合		机械配合与高级配合	
配合管理器	配合关系定义	配合管理器	配合关系定义

（3）装配设计树　装配设计树是三维 CAD 软件用来记录和管理零部件之间的装配约束关系的树状结构，由零件名称、零件组成、约束定义状态、配合方式组成。轮轴装配的装配设计树如图 3-11 所示。

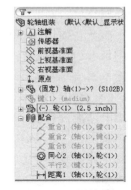

图 3-11　设计树

装配设计树中显示了零部件的约束情况和现实状态，除了位置已完全定义的零部件之外，其余装配体零部件都有一个前缀。

"+"：表示零部件的位置存在过约束。

"－"：表示装配体零部件的位置欠约束。

"固定"：表示装配体零部件锁定于某个位置。

"?"：表示无法解除的装配配合。

在装配体中，可以多次使用某些零部件。因此，每个零部件都有一个后缀<n>：表示同一零部件的生成序号。

4. 装配体编辑

与零件编辑一样，装配体编辑也有特殊的命令来修改错误和问题，用户可以从装配树中选取装配部件、编辑装配部件之间的关系。

如果要编辑装配体中的某项配合，只要右键单击设计树中的该配合名称，系统就会弹出快捷菜单，选择相应的菜单项即可进行相应的编辑操作。常用的装配体编辑操作见表 3-3。

表 3-3　常用的装配体编辑操作

名称	功能
编辑配合	修改或删除已经设定的配合关系
固定/浮动	强制零部件相对装配环境不能运动/恢复零部件装配约束状态

（续）

名称	功能
替换零部件	用不同的零部件替换所选零件的所有实例
重新排序	在设计树中拖动定位零部件名称实现顺序重排,以控制其在明细表中的顺序
压缩/设定还原	零部件压缩时,暂时从内存中移除,而不会删除,以提高操作速度
轻化/还原	使用轻化模式,只将部分零部件模型信息载入内存,可以显著提高操作速度。其中,a. 还原状态:完全装入。b. 轻化状态:部分装入。c. 压缩状态:完全不装入。d. 隐藏状态:完全装入内存,但是零部件不可见
生成/解散子装配体	将设计树中选中的多个零部件/子装配体生成/解散子装配体
弹性/刚性属性	右键单击子装配体,选择"零部件属性" ,在弹出的对话框中选"弹性"或"刚性"
随配合复制	快速装配重复零件的方法:单击"插入零部件"下方的小三角符号,单击"随配合复制",弹出"随配合复制"对话框,选取需要重复安装的零部件,然后定义约束粘贴的位置

5. 装配文档管理

如果是其他格式的文件,直接右键单击并重命名就可以了,但是由于 SolidWorks 生成的 ∗. prt、∗. slddrw、∗. sldasm 等文件之间相互关联。如,一个 prt 零件可能被多个 sldasm 的装配体借用,同时 slddrw 的图纸也是引用的 prt 零件,如果冒失地改掉 prt 零件的名字,那么借用该零件的装配体就会找不到该零件,引用该零件的图纸就会显示空白,总之会产生很多复杂的问题。

因此,使用 SolidWorks 时必须注意以下几个方面的操作。

1）文件重命名:打开装配文件（∗. sldasm）,在装配设计树中右键单击想改名的零件,单击"打开",单击"文件"→"另存为",用新文件名保存。

2）打包（Pack and Go）:通常,零件必须与其相关联的装配或工程图一起复制到其他计算机上才能进行相关设计,为此,SolidWorks 提供了打包功能,该功能可以将模型设计（零件、装配体、工程图及仿真结果等）的所有相关文件收集到一个文件夹或 zip（压缩）文件中。具体步骤如下:打开装配文件（∗. sldasm)→单击"文件"→"打包",选择打包方式。

3.1.3 装配实践——铁路轮对压装仿真

1. 装配过程分析

（1）结构组成分析　铁路客车轮对的特点是两轮加一轴,过盈连接,轮轴同转。其基本结构如图 3-12 所示。

（2）轮对压装工艺仿真　目前国内大多数工厂采用以轮毂孔外端面定位压装车轴的轮对压装方法,其工艺过程如下。

1）轮轴套装:用车轴专用工具划出车轴的全长中心线,并在车轴两端轴颈上套上防护套;然后将选配好的车轴轮座表面和车轮轮毂孔内清扫干净,并均匀地涂抹纯净植物油;最后将两个车轮分别套装在车轴的两端。

装配实践——
铁路轮对压
装仿真

2）压装车轮:将套装好的车轮车轴吊放到轮对压装专用的移动（旋转）小车上,打开小车开关,使轮毂孔的外端面靠紧压力机的定位面即完成压装的定位。起动压力机进行压装。直到车轮到达通过专用对称尺划出的车轮压装位置后，关机停压（若在压装过程中发现压力曲线不合格，则立即停压），打开小车开关，将小车复位。

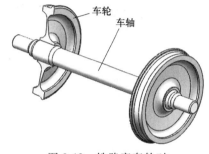

车轮
车轴

3）调头压装：将小车旋转 180°，再按同样的过程压装另一侧的车轮。

4）尺寸检测：车轮压装完成后，用专用工具仔细测量轮缘内侧面距离 L 和任意 3 处的距离差，并检查轮位差、压装力大小以及压力曲线是否合格。

图 3-12　铁路客车轮对

（3）装配仿真过程分析　按照"装配仿真"的思路，参照轮对压装工艺，可得到轮对虚拟装配的过程及配合关系，见表 3-4。按表中要求在 SolidWorks 中完成轮对虚拟装配模型。

表 3-4　轮对虚拟装配过程及配合关系

序号	名称	配合关系
1	装车轴	车轴零件坐标系与轮对装配坐标系重合
2	装左车轮	轮毂孔与左轮座同轴心并锁定
3	装右车轮	与左车轮关于车轴中面对称（镜像）
4	车轮定位	轮缘内侧面距离 $L = 1353$ mm

2. 轮对装配

（1）装车轴

［步骤 1］　新建装配体文件

启动 SolidWorks，单击"文件"→"新建"，在打开的"新建 SolidWorks 文件"对话框中，选择"装配体" ⬡，单击"确定"按钮。系统出现 SolidWorks 建立装配体文件界面，并弹出插入零部件对话框。

［步骤 2］　车轴定位

如图 3-13 所示，在插入零部件对话框中单击"浏览"按钮，在弹出的"打开"对话框中选择〈资源文件〉目录下的零件"车轴 . sldprt"，单击"打开" 🖼。单击"确定"按钮 ✔ 使其坐标与装配环境坐标对齐，并自动设为"固定"。该零件会出现在设计树中，并带有"固定"标记。

［步骤 3］　调整视角

单击"视图定向" 📷·，单击"等轴测" ⬛ 显示等轴测图。单击"标准"工具栏上的"保存" 💾，将该装配体命名为"铁路客车轮对"并保存。

（2）装车轮

［步骤 1］　装左车轮

单击"插入"→"零部件"→"现有零件/装配体"，并单击"浏览"按钮，找到〈资源文件〉目录下的部件"连杆组 . sldasm"，在图形区单击定位该部件。

单击"装配体"工具栏中的"插入配合" 📎，系统弹出配合对话框。如图 3-14 所示，分别单击选择车轮的轮毂孔面和车轴的轮座面，选择"配合类型"中的"同轴心"→"锁定旋转"

复选框，单击"确定"按钮 ✔，添加"同轴心"关系，同时在"配合"区内显示所添加的配合。

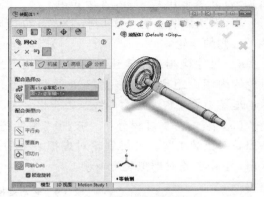

图 3-13　车轴定位　　　　　　　　　　　图 3-14　轮轴同轴心并锁定旋转

[步骤 2]　装右车轮

按住〈Ctrl〉键，将装配设计树中的车轮拖放到装配环境中，如图 3-15 所示。重复步骤 1 中的"同轴心"及"锁定旋转"装配关系的操作。注意轮缘朝内，可通过"同向对齐" 🔧 按钮切换，如图 3-15 所示。

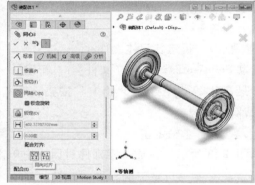

图 3-15　装配右车轮

[步骤 3]　定轮距离

单击"装配体"工具栏中的"插入配合" 🖉，系统弹出配合对话框。如图 3-16 所示，分别单击选择左、右车轮轮缘内侧面，设置"配合类型"中的"距离"为 1353mm，单击"确定"按钮 ✔。

单击"装配体"工具栏中的"插入配合" 🖉，系统弹出配合对话框。单击选择高级配合中的"对称"，依次单击选择车轴右视基准面为对称基准面，分别单击选择左、右车轮轮缘内侧面，单击"确定"按钮 ✔。

（3）轮对观察　在"视图"工具条上单击"剖切" 🔲，如图 3-17 所示，选择剖面 1 为"前视基准面"，剖面 2 为"上视基准面"，单击车轴和左车轮，将其选入"按零部件的截面"

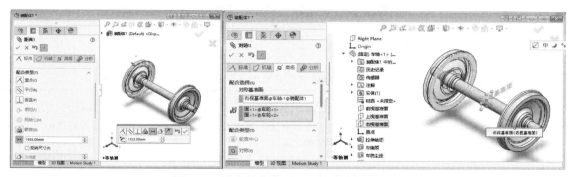

图 3-16　设定轮缘内测距和轮缘内侧面对称

栏中，单击"确定"按钮 ✅。

（4）打包保存　如图 3-18 所示，单击"文件"→"Pack and Go"（打包），不选中"平展到单一文件夹"单选框，选中"保存到 Zip 文件"单选框，单击"保存"按钮，打包所有相关零件，以便在其他计算机上编辑。

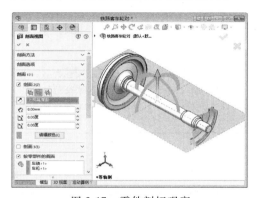

图 3-17　零件剖切观察

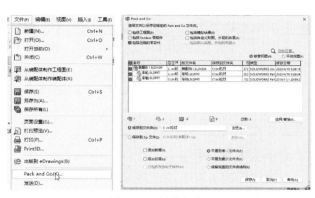

图 3-18　零件打包

3.2　活塞式压缩机虚拟装配

本节主要讲解活塞式压缩机的虚拟装配过程。

3.2.1　装配过程分析

如图 3-19 所示，活塞式压缩机的曲柄连杆滑块机构主要由机体组、活塞组、连杆组、曲轴组等组成。

1. 结构组成分析

● 机体组：包括气缸盖、气缸体和油底壳体等，其作用是机架。

● 活塞组：包括活塞、活塞销、活塞环等，是机构中的连架杆-从动件。

● 连杆组：包括连杆、连杆衬套、连杆盖、连杆轴承、连杆螺钉等，属于机构中的连杆。

活塞连杆机
构装配

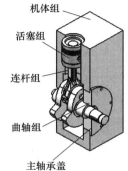

图 3-19　压缩机

83

- 曲轴组：包括曲轴、主轴承盖、飞轮等，是机构中的连架杆-主动件。

2. 装配工艺分析

活塞式压缩机的曲轴连杆活塞总成的主要装配工艺见表 3-5。

表 3-5　曲轴连杆活塞总成的主要装配工艺

工序名称		工序内容
装曲轴	装曲轴	在各轴颈表面涂上少量润滑油，将一根双头螺柱拧入机体上安装主轴承盖的螺孔，用来定位。将主轴承盖垫片贴放在主轴承盖上，再把主轴承盖套在曲轴右端（有螺纹）的主轴颈上，然后将曲轴送进机体，把主轴承盖对准方位后装到机体上
	主轴承盖	
装活塞连杆	装连杆	先将活塞加热后横放在木板上，再把连杆小头送入活塞内，确保连杆小头油孔与活塞顶端的铲尖在同一侧
	装活塞	活塞销涂润滑油后插入销孔，对正后用木锤打入，最后将活塞销挡圈落入挡圈槽中，将活塞裙下端放到台虎钳钳口，再夹紧连杆体，使活塞、连杆固定。然后用活塞环钳张开活塞环口，自下而上，依次将活塞环装入相应的环槽中。应使油环倒角向上，各环口位置应按规定错开
	将活塞连杆组件装入气缸	先将连杆轴瓦压入连杆大头，并在活塞体、活塞裙和连杆轴瓦的表面涂上清洁润滑油。再将曲轴转到上止点 20°左右位置。然后使连杆大头分开面朝下送入气缸。最后用活塞环卡圈夹紧活塞环，用木柄将活塞推入气缸
	将连杆盖上保险钢丝	先将连杆轴瓦压入连杆盖，涂上清洁润滑油。再将连杆盖合到连杆大头上，使连杆盖和连杆大头有钢印记号（或字样）的一面在同一侧。然后拧入连杆螺栓，用扭力扳手交替拧紧到 80～100N。拧紧以后，转动飞轮，检查飞轮是否能灵活转动。最后用直径 1.8mm 镀锌钢丝把两个连杆螺栓锁紧

3. 装配仿真过程分析

按照"装配仿真"的思路，根据"后拆先装，由内到外""先机架、再连架、后连杆"的原则，可得曲轴连杆活塞总成的装配层次（见图 3-20）和装配顺序如下：机体定位→曲轴安装→主轴承盖安装→活塞连杆组安装。

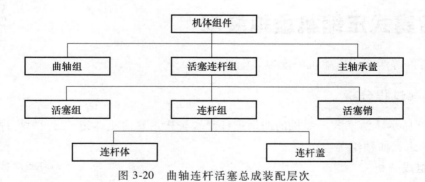

图 3-20　曲轴连杆活塞总成装配层次

3.2.2　活塞连杆组装配

1. 装活塞

［步骤 1］　新建装配体文件

启动 SolidWorks，单击"文件"→"新建"，在打开的"新建 SolidWorks 文件"对话框中，选择"装配体" ，单击"确定"按钮。系统出现 SolidWorks 建立装配体文件界面，并弹出插入零部件对话框。

［步骤2］　活塞定位

在插入零部件对话框中单击"浏览"按钮，系统弹出"打开"对话框，如图 3-21 所示，选择〈资源文件〉目录下的零件"活塞.sldprt"，在"打开"对话框中单击"打开" ，活塞在图形区域中预览。单击"确定"按钮 使其坐标与装配环境坐标对齐，并自动设为"固定"。该零件会出现在设计树中，并带有"固定"标记。

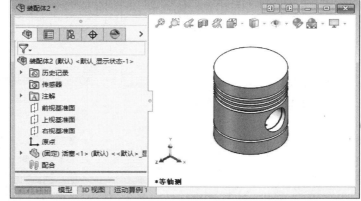

图 3-21　活塞定位

［步骤3］　调整视角

单击"视图定向" ，单击"等轴测" 显示等轴测图。单击"标准"工具栏上的"保存" ，将该装配体命名为"活塞连杆组"并保存。

2. 装连杆组

［步骤1］　插连杆

单击"插入"→"零部件"→"现有零件/装配体"，并单击"浏览"按钮，找到〈资源文件〉目录下的部件"连杆组.sldasm"，在图形区单击定位该部件。

［步骤2］　添加装配关系

单击"装配体"工具栏中的"插入配合" ，系统弹出配合对话框。如图 3-22 所示，分别单击选择两个零件的活塞销孔面，选择配合对话框的"配合类型"选项区中的"同轴心"，单击"确定"按钮 ，添加"同轴心"关系，同时在"配合"区内显示所添加的配合。

如图 3-23 所示，展开设计树，选择活塞中面与连杆中面并为其添加"重合"关系。

3. 装活塞销

［步骤1］　插入活塞销

单击"装配体"工具栏上的"插入零部件" ，将部件"活塞销.sldasm"添加到装配体中。

［步骤2］　添加装配关系。

单击"装配体"工具栏中的"插入配合" ，如图 3-24 和图 3-25 所示，分别添加活塞销圆柱面和活塞上的活塞销圆孔面"同轴心"、活塞销部件中的挡环端面和活塞挡环槽外侧面"重合"的配合关系。综合运用"剖切" 、"旋转" 等视图工具调整视向。

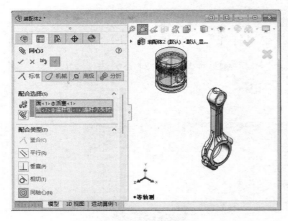

图 3-22　活塞销孔同轴心

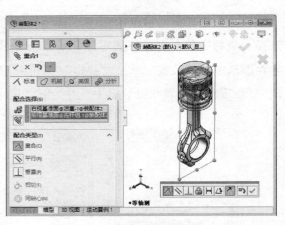

图 3-23　中面重合

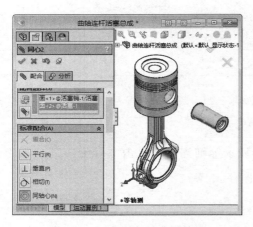

图 3-24　活塞销与销孔同轴心

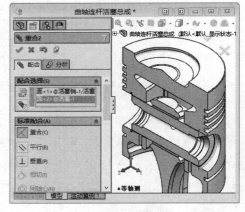

图 3-25　挡环与挡环槽面重合

3.2.3　压缩机总成装配

1. 装机体

[步骤 1]　新建装配体文件

启动 SolidWorks，单击"文件"→"新建"，在打开的"新建 SolidWorks 文件"对话框中，选择"装配体" ，单击"确定"按钮。系统出现 SolidWorks 建立装配体文件界面，并弹出插入零部件对话框。

[步骤 2]　机体定位

在插入零部件对话框中单击"浏览"按钮，系统弹出"打开"对话框，如图 3-26 所示，选择〈资源文件〉目录下的零件"机体 .sldasm"，在"打开"对话框中单击"打开" ，机体组在图形区域中预览。单击"确定"按钮 ✔，使其坐标与装配环境坐标对齐，并自动设为"固定"。该零件出现在设计树中，并带有"固定"标记。

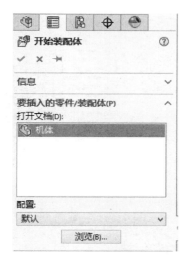
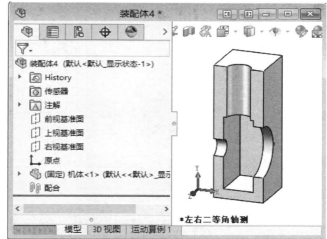

图 3-26　机体组定位

[步骤 3]　调整视角

单击"视图定向" ⬛▾，单击"等轴测" ⬛ 显示等轴测图。单击"标准"工具栏上的"保存" 💾，将该装配体命名为"活塞式压缩机"并保存。

2. 装曲轴

[步骤 1]　插曲轴

单击"插入"→"零部件"→"现有零件/装配体"，并单击"浏览"按钮，找到〈资源文件〉目录下的部件"曲轴.sldprt"，在图形区单击定位该部件。

[步骤 2]　添配合

单击"装配体"工具栏中的"插入配合" 📎 按钮，系统弹出配合对话框。如图 3-27 所示，分别单击选择机体主轴承孔与曲轴组主轴颈柱面，选择配合对话框的"标准配合"选项区中的"同轴心"，单击"确定"按钮 ✔，添加"同轴心"关系，同时在"配合"区内显示所添加的配合。

如图 3-28 所示，展开设计树，分别选择机体和曲轴右视基准面，添加"重合"关系。

3. 主轴承盖

[步骤 1]　插轴承盖

单击"插入"→"零部件"→"现有零件/装配体"，并单击"浏览"按钮，找到〈资源文件〉目录下的部件"主轴承盖.sldprt"，在图形区单击定位该部件。

[步骤 2]　添配合

单击"装配体"工具栏中的"插入配合" 📎，系统弹出配合对话框。如图 3-29 所示，分别添加机体主轴承盖孔与主轴承盖的"同轴心"、机体和主轴承盖螺栓孔"同轴心"及其两者安装平面的"重合"关系。

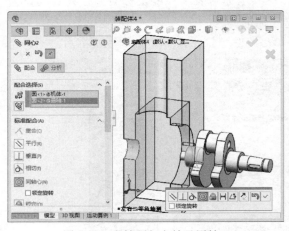 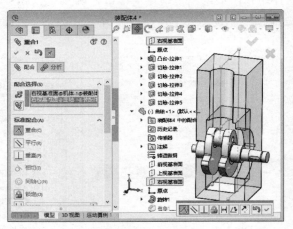

图 3-27　主轴颈与主轴承同轴心　　　　　　　　图 3-28　中面重合

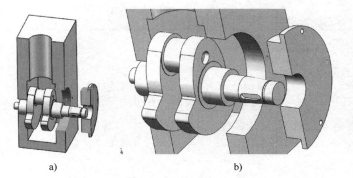 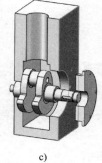 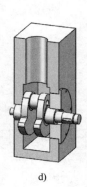

a)　　　　　　　　　　b)　　　　　　　　c)　　　　　　　d)

图 3-29　机体和主轴承盖配合部位

a) 盖孔同轴心　b) 螺栓孔同轴心　c) 安装平面重合　d) 装配结果

4. 装活塞连杆组

[步骤 1]　插入活塞连杆组

单击"装配体"工具栏上的"插入零部件" ，将部件"活塞连杆组.sldasm"添加到装配体中。如图 3-30 所示，在设计树中单击"活塞连杆组"，选"零部件属性"，设求解为"柔性"（即可以按子装配中的配合关系运动）。

[步骤 2]　添加装配关系

单击"装配体"工具栏中的"插入配合" ，如图 3-31 所示，分别添加连杆轴瓦圆孔面和曲轴的连杆颈柱面"同轴心"、活塞圆柱面和缸套圆孔面"同轴心"关系。完成曲轴连杆活塞总成装配。

5. 总成观察

在"视图"工具条上单击"剖切" ，如图 3-32 所示，选择剖面 1 为"右视基准面"，剖面 2 为"前视基准面"，在设计树中单击曲轴和活塞连杆组，并选中"排除选定项"单选框。

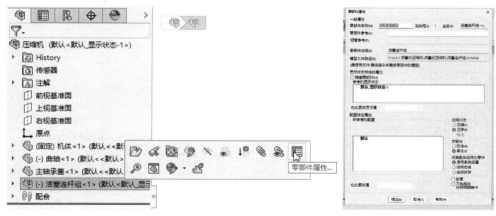

图 3-30　设置活塞连杆组为"柔性"

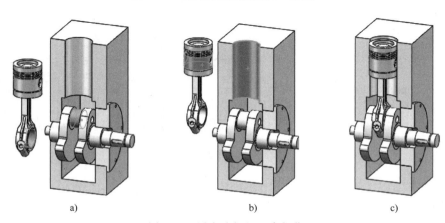

图 3-31　活塞连杆组配合部位

a）连杆与曲轴同轴心　b）活塞与气缸同轴心　c）装配结果

图 3-32　总成装配及其剖切观察效果

6. 打包保存

如图 3-33 所示，单击"文件"→"Pack and Go"（打包），不选中"平展到单一文件夹"单选框，选中"保存到 Zip 文件"单选框，单击"保存"按钮，打包所有相关零件，以便在其他计算机上编辑。

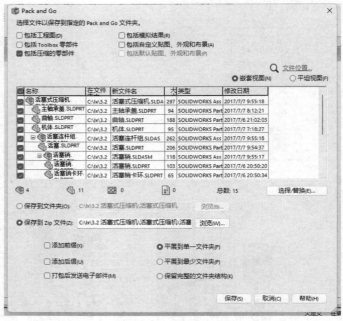

图 3-33　零件打包

3.3　机械产品设计表达

本节主要介绍完成产品三维实体设计后，为宣传推介产品而进行的特性计算、运动模拟、动画演示、图像渲染等内容。

3.3.1　概述

1. 产品设计表达方法及其作用

在市场经济条件下的产品开发，除了对产品本身功能的设计外，还需要注意产品的后续宣传和形象的传递，其采取的形式多种多样，如海报、说明书、产品操作动画演示、渲染图像等。特别是如何使产品运动，符合其实际的运动规律，同时把这种运动过程记录下来，这是一门新兴的学科，它在产品开发过程中占据着越来越重要的地位。

2. SolidWorks 产品表达功能

SolidWorks 在完成了对零件的实体建模以及部件、产品的最终装配后，设计人员还可以完成以下产品的表达。

- 零件外观表达：对零件进行如赋予颜色、更改透明度等外观表达。
- 零件特性计算：对零件赋予材料和质量特性等性能计算。
- 装配组成展示：装配生成爆炸视图显示装配关系、添加装配特征显示内部结构。
- 装配运动模拟：利用动画制作功能制作出丰富的产品动画演示效果。

3.3.2 机械产品的静态表达

1. 零件静态展示

（1）零件的显示模式　SolidWorks 可以用多种显示模式显示所选实体的零件模型，如图 3-34 所示。

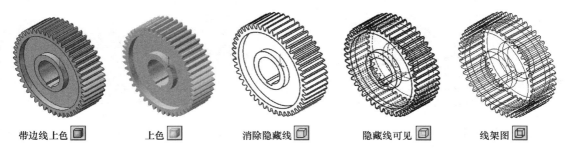

带边线上色　　　上色　　　消除隐藏线　　　隐藏线可见　　　线架图

图 3-34　零件的显示模式

（2）零件的外观显示　SolidWorks 可以在外观对话框中更改所选零件、特征或面实体的外观、颜色和光学效果等外观显示的设置。利用外观对话框，不仅可以对整个模型实体进行颜色和光学效果的配置，还可以对每个特征，甚至对每个面单独进行配置。具体操作为：

打开齿轮零件，如图 3-35 所示，右键单击一个面、特征或实体，如"拉伸轮坯"，在弹出的快捷菜单中选择"外观"　，然后，在外观对话框中可以进行颜色设置和光学属性设置，如颜色为紫红色，然后单击"确定"按钮　，设置效果如图 3-36 所示。

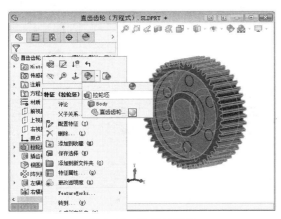

图 3-35　外观对话框

图 3-36　应用颜色到所选特征

（3）赋予材质　零件的显示属性也可以通过添加材质来进行设置。SolidWorks 不仅可以通过材质属性设置改变零件的颜色，而且还为后续的装配、工程图及应力分析提供数据。欲对齿轮零件应用材质，具体步骤为：如图 3-37 所示，打开齿轮零件，在设计树中，右键单击"材质"　，在弹出的快捷菜单中选择"编辑材料"，在弹出的"材料"对话框（见图 3-38）中，选择"黄铜"，单击"应用"按钮，再单击"关闭"按钮，材质应用到零件，材质名称出现在设计树"　"中。添加黄铜材质的效果如图 3-39 所示。

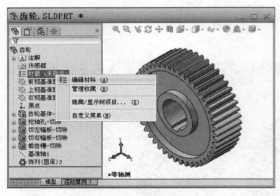

图 3-37　编辑材料

图 3-38　"材料"对话框

（4）质量属性和截面属性　为零件添加材料后，可以计算出零件质量属性或显示面的剖面属性。具体步骤为：

选择"评估"工具条→"质量属性"或"截面属性"，在相应的对话框内进行"质量属性"或"截面属性"计算，如图 3-40 所示。

2. 装配静态展示

（1）零件显示状态表达　为了方便组装和对内部结构进行显示等，可以通过改变装配体外部零件的透明度、显示/隐藏等显示状态来观察内部结构。如图 3-41 所示，更改上箱盖的操作步骤为：在装配设计树中，右键单击零部件的名称，在弹出的菜单中选择"更改透明度"或"显式/隐藏"等菜单项。

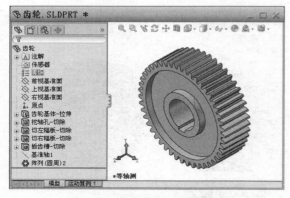

图 3-39　添加黄铜材质的效果

图 3-40　"质量属性"和"截面属性"对话框

（2）装配体剖视表达　除了通过改变对装配体外部零件的透明度等方法来对其内部结构进行显示外，SolidWorks 还提供了两个装配体独有的特征：切除和钻孔。通过对装配体进行切除和钻孔来对装配体内部特征进行更明确的表达，操作示例如下：

打开〈资源文件 \ 第 3 章　虚拟装配 \ 减速器〉中的"减速器总装 .sldasm"装配文件，单击"插入"→"装配体特征"→"切除"→"拉伸"，单击选择下箱体底座上表面为草图绘制平面，单击"视图定向"，选择"正视于"，使绘图平面转为正视方向。

单击"草图"工具栏上的"矩形"，绘制切除草图的矩形轮廓，如图 3-42 所示。在

a)

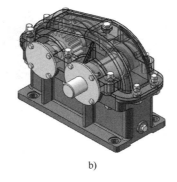

b)

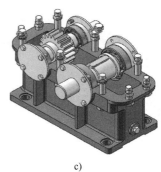

c)

图 3-41　上箱盖显示状态

a）完全显示　b）更改透明度　c）隐藏

图 3-43 所示弹出的切除-拉伸对话框"方向 1"中通过 ![] 控制拉伸方向，并设置"完全贯穿"方式；在"特征范围"中选中"所选零部件"单选框，不选中"自动选择"复选框，单击"自动选择"下面的列表框，在设计树选中需要切除的所有零件，单击"确定"按钮 ✔，生成切除特征，如图 3-44 所示。

图 3-42　切除草图

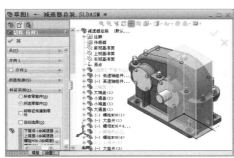

图 3-43　切除-拉伸对话框

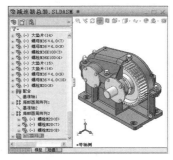

图 3-44　切除特征

（3）生成爆炸视图　装配体爆炸视图可以形象地表达零部件的拆卸顺序及相互关系。常用的爆炸操作如下：通过右键单击每个爆炸，显示爆炸和解除爆炸、删除和重新定义。下面以生成低速轴组件爆炸视图为例说明生成爆炸视图的过程。

［步骤 1］　打开装配文件

打开〈资源文件 \ 第 3 章 虚拟装配 \ 减速器 \ 低速轴组件〉中的"低速轴组件 . sldasm"装配。

［步骤 2］　拆卸右轴承

单击"插入"→"爆炸视图"，如图 3-45 所示，在图形区中单击右轴承，然后选中操纵杆控标的水平箭头，设置移动距离为 800mm，单击"应用"按钮预览效果，单击"完成"按钮生成右轴承爆炸，如图 3-46 所示。

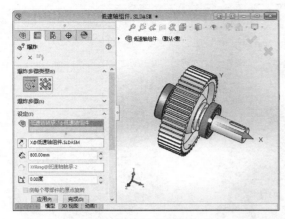

图 3-45　爆炸对象和爆炸方向　　　　　　　　图 3-46　右轴承爆炸结果

[步骤 3]　爆炸其他零部件

重复上述步骤，参照图 3-47 所示的爆炸步骤，依次将左轴承向水平轴负方向移动 100mm，套筒和齿轮向水平轴正方向分别移动 700mm 和 550mm，键向垂直轴正方向移动 100mm，单击"确定"按钮✔，完成低速轴组件的爆炸视图。

[步骤 4]　添加引线

爆炸完成后，通过单击命令管理器中"爆炸视图"列表中的"爆炸直线草图"，依次单击各圆可以添加爆炸轨迹线。注意看箭头方向，若为反向，则须及时调整，如图 3-48 所示。

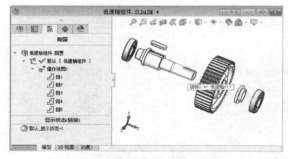

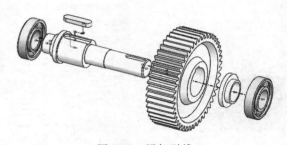

图 3-47　爆炸步骤与爆炸结果　　　　　　　　图 3-48　添加引线

[步骤 5]　解除爆炸

如图 3-49 所示，单击"配置"切换到配置管理器，右键单击其中的爆炸视图，在弹出的快捷菜单中选择相应的菜单项，即可"解除爆炸"或"动画解除爆炸"。

若恢复爆炸，右键单击其中的爆炸视图，在弹出的快捷菜单中选择相应的菜单项，即可"爆炸"或"动画爆炸"。

3. 3D PDF 文件输出

为了让客户更直观地观看产品，可以将 SolidWorks 文件转为 3D PDF 格式，具体操作步骤为：

1）保存 3D PDF 文件：在 SolidWorks 中，单击"文件"→"另存为"，选择文件类型为 PDF，

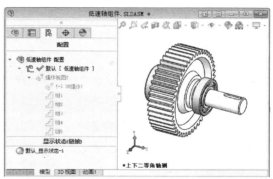

图 3-49 "解除爆炸"

并且勾选下面的"保存为 3D PDF"复选框,单击"保存"按钮。

2)查看 3D PDF 文件:用 Adobe Acrobat 或者最新版的 Adobe Reader 打开生成的 PDF 文件,用相应工具可以旋转视图,也可以右键单击,在弹出菜单中选择隐藏选中零件,也可以用剖切面显示。

3.3.3 机械产品的动画表达

SolidWorks 通过"运动算例"能够方便地制作出丰富的产品动画演示效果,以演示产品的外观和性能,增强客户与企业之间的交流。

1. 快速入门——动画向导

借助于动画向导可以旋转零件或装配体,爆炸或解除爆炸装配体,生成物理模拟。下面以低速轴组件为例说明动画向导的使用过程。

[步骤1] 生成爆炸视图

打开"低速轴组件.sldasm"装配文件,生成爆炸视图。

[步骤2] 生成爆炸动画

单击 SolidWorks 窗口左下角的"运动算例1"标签,单击"运动算例管理器"工具栏上的"动画向导" 📷 。在图 3-50 所示的"选择动画类型"对话框中选择"爆炸"单选框,单击"下一步"按钮。在图 3-51 所示的"动画控制选项"对话框中设动画播放"时间长度"为"12",运动的"开始时间(秒)"为"0",单击"完成"按钮。

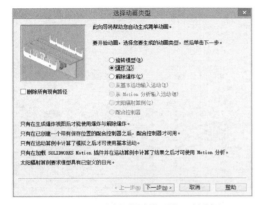

图 3-50 "选择动画类型"对话框   图 3-51 "爆炸"动画控制选项

［步骤3］ 生成解除爆炸动画

单击"运动算例管理器"工具栏上的"动画向导" 在"选择动画类型"对话框中选择"爆炸"单选框。单击"下一步"按钮。在图3-52所示"动画控制选项"对话框中设动画播放"时间长度（秒）"为"8"，运动的"开始时间（秒）"为"12"（爆炸动画结束时间），单击"完成"按钮。这样就在爆炸动画之后添加了解除爆炸动画，如图3-53所示。

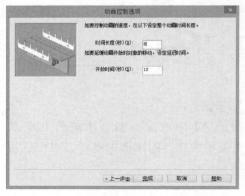

图3-52 "解除爆炸"动画控制选项

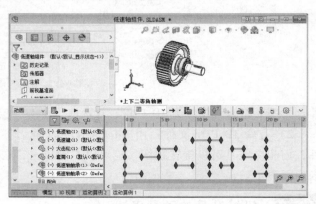

图3-53 动画设置结果

［步骤4］ 播放和存储动画

单击"运动算例管理器"工具栏的"播放" 播放动画。单击 SolidWorks "动画"工具栏上的"保存" 则保存为 .avi 文件。

2. 运动算例简介

SolidWorks 运动算例为运动的图形模拟，可使用配合在建模运动时约束零部件在装配体中的运动。运动算例的运动管理器为基于时间线的界面，包括以下运动算例工具：

1）基本运动。可使用基本运动在装配体上模仿马达、弹簧、碰撞以及引力，可将之用来生成演示性动画。

2）动画。可使用动画来动画装配体的运动：添加马达来驱动装配体一个或多个零件的运动。使用设定键码点设定零部件在不同时刻的位置。

3）运动分析（Motion 分析）。使用 Solid-Works Motion 插件进行精确的运动学和动力学仿真分析。

3. 运动管理器

单击 SolidWorks 窗口左下角的"运动算例1"即可打开运动管理器，如图3-54所示。SolidWorks 图形区域被水平分割，顶部区域显示模型，底部区域是运动管理器。运动管理器上部是工具栏，包含表3-6所列的模拟成分等工具，下部被竖直分割成两个部分：左边是设计树，右边是带有关键点和时间栏的时间线。

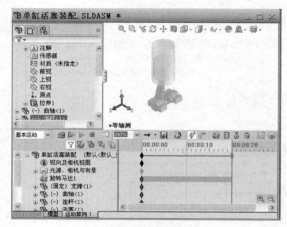

图3-54 运动管理器

表 3-6　模拟成分及其添加方式

名称	作用	添加方式
线性马达	模拟线性力	单击"线性马达" ，选择零部件边线、表面或基准轴、基准面。通过移动速度滑杆设定速度,单击"确定"按钮
旋转马达	模拟旋转力矩	单击"旋转马达" ，选择零部件边线、表面或基准轴、基准面。通过移动速度滑杆设定速度,单击"确定"按钮
线性弹簧	模拟弹力	单击"线性弹簧" ，选择两个线性边线、顶点作为弹簧端点。设置自由长度数值以决定弹簧是否拉伸或压缩。设定弹簧的刚度值,单击"确定"按钮
引力	模拟引力	单击"引力" ，选择一个线性边线、平面、基准面或基准轴,移动强度滑杆设定引力强度,单击"确定"按钮

4. 装配体的基本运动

有些机械产品和机构可能在极限位置间具有运动特性，如机床导轨上的工作台、曲柄滑块机构等。SolidWorks 提供的"基本运动"允许模拟马达、弹簧及引力在装配体上的效果，可展示机构在设计限制的自由度范围内按一定规律运动。

（1）生成模拟步骤　生成模拟步骤为：建立基本运动，然后添加表 3-6 所列的模拟成分，最后进行运动仿真。下面以单缸活塞连杆机构为例说明物理模拟过程。

（2）单缸活塞连杆机构物理模拟

［步骤 1］　建立基本运动

打开〈资源文件〉中的"单缸活塞装配 . SLDASM"装配文件，在 SolidWorks 窗口左下角单击"运动算例"，并在运动管理器中选中"基本运动"，如图 3-55 所示。

［步骤 2］　添加模拟成分

在运动管理器中单击"旋转马达" ，单击选中"曲柄"侧面，如图 3-56 所示，在"马达"对话框中选择"旋转马达"，"运动"参数为"等速""100RPM"，单击"确定"按钮 。

［步骤 3］　播放模拟

在"模拟"工具栏上单击"计算模拟" ，在弹出的提示对话框中，单击"确定"按钮，开始播放模拟。单击 可停止模拟播放，单击 可重播模拟。

5. 高级动画

（1）动画原理　SolidWorks 不仅可以记录零部件的位置变化，还可以记录零部件视向属性，包括：隐藏和显示、透明度、外观等的变化和产品渲染过程。

SolidWorks 生成动画的原理与电影相似，它先确定零部件在各个时刻外观的"关键点"，然后计算从起点位置移动到终点位置所需的顺序。故生成一个动作的步骤为：

1）将零件移到初始位置。

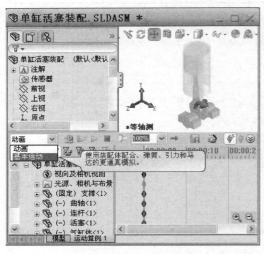

图 3-55　建立基本运动

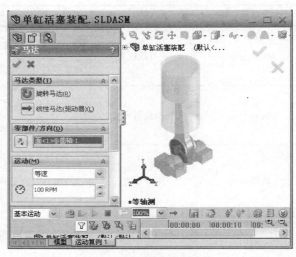

图 3-56　添加模拟成分

2）将时间滑杆拖到结束时间。

3）将零件移到最终位置。

（2）高级动画范例1——液压夹具体综合动画　本范例中包括视向属性动画、位置变化动画、装配体动态剖切动画和组合动画。

［步骤1］　打开运动算例

打开〈资源文件〉中的"液压夹具体.sldasm"装配文件，然后单击 SolidWorks 窗口底部的"动画1"标签，在运动管理器中选类型为"动画"。

［步骤2］　显示/隐藏零件动画

如图3-57所示，单击设计树中的"Corps"零件，并在时间栏中将该零件的"外观"对应的键码拖动到动作结束时间对应的坐标20处，同时右键单击"外观"，在弹出的快捷菜单中选择"隐藏"，自动在时间栏中添加时间线。完成显示/隐藏零件动画创建，如图3-58所示。单击"动画"工具栏的 ▶ 播放动画。单击"动画"工具栏的 🖫 保存动画。

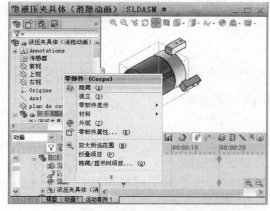

图3-57　显示/隐藏零件动画时间设定

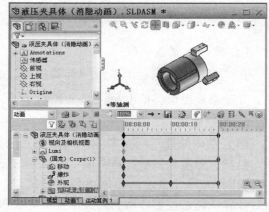

图3-58　显示/隐藏零件动画动作设定

[步骤 3] 活塞位置变化动画

如图 3-59 所示，单击设计树中的"piston et joints"零件，将"移动"对应的时间栏中的键码拖动到动作结束时间对应的坐标 20 处。在图形区中将"piston et joints"零件拖动到极限位置，自动在时间栏中添加时间线。完成活塞位置变化动画创建，如图 3-60 所示。单击"动画"工具栏的 ▷ 播放动画。单击"动画"工具栏的 💾 保存动画。

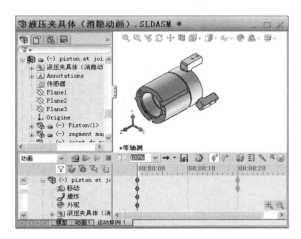

图 3-59　活塞位置变化动画时间设定

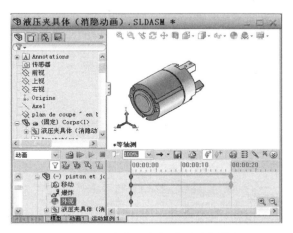

图 3-60　活塞位置变化动画动作设定

[步骤 4] 剖切动画

利用装配体独有的切除特征可以制作展示装配体内部特征的效果，结合动画则可制作动态剖切效果。具体思路是：在前视基准面上创建一个切除特征，其长度大于装配体的高度。添加装配体与前视基准面的"距离"配合关系，配合开始的距离为切除特征的长度，即无剖切效果；终止时的配合距离为零，即全部剖切效果。具体过程为：

如图 3-61 所示，在设计树中右键单击"Corps"零件，在弹出的菜单中选择"浮动"使其可以移动。

选择"前视"作为为草图绘制平面，单击"视图定向" 📷▾，选择"正视于" ↥，使绘图平面转为正视方向。单击"草图"工具栏 草图 上的"圆" ⊙、"直线" ╲ 和"剪裁实体" ≱ 绘制切除特征草图，如图 3-62 所示。单击"视图定向" 📷▾，选择"等轴测" ◻ 显示等轴测图。

单击"插入"→"装配体特征"→"切除"→"拉伸"，如图 3-63 所示，在弹出的切除-拉伸对话框的"方向 1"中通过 ↗ 控制拉伸方向，并设置"给定深度"方式，深度值为 70mm；在"特征范围"中选中"所选零部件"单选框，不选中"自动选择"复选框，单击"自动选择"下的列表框，在设计树选中要切除的零件"Corps"和"Cache en plastique"，单击"确定"按钮 ✔，生成切除特征，如图 3-64 所示。

单击"装配体"工具栏 装配体 中的"插入配合" ⬝，为"前视"和"Corps"的小凸台顶面添加"距离"配合关系，距离数值设为 70mm，如图 3-65 所示。

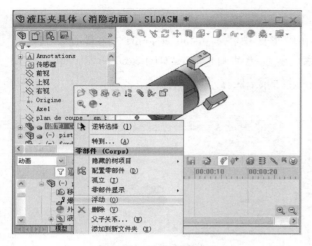

图 3-61　设定"浮动"

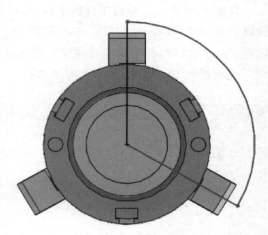

图 3-62　切除特征草图

图 3-63　切除-拉伸对话框

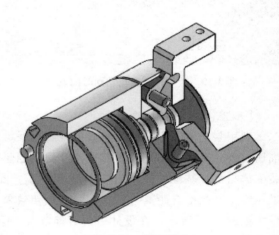

图 3-64　切除模型

单击 SolidWorks 窗口底部的"动画"标签，切换到运动管理器窗口。如图 3-66 所示，单击设计树中的"距离 1（前视，Corp<1>）"下的"距离"，将对应的键码拖动到动作结束时间对应的坐标 20 秒处。在时间坐标 10 秒对应处右键单击，在弹出的菜单中选择"放置键码"，并双击该键码，将数值修改为 0mm（全部剖效果），单击"确定"按钮 ，在两个键码之间生成时间线，表明完成了剖切动画创建，如图 3-67 所示。单击"动画"工具栏的 播放动画。单击"动画"工具栏的 将动画保存为"剖切动画"，也可用添加控制零件的方式生成类似动画。

　　［步骤 5］　组合动画

　　可以将上述动画组合在同一个文件中，并通过拖动时间栏里各动作的键码，调整其先后顺序。如图 3-68 所示，由于显示/隐藏零件动画的时间线在剖切动画时间线之前，因此组合动画的顺序为：先显/隐，后剖切。

图 3-65 添加"距离"配合关系

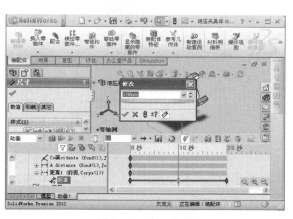

图 3-66 动画设置

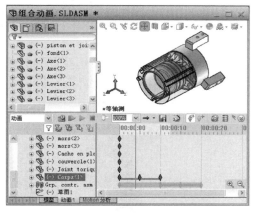

图 3-67 0~10s 为剖切动画

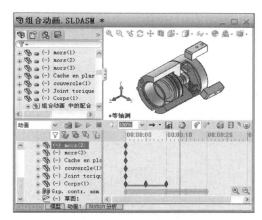

图 3-68 10~20s 为组合动画

3.4 习题 3

3-1 简答题

1）简述装配步骤。说明如何确定基准零件，如何选择装配顺序，如何选择装配关系。

2）简述机械产品表达的类型和用途。

3）简述自上而下的设计过程。

3-2 课后完成图 3-69 所示的单级减速器的虚拟装配。

3-3 在 SolidWorks 中建立图 3-70 所示的变向机构装配体模型。

模型组成：此装配体包括 3 个支架和 2 个销，每一个零件材料均为黄铜。三个支架的尺寸相同，2 mm 厚，所有孔为通孔；两个销的尺寸相同，5mm 长，10mm 直径。

配合关系：装配体原点如图 3-70 所示。销与支架孔为同轴

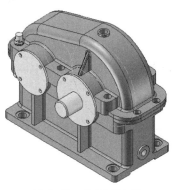

图 3-69 单级减速器

配合（无间隙），销的端面与支架面重合，两个支架面间有 1mm 的间隙，每个支架间的配合角度均为 45°。

问题：确定装配体的重心坐标（参考答案：$x=11.105$mm，$y=23.904$mm，$z=-40.112$mm）。

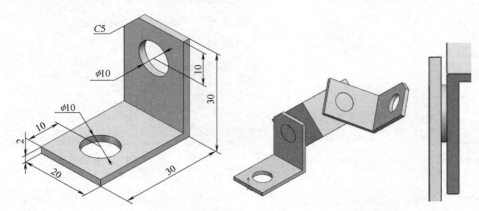

图 3-70　变向机构装配体模型

3-4　完成图 3-71 所示的活塞式压缩机的组装，生成爆炸视图并以动画显示装配和分解过程，生成物理模拟动画。

3-5　完成图 3-72 所示的气门弹簧机构的组装，并生成气门弹簧关联动画。

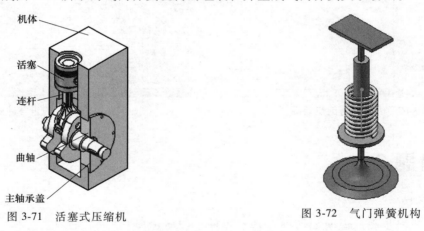

图 3-71　活塞式压缩机

图 3-72　气门弹簧机构

3-6　完成图 3-73 所示的连接件各零件建模，进行组装，赋予不同材料，并计算质量。

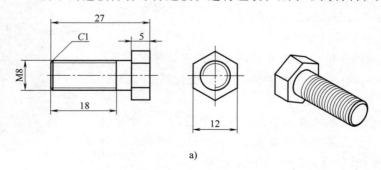

a)

图 3-73　连接件及装配

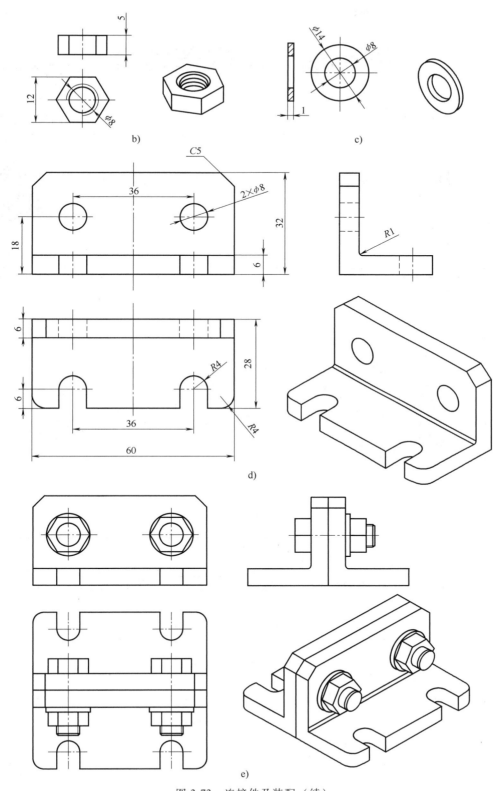

图 3-73 连接件及装配（续）

第4章 工程图创建

工程图是三维设计的最后阶段，工程图是产品设计思想交流的方式和产品制造的依据，常常把工程图称为"工程界的语言"。本章重点讲解模板使用、视图建立、注释添加等知识。

4.1 工程图快速入门

工程图快速入门

1. 引例

下面以图 4-1 所示半联轴器工程图的生成过程为例来练习基本命令。

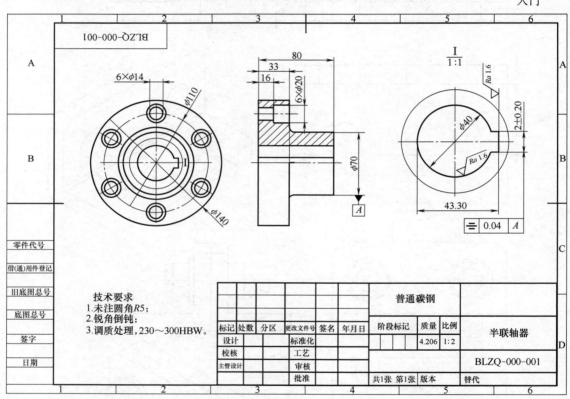

图 4-1 半联轴器工程图

（1）选择模板 打开"半联轴器 .sldprt"。单击"标准"工具栏上的"新建" 。在"新建"对话框中单击"高级"按钮，如图 4-2 所示，选择"模板"中的"gb_a4"，然后单击"确定"按钮，打开新工程图，模型视图对话框出现。

（2）生成视图

［步骤 1］ 生成右视图

如图 4-3 所示，在模型视图对话框中，执行下列操作：在"要插入的零件/装配体"下，选择"半联轴器"。单击"下一步"按钮 。在方向下：单击"标准视图"下的"右视"，选中"预览"复选框，在图形区域中显示预览。然后，将指针移到图形区域，并显示前视图的预览。单击以将前视图作为工程视图 1 放置，然后单击"确定"按钮 ✔。

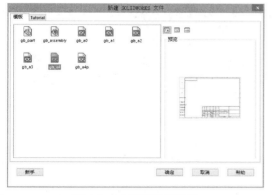

图 4-2 工程图模板选择

图 4-3 生成模型视图

[步骤 2] 比例设定

在"图纸属性"对话框中右键单击"图纸格式 1"，在弹出的快捷菜单中单击"属性"，如图 4-4 所示，在"图纸属性"对话框中将比例设定为 1：2，单击"应用更改"按钮。

[步骤 3] 生成半剖视图

单击"视图布局"工具栏上的"剖面视图"，如图 4-5 所示，选中"半剖面"，选"顶部右侧"方式，单击圆心定位剖切位置，在视图右侧单击放置半剖视图，单击"确定"按钮 ✔。

图 4-4 比例设定

图 4-5 生成半剖视图

右键单击切割线，在弹出菜单中选择"隐藏切割线"；右键单击半剖视图上方的符号，在弹出的菜单中选择"隐藏"，右键单击半剖视图，在弹出菜单中选择"切边"→"切边不可见"，完成半剖视图，如图 4-6 所示。

[步骤4]　生成局部视图

如图4-7所示，在轴左侧键槽处绘制草图圆，单击"视图布局"工具栏上的"局部视图"，单击"确定"按钮 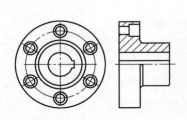，生成键槽放大视图。

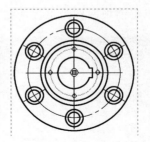

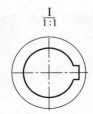

图 4-6　半剖视图　　　　　　　　　　　图 4-7　局部视图操作

（3）标注尺寸

[步骤1]　自动标注尺寸

单击"注解"工具栏上的"模型项目" ，如图4-8所示，选中"将项目输入到所有视图"复选框，单击"确定"按钮 。

图 4-8　尺寸标注操作

[步骤2]　调整视图尺寸

按住〈Shift〉键，同时拖动圆盘上的所有直径尺寸到圆形所在视图。框选所有尺寸，右键单击后在弹出菜单中选择"对齐"→"自动排列"。

[步骤3]　尺寸公差标注

单击键槽宽度，在"公差/精度"中设定：对称，数值为0.2。

[步骤4]　添加孔的数目

单击螺栓孔直径，在"标注尺寸文字"栏中输入"6×"，然后单击"确定"按钮 。

（4）添加注解

[步骤1]　添加中心符号线和中心线

单击"中心线" ，单击半剖视图上的螺栓孔的两条边线为其添加中心线，拖动中心线的控制点调整其长度。

［步骤2］　插入表面粗糙度符号

单击"注解"工具栏 注解 上的"表面粗糙度符号" ✓ ，选择要求切削加工 ✓ ，输入表面粗糙度数值 $Ra1.6$ ，然后在图形区域中的键槽部位调整位置后，单击"确定"按钮 ✅ 。同理，标注其他位置的表面粗糙度。

［步骤3］　插入基准和几何公差符号

单击"注解"工具栏上的"基准特征" 🅷🄰 ，在图形区移动指针将引线放置在工程图视图中，单击"确定"按钮 ✅ 。单击"注解"工具栏 注解 上的"几何公差" 🔟 。在几何公差对话框中：在第一行的"符号"中选择 ⚌ ，为"公差1"输入 0.04，为"主要"输入 A ，单击"确定"按钮，如图4-9所示。

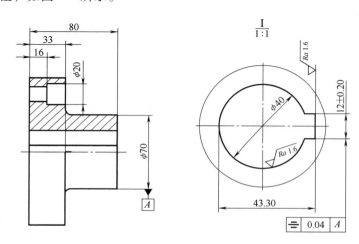

图 4-9　表面粗糙度、基准和几何公差设置

［步骤4］　添加技术要求

单击"注解"工具栏 注解 上的注释，填写"技术要求　1. 未注圆角 $R5$ ；2. 锐角倒钝；3. 调质处理，230~300HBW。"

［步骤5］　更改标题栏链接注释

右键单击设计树中的"工程视图1"，选择"打开零件（半联轴器 . sldprt)"，在零件环境中，单击"文件"→"属性"，如图4-10所示，更改名称为"半联轴器"，代号为"BLZQ-0000-01"，单击"确定"按钮，单击"保存"和"关闭"工具，返回到工程图环境观察相应的变化。

（5）输出图纸

1）打包保存：单击"文件"→"Pack and Go"（打包），在"Pack and Go"（打包）对话框中选中"保存到 Zip 文件"单选框，设定保存文件夹和名称"半联轴器 . zip"，单击"保存"按钮。

2）另存为 PDF 格式：单击"文件"→"另存为"，选择" * . pdf"格式，保存为"半联轴器 . pdf"。

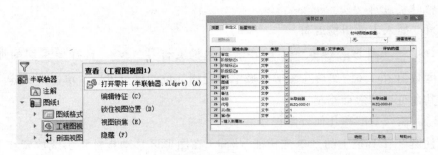

图 4-10　打开零件（半联轴器.sldprt）

3）打印全部图纸：单击"文件"→"打印"，单击"打印"对话框中的"页面设置"，在"页面设置"对话框中，选择"比例和分辨率"为"调整比例以套合"单选框，设定纸张大小，如"A4"，单击"确定"按钮。在"打印范围"下，选择"所有图纸"单选框，单击"确定"按钮。

2. 创建工程图的步骤

根据上面引例中创建工程图的过程，可将 SolidWorks 中创建工程图的步骤归纳为：

1）选模板：选择图幅、标题栏、图框等图纸格式和字体大小等图纸选项。

2）投视图：生成各视图，并合理布置其位置。

3）标尺寸：标注定形和定位尺寸及其公差。

4）添注解：添加表面粗糙度、几何公差、技术要求、标题栏信息等注解内容。

5）出图纸：打包保存、打印输出或另存为 PDF 格式的图纸。

3. 工程图基本术语

工程图是工程上将物体按一定的投影方法和技术规定，表达机件的结构形状、大小及制造、检验中所必需技术要求的图样。工程图包含两个部分：图纸格式和图纸内容。

1）图纸格式是图纸中不发生很大变化的部分，如图纸幅面、标题栏、字体大小等与绘图标准有关的内容。SolidWorks 中由图纸格式和图纸选项进行总体控制，并可形成工程图模板。

2）图纸内容是表达机械结构形状的图形及说明，包括视图和注释等。"视图"是物体按正投影法在投影面上的投影；"注释"是补充说明用的文字和符号。SolidWorks 工程图中的视图包括基本视图、向视图、局部视图和斜视图四种；SolidWorks 工程图中的注解包括注释、焊接注解、基准特征符号、基准目标符号、几何公差、表面粗糙度、多转折引线、孔标注、销钉符号、装饰螺纹线、区域剖面线填充、零件序号等。

工程图按照表达的对象分为两种形式，即零件工程图和部件/产品装配图。

1）零件工程图（简称为零件图）是零件制造、检验和制订工艺规程的基本技术文件，包括制造和检验零件所需全部内容，如图形、尺寸及其公差、表面粗糙度、几何公差、对材料及热处理的说明及其他技术要求、标题栏等。

2）部件/产品装配图（简称为装配图）是一种表达机器或部件装配、检验、安装、维修服务的重要技术文件，包括组装零件所需全部内容，如各零件的主要结构形状、装配关系、总体尺寸、技术要求、零件编号、标题栏和明细表等。

4. SolidWorks 工程图界面

工程图窗口中包括设计树，其中包括其项目层次关系的清单，每张图纸下有图纸格式和每个视图的图标。标准视图包含视图中显示的零件和装配体的特征清单；派生视图（例如局部或剖面视图）包含其他特定视图的项目（局部视图图标、剖切线等）。菜单中包括全部操作命令。工具栏中包括常用命令，按照"视图布局""注解""草图"三个选项卡布置。

4.2 工程图模板创建

在手工绘图时代，企业都会向设计人员提供规格不一的标准化空白图纸，其上已绘制好了图框、标题栏，甚至标示了企业名称和徽标，标准化空白图纸极大地减少了设计人员的工作量，并且保障了企业工程图形式上的规范。在 SolidWorks 等三维 CAD 软件中，同样提供了类似的工程图模板，用户可以在工程图模板中绘制图纸图框和标题栏等图纸格式，并且可以设定尺寸、箭头和文字的样式等图纸选项。

4.2.1 创建符合 GB 规范的图纸格式

图纸格式涉及工程图中图框、标题栏的格式，甚至标示了企业名称和徽标等保障企业工程图规范的内容。图纸幅面和格式由 GB/T 14689—2008《技术制图 图纸幅面和格式》规定。下面通过建立一个符合 GB 规范的 A3 图幅工程图模板说明在 SolidWorks 中图纸格式的创建和使用方法。创建步骤如下。

1. 设置图幅

单击"文件"→"新建"，选"工程图"，单击"确定"按钮，弹出"图纸格式/大小"对话框，如图 4-11 所示。在"图纸格式/大小"对话框中选"自定义图纸大小"单选框，输入宽度"420.00mm"，高度"297.00mm"（A3-横向的图幅尺寸），单击"确定"按钮。

图 4-11　自定义图幅尺寸

2. 绘制图纸边框

- 格式编辑：右键单击图纸空白处，在弹出菜单中选择"编辑图纸格式"，切换到图纸格式编辑状态。
- 绘制图框：绘制两个矩形，分别代表图纸的纸边界线和图框线。
- 约束定位：在下面的步骤中将通过几何关系和尺寸确定两个矩形的大小和位置。选择外侧矩形的下角点，在属性的"参数"选项组中确定该点的坐标点位置（X＝0，Y＝0）。按住〈Ctrl〉键，选择外侧矩形的左边和下边，在属性对话框中单击"固定" 🔧 为两边线建立"固定"几何关系，在标注尺寸时以这两个边定位。如图 4-12 所示，标注两个矩形的尺寸。
- 设置线型：单击"视图"→"工具栏"→"线型"，打开线型工具栏。

按住〈Ctrl〉键，选择内侧代表图框的矩形，单击线型工具栏中的"线粗" ≡，定义四条直线的线粗为"粗实线"，单击"确定"按钮 ✔。重复上述步骤，定义外侧代表图纸边线的四条直线为"细实线"，如图 4-13 所示。

- 隐藏尺寸：单击"视图"→"显示/隐藏注解"，隐藏图框尺寸。

3. 绘制标题栏

如图 4-14 所示，按照要求绘制标题栏中相应的直线，并使用几何关系、尺寸确定直线的位置，绘制完成后隐藏尺寸。

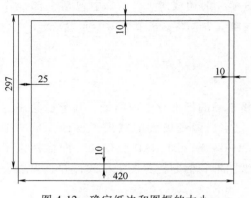

10
297
25
10
10
420

图 4-12　确定纸边和图框的大小

10
297
25
10
10
420

图 4-13　设置图框的线粗

180
10 10 16 16 12 16
7
8×7(=56)
4×6.5(=26) 12 12
18
10
6.5
9
21
(9)
12 12 16 12 12 16
50

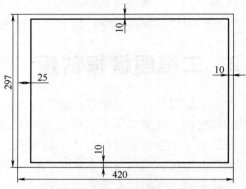

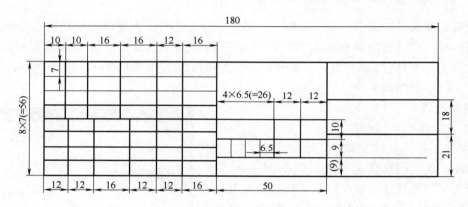

图 4-14　绘制标题栏

4. 填写标题栏

（1）填写一般性注释

一般性注释是工程图中固定不变的文字，如标题栏中的“设计”等。具体步骤为：单击“注解”工具中的“注释”A，如图 4-15 所示，在标题栏相应位置添加注释文字。

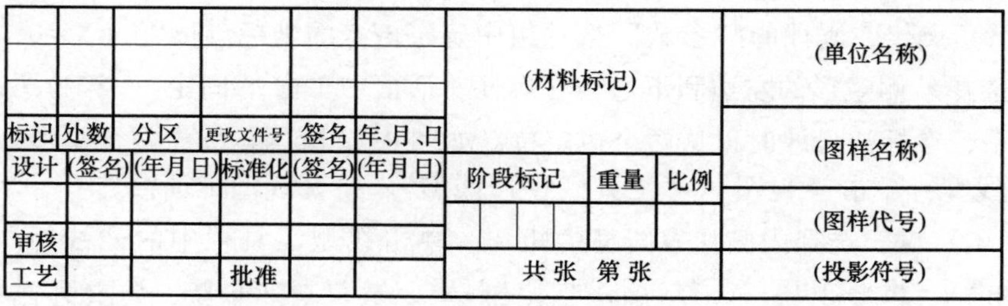

(材料标记)
(单位名称)
标记 处数 分区 更改文件号 签名 年、月、日
设计 (签名) (年月日) 标准化 (签名) (年月日)
阶段标记 重量 比例
(图样名称)
(图样代号)
审核
工艺 批准
共 张 第 张
(投影符号)

图 4-15　一般性注释

（2）添加链接属性的注释

1）链接比例等图纸属性。右键单击标题栏的“比例”，在弹出的菜单中选择“注解”→

"注释",如图 4-16 所示,单击"链接到属性" 。如图 4-17 所示,单击"属性名称"下拉列表框,选择"SW-图纸比例(Sheet Scale)"。注释显示图纸比例,如图 4-18 所示。同理,可在"图样名称"中链接与其关联的零件名称。

图 4-16 链接属性

图 4-17 链接内容选择

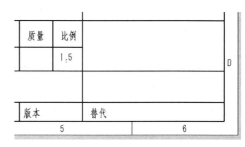

图 4-18 链接图纸比例

2)链接质量等模型属性。可以在模型文件中添加"质量"等属性,然后,利用链接方式将其链接到标题栏中。

- 添加模型质量属性。

在模型环境中,单击"文件"→"属性",如图 4-19 所示,在"摘要信息"对话框中单击"编辑清单"按钮,然后,在"编辑自定义属性清单"对话框中输入"质量",单击"确定"按钮。再在"摘要信息"对话框中单击"属性名称"后选"质量",在"类型"中选"文字",在"数值/文字表达"中选"质量",单击"确定"按钮。

- 链接模型质量属性。

在工程图环境中的编辑图纸格式下,选择"注解"→"注释",在标题栏的"质量"下面一栏单击来定位输入点。单击"链接到属性" ,如图 4-20 所示,在"链接到属性"对话框中选中"此处发现的模型"单选框,单击"属性名称"下拉列表框,选择"质量",单击"确定"按钮。同理可链接材质、文件名称等属性。

图 4-19 添加模型质量属性

图 4-20 链接模型质量属性

5. 图纸格式保存与使用

- 返回图纸编辑状态:右键单击图纸空白区,从弹出菜单中选择"编辑图纸"命令。
- 保存图纸格式:单击"文件"→"保存图纸格式",保存为"A3-GB 横向 .slddrt"。
- 使用图纸格式:在工程图设计树中,右键单击"图纸格式",在弹出菜单中单击"属性"按钮，在图纸属性对话框的图纸格式中选中相应图纸格式名称（如 A3GB）即可。

4.2.2 设定符合 GB 规范的图纸选项

1. 字体、线型等 GB 规范

制图国家标准对图纸中的字体、线型等做了具体的规定。

（1）字体 GB/T 14691—1993《技术制图 字体》规定图纸上的字体必须工整、笔画清楚、间隔均匀、排列整齐。汉字应使用长仿宋体，文字高度为 5mm，标题类文字高度为 7mm；尺寸标注的字体（数字和字母）应使用国标规定的斜体，字头向右倾斜，与水平基准线成 75°，对于 A0、A1、A2 号图高度为 5mm（5 号字），A3、A4 高度为 3.5mm（3.5 号字）。

（2）图线 根据 GB/T 17450—1998《技术制图 图线》，在机械制图中常用的线型有实线、虚线、点画线、双点画线、波浪线、双折线等（见图 4-21）。

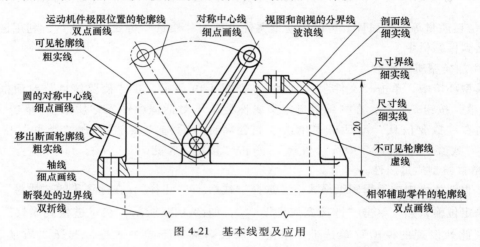

图 4-21 基本线型及应用

依据图形的复杂程度和零件的大小，以线条清晰为要求来选取图线。在同一图样中，同类图线的宽度应一致。推荐粗实线 0.5mm，细线取粗实线的 1/2，中心线和虚线的短画与间隔分别取 1mm，长画可依据图形选恰当的长度。

（3）比例 工程图中常用的比例见表 4-1。

表 4-1 常用比例

原值比例	$1:1$
缩小比例	$(1:1.5)$　$1:2$　$(1:2.5)$　$(1:3)$　$(1:4)$　$1:5$　$1:10$ $1:2 \times 10^n$　$(1:2.5 \times 10^n)$　$(1:3 \times 10^n)$　$(1:4 \times 10^n)$　$1:5 \times 10^n$　$(1:6 \times 10^n)$
放大比例	$2:1$　$(2.5:1)$　$(4:1)$　$5:1$ $1 \times 10^n:1$　$2 \times 10^n:1$　$(2.5 \times 10^n:1)$　$(4 \times 10^n:1)$　$5 \times 10^n:1$

注：n 为正整数。

2. SolidWorks 图纸选项

系统设置用来根据用户的需要定义 SolidWorks 的功能，系统设置将选项对话框从结构形式上分为"系统选项"和"文档属性"两个选项卡。"系统选项"的设置保存在注册表中，这些设置的更改会影响当前和将来的所有文件。"文档属性"的设置保存在当前文档中，仅在该文件打开时可用。图纸选项的设置内容主要是在"文档属性"中更改，主要内容如下。

［步骤1］ 编辑文档属性

单击"工具"→"选项"，单击"文档属性"，进入"文档属性"选项卡。

［步骤2］ 注解字体等选项设置

如图4-22所示，单击"注释"，单击"字体"按钮，在"选择字体"对话框中选择"字体"为"仿宋_GB2312"，"字体样式"为"常规"，"高度"为"3.50mm"，单击"确定"按钮完成注释字体设置。

另外，在"注解"选项中可对零件序号、几何公差、表面粗糙度等格式进行设置。

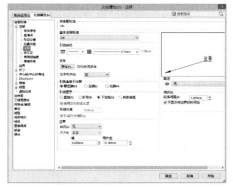

图4-22 注释字体设置

［步骤3］ 尺寸及其公差字体设置

如图4-23所示，在"文档属性"选项卡中，选择"尺寸"，单击"字体"按钮，在"选择字体"对话框中选择"字体"为"汉仪长仿宋体"，"字体样式"为"常规"，"高度"为"3.50mm"，单击"确定"按钮；单击"公差"按钮，在"尺寸公差"对话框中选择"公差类型"为"双边"，"字体比例"为"0.5"，单击"确定"按钮。

图4-23 尺寸及其公差字体设置

另外，还可以设定尺寸线、延伸线参数、尺寸排列参数、尺寸线箭头形式等。

［步骤4］ 图线设置

1）线型设置：在"文档属性"选项卡中，选择"线型"，将"边线类型"的"可见边线"的"样式"设为"实线"，"线粗"设为"0.5mm"，单击"确定"按钮，如图4-24a所示。

2）中心线和中心符号显示设置：在"文档属性"选项卡中，选择"出详图"，勾选"中心符号-孔-零件"和"中心线"复选框，单击"确定"按钮，如图 4-24b 所示。

a)　　　　　　　　　　　　　　　　b)

图 4-24　线型属性

3）相切边线隐藏设置：在"系统选项"选项卡中，选择"显示类型"，在"相切边线"中选择"移除"单选框，单击"确定"按钮，则之后生成的视图中的相切边线不可见，如图 4-25 所示。

4）图纸背景颜色：在"系统选项"选项卡中选择"颜色"，在颜色方案列表框中选择"工程图，纸张颜色"，单击"编辑"按钮，选择所需颜色，单击"确定"按钮。

［步骤 5］　图纸比例设置

如图 4-26 所示，在工程图的设计树中，右键单击"图纸 1"，在弹出菜单中单击"属性"，在"图纸属性"对话框中，将图纸比例设为 1∶1，单击"确定"按钮。

图 4-25　相切边线隐藏设置　　　　　　　　图 4-26　图纸比例设置

3. 保存工程图模板

完成上述图纸格式和图纸选项设置后，即可将其保存为模板文件，以便重复利用。步骤为：单击"文件"→"另存为"，在"保存类型"下拉列表框中选择"工程图模板（＊.drwdot）"，在文件名中输入"A3_横放模板.drwdot"，单击"保存"按钮。

4.2.3　工程图模板管理与使用

1. SolidWorks 文件保存位置设置

一般情况下，制作工程图模板是在原有模板的基础上进行必要的修改后，保存下来即可使用。SolidWorks 模板除了工程图模板外，还包括零件模板和装配模板，其扩展名分别为.prtdot、.asmdot 和.drwdot。模板的默认保存位置为：SolidWorks 安装目录 \ data \ templates。用户也可以根据需要添加自己创建的模板文件的存储位置。添加文件保存位置的步骤为：

在"系统选项"选项卡中，选中"文件位置"，选中"文件模板"，单击"添加"按钮，选中用户模板文件夹（如〈资源文件\ 4 工程图〉\ GB 工程图模板），单击"确定"按钮，完成用户模板添加。

2. 使用工程图模板

单击"文件"→"新建"→"高级"，选中"GB 工程图模板"中的相应模板"如 A2 横放"，单击"确定"按钮，则以该模板生成工程图。

3. 更改工程图模板

1）获取新模板图纸格式：以新工程图模板建立工程图文件（不添加视图），单击"文件"→"保存图纸格式"，以"新图纸格式 . slddrt"为名保存。

2）获取新模板图纸选项：单击"工具"→"选项"，在"文档属性"选项卡中选中"绘图标准"，选中大写字母中的"全部大写"，单击"保存到外部文件"按钮，保存为"新文档属性 . sldstd"。

3）替换旧模板图纸格式：打开旧模板建立的工程图，在设计树中右键单击"图纸 1"，在弹出菜单中选择"属性"，单击"浏览"按钮，查找第 1）步保存的"新图纸格式 . slddrt"，单击"应用更改"按钮，完成图纸格式替换。

4）替换旧模板图纸选项：单击"工具"→"选项"，在"文档属性"选项卡中选中"绘图标准"，单击"从外部文件装载"按钮，选择第 2）步保存的"新文档属性 . sldstd"，单击"打开"和"确定"按钮，完成文档属性替换。

4. 替换零件模板

为了利用新零件模板中的模型属性等，需要替换零件模板，具体步骤如下。

1）插入新模板零件：用新零件模板新建零件。单击"插入"→"零件"，找到要更换模板的零件，单击"打开"按钮，勾选"链接"下的"断开与原有零件的链接"，再单击"确定"按钮 ✔。

2）设计树文件夹删除：在设计树中，右键单击原有零件名称文件夹，在弹出菜单中选择"删除"，完成零件模板替换。

5. 替换装配体模板

为了利用新装配模板中的模型属性等，需要替换装配体模板，具体步骤如下。

1）插入新模板装配：用新装配模板新建装配。用"插入零部件"工具，将装配体插入装配环境。

2）解散子装配体：在设计树中，右键单击原有装配文件夹，在弹出菜单中选择"解散子装配体"。

4.3　工程图纸创建

工程图纸中包括表达模型结构形状的视图和以文字、符号补充说明的注解。

4.3.1　创建符合 GB 规范的视图

1. 视图类型

根据有关标准和规定，用正投影法所绘制的物体的图形称为视图。视图分为：基本视图、向视图、剖视图和局部视图四种。

（1）基本视图　如图 4-27 所示，将机件置于一个正六面体投影面体系中，机件向基本投影面投影所得的视图称基本视图。向基本投影面投影可得到前、后、上、下、左、右 6 个基本视图。

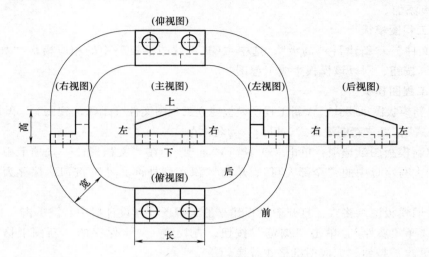

图 4-27　6 个基本视图的配置

（2）向视图　在主视图或其他视图上注明投射方向所得的视图为向视图。向视图是未按投影关系配置的视图。为了便于读图，向视图必须进行标注。在视图的上方用大写字母标注出视图的名称，在相应视图附近用箭头指明投射方向，并标注相同的字母。

（3）剖视图　为了清晰地表达机件的内部结构，常采用剖视的表达方法。假想用剖切面（平面或柱面）剖开机件，移去观察者和剖切面之间的部分，将其余部分向投影面投影所得到的图形称为剖视图。按剖切面剖开机件的范围大小，可将剖视图分为全剖视图、半剖视图和局部剖视图。

（4）局部视图　将机件的某一局部结构向基本投影面投影所得到的视图，称为局部视图。其中，将用大于视图所采用的比例画出的图形称为局部放大图。

2. SolidWorks 视图创建

SolidWorks 中可以创建的视图包括：

- 标准工程视图：以零件或装配体模型生成的视图，包括标准三视图、模型视图。
- 派生工程视图：由现有视图投影得到的视图，包括投影视图、辅助视图、剖面视图、局部视图、断开的剖视图、断裂视图、剪裁视图。

SolidWorks 中的常用视图布局工具如图 4-28 所示。以〈资源文件 \ 4 工程图〉中的"工程图入门 . sldprt"和"半联轴器 . sldprt"为例，生成工程视图的操作步骤分别列于表 4-2 和表 4-3。

图 4-28　SolidWorks 的常用视图布局工具

表 4-2　SolidWorks 标准工程视图生成命令及操作示例

名称	命令功能	操作方法	示例
标准三视图	基于零件或装配体生成其主视图（也叫前视图）、俯视图、左视图	单击"视图布局"→"标准三视图"，单击"浏览"按钮，选择模型文件"《资源文件\4 工程图》\工程图入门.sldprt"，单击"打开"按钮	
模型视图	基于零件或装配体指定的视图方向创建视图（如：上视图）	单击"视图布局"→"模型视图"，单击"浏览"按钮，选择模型文件，然后单击单击放置模型视图按钮。单击选择一种视图定向，单击	

表 4-3　SolidWorks 派生工程视图生成命令及操作示例

名称	功能	操作方法	示例
投影视图	在现有视图的上、下、左、右4个投影方向上建立视图	单击"视图布局"→"投影视图"，单击参考视图，设定"比例"等属性，向左移动鼠标，到预定位置单击放置视图	

（续）

名称	功能	操作方法	示例
辅助视图	在垂直于现有视图的一条参考边线的方向上生成视图	单击"视图布局"→"辅助视图",选择视图中的斜边作为参考边线,单击放置视图,将其名称更改为"A向"	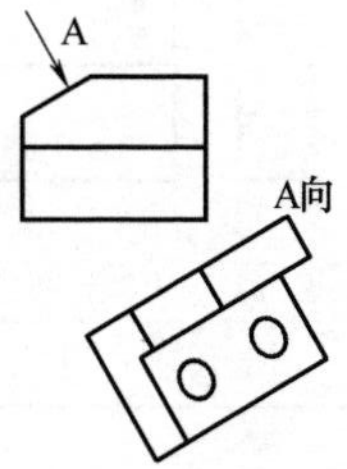
剖面视图（全剖）		单击"视图布局"→"剖面视图"命令,选择"剖面视图" 和视图切方向,单击放置剖面视图,选剖切割线,右键单击剖割线,选择"隐藏",隐藏切割线,右键单击剖视图名称,右键单击菜单中选择"隐藏"	
剖面视图（半剖）		单击"视图布局"→"剖面视图"命令,选择"半剖面",单击放置剖视图,选剖切方向,右键单击剖切割线,在弹出菜单中选择"隐藏隐藏切割线",右键单击剖视图名称,在弹出菜单中选择"隐藏"	

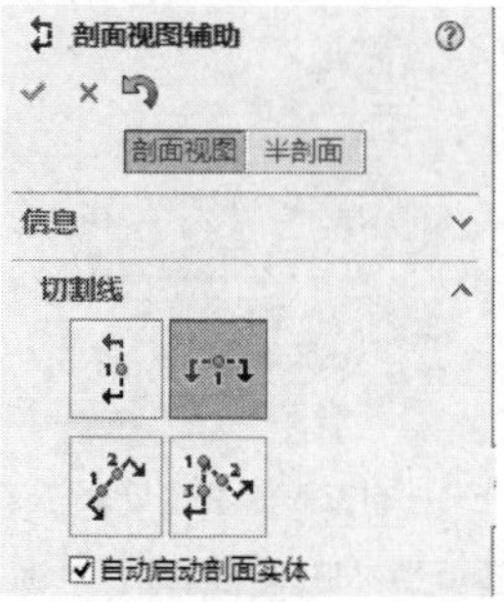

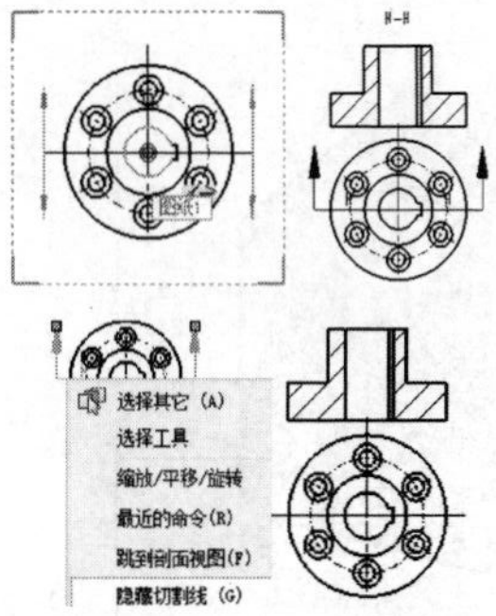

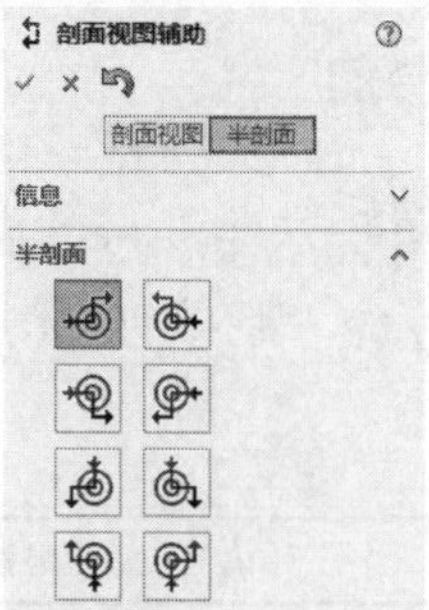

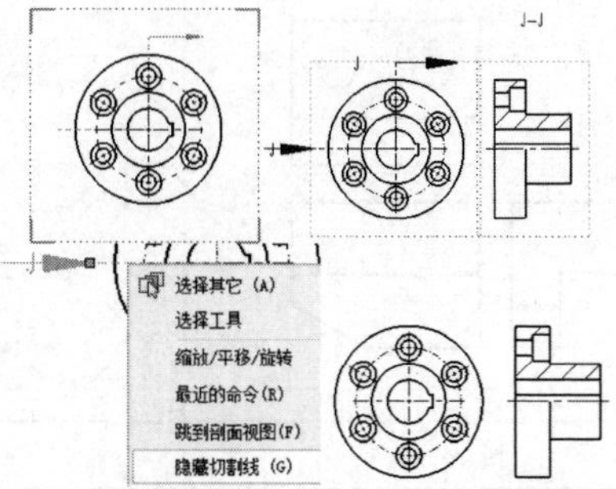

（续）

名称	功能	操作方法	示例
剖面 视图	旋转剖	单击"视图布局"→"剖面视图"命令，选择"剖面视图"，选剖切方向起始边，单击右上角圆心和下面圆圆心，定位终止边，单击放置剖视图。单击"选项"→"文档属性"→"视图"→"剖面视图"→"以剖面视图箭头字母高度调整比例" 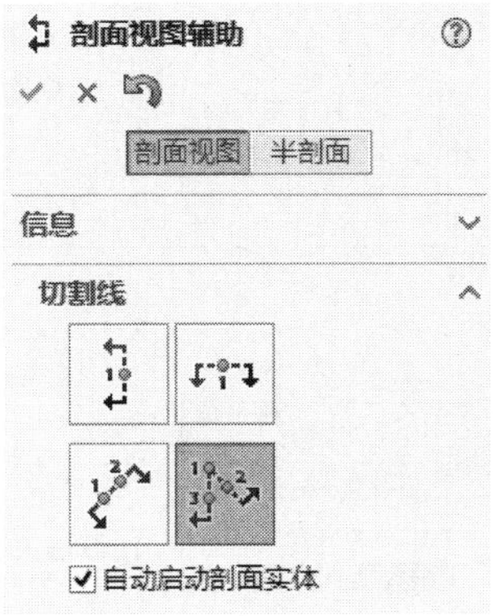	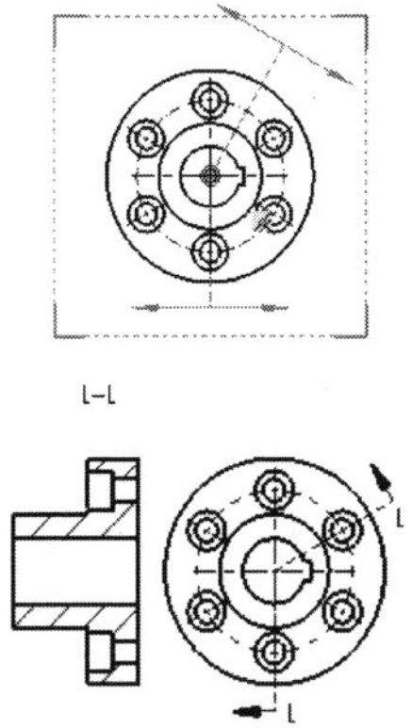
	阶梯剖	单击"视图布局"→"剖面视图"命令，或选择"剖面视图"，选剖切方向，单击左侧两个圆心，选中，单击转折交点，单击上圆圆心，定位终止边，单击放置剖视图 	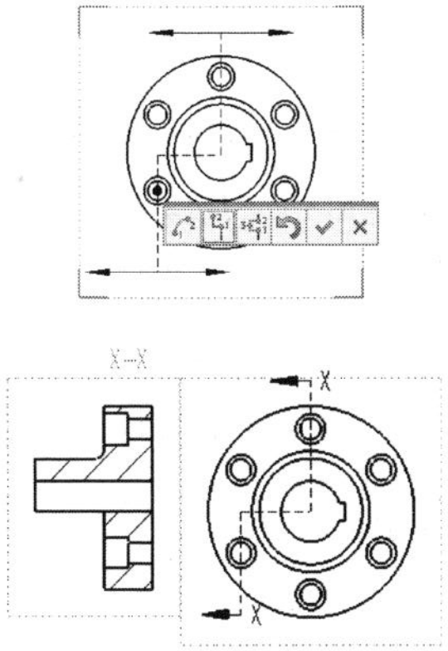

（续）

名称	功能	操作方法	示例
断开的剖视图	全剖	在预剖切视图中绘制覆盖全图的矩形草图，单击"视图布局"→"剖面视图"，按指定深度数值或选中另一个视图经过中心的圆线，单击"确定"按钮✔，完成全剖 	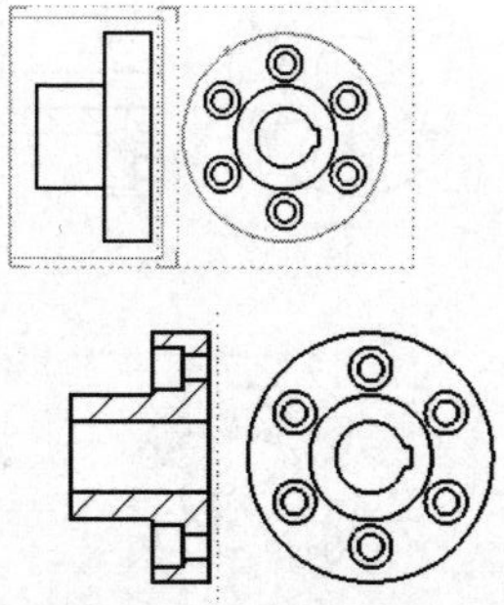
	半剖	在预剖切视图中绘制覆盖半视图的矩形草图，单击"视图布局"→"剖面视图"，按指定深度数值或选中另一个视图经过中心的圆线，单击"确定"按钮✔，完成半剖 	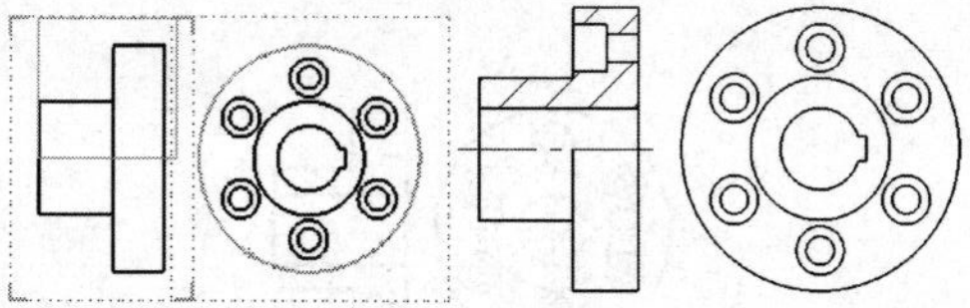
	局部剖	在预剖切视图中绘制封闭草图，单击"视图布局"→"剖面视图"，按指定剖切面距切面最外侧的深度数值（取70mm），单击"确定"按钮✔，完成局部剖 	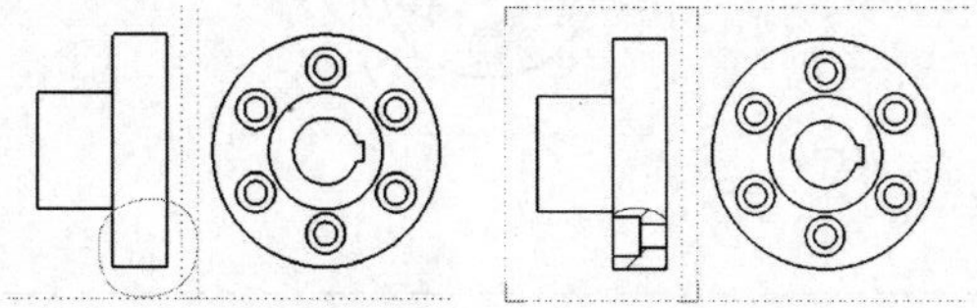

120

（续）

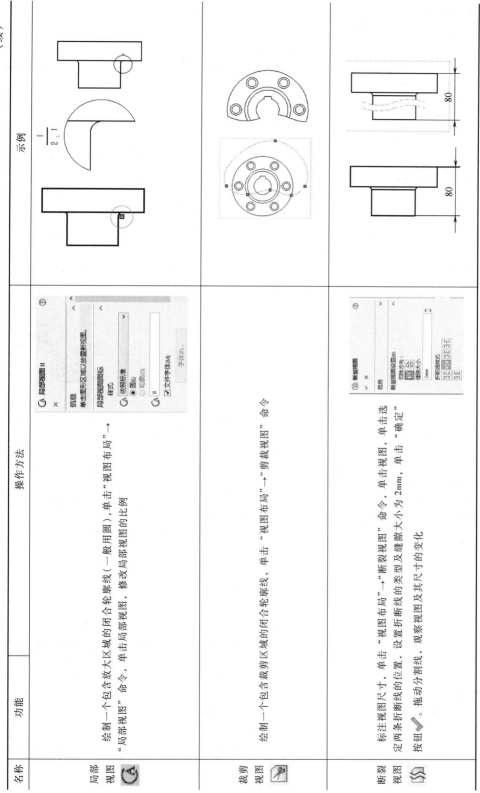

名称	功能	操作方法	示例
局部视图	绘制一个包含放大区域的闭合轮廓线（一般用圆），单击局部视图，修改局部视图的比例	单击"视图布局"→"局部视图"命令，单击局部视图，修改局部视图的比例	
裁剪视图	绘制一个包含裁剪区域的闭合轮廓线，单击"视图布局"→"剪裁视图"命令		
断裂视图	标注视图尺寸，单击"视图布局"→"断裂视图"命令，单击视图，单击选定两条折断线的位置，设置折断线的类型及缝隙大小为2mm，拖动分割线，观察视图及其尺寸的变化	单击"确定"按钮✓。拖动分割线	

3. SolidWorks 视图编辑

视图生成后可以进行必要的修改，常用视图编辑方法见表4-4。

表 4-4 常用视图编辑方法

名称	操作方法	示例
修改图纸比例	在设计树中右键单击"图纸1"，在弹出菜单中单击"属性"，在弹出对话框的"图纸属性"选项卡中修改比例	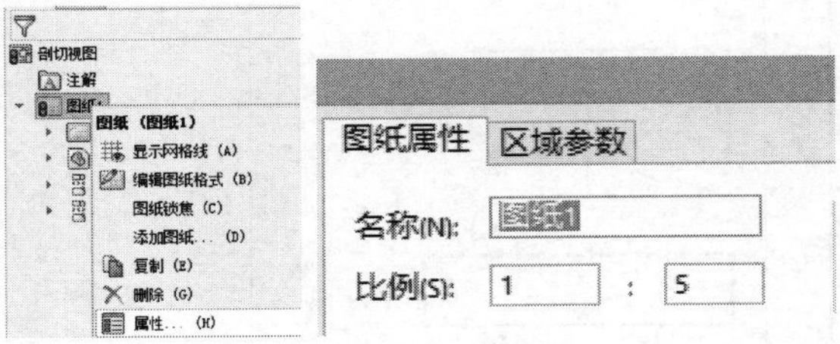
修改视图属性	在图形区单击视图，可单独设置视图比例为"使用自定义比例"即可单独改变比例。 单击显示样式中的 可显示隐藏线。 另外还可以选择模型配置	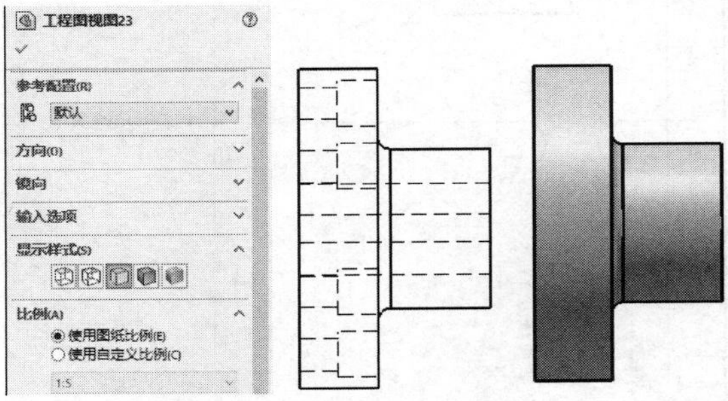
修改对齐关系	在图形区右键单击视图，在弹出菜单中选中"视图对齐"，选择"解除对齐关系"后随意拖放，或选择"默认对齐"	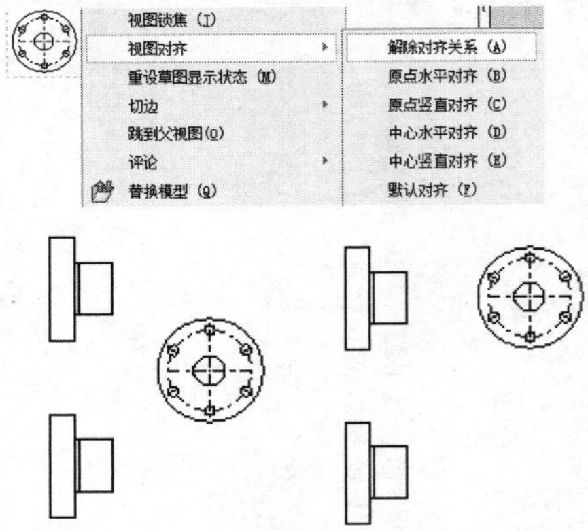
隐藏切边	右键单击相应视图，在弹出菜单中单击"切边"→"切边不可见"命令	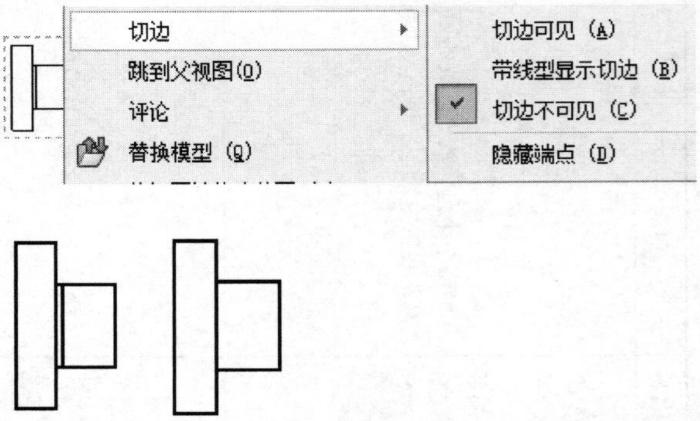

4.3.2 添加符合 GB 规范的注解

注解包括智能尺寸、注释、焊接符号、基准特征、基准目标、几何公差、表面粗糙度符号、多转折引线、孔标注、销钉符号、装饰螺纹线、区域剖面线/填充、零件序号等。注解工具图标如图 4-29 所示。

图 4-29　注解工具图标

1. 中心线和中心符号线添加

在工程视图中标注尺寸和添加注释前，应先用"中心线"![图标]和"中心符号线"![图标]工具添加中心线和中心符号线。

2. 尺寸标注

（1）尺寸标注规则　工程图纸中的尺寸由数值、尺寸线等组成，如图 4-30 所示。尺寸标注应满足以下规则：所标尺寸应为机件最后完工尺寸；机件的每一个尺寸，应只在反映该结构最清晰的图形上标注一次；尺寸数字不可被任何图线所通过，当无法避免时，必须将该图线断开；当圆弧大于 180°时，应标注直径符号，圆弧小于或等于 180°时，应标注半径符号。

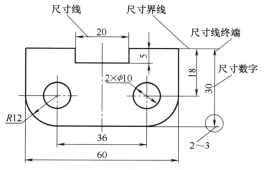

图 4-30　尺寸组成示意图

（2）SolidWorks 尺寸类型　在 SolidWorks 工程图中可以标注两种类型的尺寸：在 SolidWorks 中生成每个零件特征模型时标注的尺寸称为模型尺寸，将这些尺寸插入各个工程图视图后，在模型中改变尺寸会更新工程图，在工程图中改变插入的尺寸也会改变模型；在 SolidWorks 工程图文档中添加的尺寸是参考尺寸，并且是从动尺寸，不能通过编辑参考尺寸的值来改变模型；然而，当模型的标注尺寸改变时，参考尺寸值也会改变。

（3）SolidWorks 尺寸标注

- 模型尺寸标注方法：单击"注解"工具栏上的"模型项目"，选定某个视图或全部视图。

- 参考尺寸标注方法：单击"注解"工具栏上的"智能尺寸"，单击标注目标。

- 尺寸公差标注：单击键槽宽度等有公差要求的尺寸，如图 4-31a 所示，在"公差/精度"中设定：双边，基本尺寸保留小数数字为"无"（即无小数位），偏差为保留小数数字为 0.12（即保留两位小数），"其他"选项卡中的"公差字体"设"字体比例"为 0.7。

- 尺寸配合标注：单击轴/孔直径等有配合要求的尺寸，如图 4-31b 所示，在"公差/精度"中设定：套合，方式为间隙配合，孔精度为 H7，轴精度为 f6，符号方式为 H7/f6。

- DimXpert 工具使用：该工具是可在零件上放置尺寸和公差的工具。

（4）SolidWorks 常用尺寸编辑方法

• 尺寸数目添加：单击螺栓孔直径等尺寸，如图 4-31c 所示，在"标注尺寸文字"栏中输入"6×"等符号；然后单击"确定"按钮 ✔ 完成尺寸标注。

• 尺寸视图间移动：按住〈Shift〉键，拖动尺寸到目标视图。

• 自动对齐尺寸：拖动鼠标框选所有尺寸，如图 4-31d 所示，单击"工具"→"对齐"→"自动排列"，则所有尺寸自动等间隔布局。

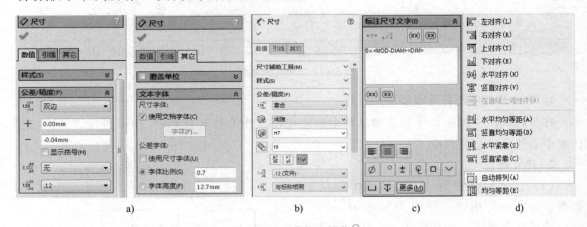

图 4-31　尺寸标注操作[注]

a）公差设置　b）配合设置　c）添加尺寸文字　d）对齐尺寸

3. 插入基准特征符号和几何公差符号

单击"注解"工具栏 注解 上的"基准特征" 🅰。在图 4-32 所示的基准特征对话框中取消选择"使用文件样式"复选框，并依次单击 ⌀ 和 ✔，在图形区捕捉基准线或尺寸线中间，单击放置基准特征符号，单击"确定"按钮 ✔。

单击"注解"工具栏 注解 上的"形位公差" 🔲。在图 4-32 所示的"属性"对话框中：在第一行的"符号"中选择 ──，为"公差 1"输入"0.04"。为"主要"输入"A"，在图形区中单击指定位置几何公差符号，单击"确定"按钮。

4. 插入粗糙度符号

单击"注解"工具栏 注解 上的"表面粗糙度符号" ✔。在图 4-33 所示的表面粗糙度对话框中的"符号"中单击 ✔，在"符号布局"中输入粗糙度数值"Ra6.3"，然后在图形区域中单击主视图齿顶圆。单击"确定"按钮 ✔ 标注粗糙度。

5. 技术要求

单击"注解"工具栏上的"注释" 🄰。在图形区域中单击以放置注释。输入技术要求，如："技术要求　1. 热处理调质，230~250HBW；2. 未注倒角 C2，未注圆角 R10；3. 清除毛刺。"（文字内容较多时，可在 Word 等文字处理软件中编辑后，复制到工程图中）。

─────────

㊀　因软件汉化原因，图中"其它"实为"其他"。——校者注

6. 添加装饰螺纹线

国标规定：外螺纹的牙顶（大径）及螺纹终止线用粗实线表示，牙底（小径）用细实线表示。在垂直于螺纹轴线的投影面的视图中，表示牙底的细实线圆只画约 3/4 圈。

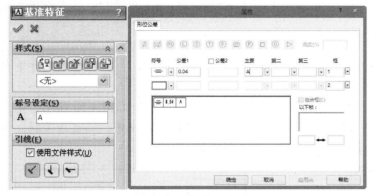

图 4-32　几何公差设置　　　　　　　　　　图 4-33　表面粗糙度设置

SolidWorks 用装饰螺纹线来描述螺纹属性，而不必在模型中加入真实的螺纹。具体操作为：

用〈资源文件＼4 工程图〉中的 "装饰螺纹线 .sldprt" 生成工程图，如图 4-34 所示，单击 "插入"→"注解"→"装饰螺纹线"，单击螺栓端面线，设定方式：标准为 "GB"，类型为 "机械螺纹"，大小为 "M10"，设定深度为 "成形到下一面"，单击 "确定" 按钮 ✓。

装饰螺纹线可以在零件模型中添加，也可以在零件工程图中添加，但只能在零件模型中删除。

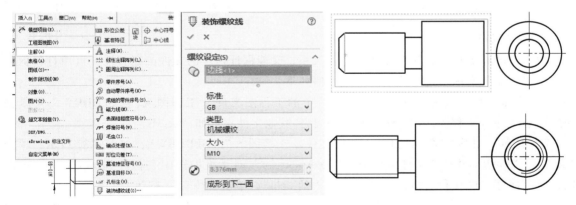

图 4-34　添加装饰螺纹线

7. 填写标题栏

"单位名称" 等信息用一般注释直接填写。"图样名称""图样代号" 等信息，通过修改模型的属性填写。具体步骤为：右键单击设计树中的视图，在弹出的菜单中选择 "打开零件/装配文件"，在模型编辑环境中，单击 "菜单"→"属性"，在 "自定义" 选项卡中修改相应链接。

4.3.3　工程图输出

SolidWorks 生成工程图后会在设计人员之间交流，由于工程图和模型之间具有关联关系，因此，只将保存的"＊.slddrw"工程图文件传给其他人员或将模型文件转移到其他位置时，将无法进行查看。通常可以采用以下5种方式解决上述问题。

1. 重新关联

当模型文件更名、移动位置或是单独传输了工程图文件后，打开工程图时会要求重新指定关联的模型文件。具体示例如下。

1）准备：将〈资源文件 \ 4 工程图〉中的工程图文件"工程图入门.SLDDRW"及其关联的模型文件"工程图入门.SLDPRT"复制到其他文件夹，如"C：\lx"，并将模型文件更名为"演示.sldprt"。

2）关联：用 SolidWorks 打开工程图文件"工程图入门.SLDDRW"，如图 4-35 所示，单击"浏览文件"，浏览到更名后的模型文件"演示.sldprt"，单击"打开"按钮，则重新关联。否则，9s 后进入工程图环境时各个视图均为空白视图，见图 4-36。

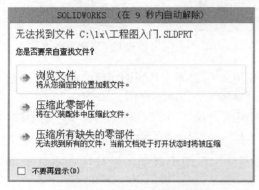

图 4-35　重新关联模型选项

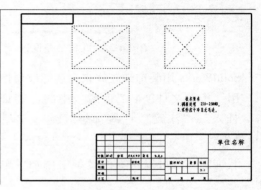

图 4-36　无法找到关联的模型文件

2. 打包保存

为了不破坏工程图和模型之间的关联关系，又能保证传输的文件的完整性，可用打包保存方式生成压缩包文件再进行传输。具体示例如下。

1）准备：将〈资源文件 \ 4 工程图〉中的工程图文件"工程图入门.SLDDRW"及其关联的模型文件"工程图入门.SLDPRT"复制到其他文件夹，如"C：\lx"。

2）打包：用 SolidWorks 打开工程图文件"工程图入门.SLDDRW"，如图 4-37 所示，单击"文件"→"Pack and Go"（打包），在"Pack and Go"对话框中选中"保存到 Zip 文件"单选框，设定保存文件夹和名称，如"工程图入门.zip"，单击"保存"按钮。

3）验证：将打包文件"工程图入门.zip"解压，打开其中的工程图文件"工程图入门.SLDDRW"。

3. 分离工程图

分离格式的工程图无须将三维模型文件装入内存，即可打开并编辑工程图。由于内存中没有装入模型文件，以分离格式打开工程图的时间将大幅缩短，这对大型装配体工程图来说是很大的性能改善。而且，用户可以将分离格式的工程图传送给其他的 SolidWorks 用户而不用传送模型文件。当设计组的设计员编辑模型时，其他的设计员可以独立地在工程图中进行操作，对工程图添加细节及注解。在分离格式的工程图中进行编辑的方法与普通格式的工程图基本相同。

将普通工程图转换为分离工程图格式的操作示例如下。

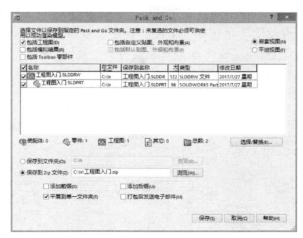

图 4-37 打包并保存工程图及其模型

1）准备：将〈资源文件 \ 4 工程图〉中的工程图文件"工程图入门.SLDDRW"及其关联的模型文件"工程图入门.SLDPRT"复制到其他文件夹，如"C:\lx"。

2）分离：用 SolidWorks 打开工程图文件"工程图入门.SLDDRW"，如图 4-38 所示，单击"文件"→"另存为"，在"另存为"对话框中选择文件类型为"分离的工程图"，设定文件名称为"工程图入门（分离）.SLDDRW"，单击"保存"按钮。

3）验证：将模型文件"工程图入门.SLDPRT"更名为"验证.SLDPRT"，打开分离的工程图文件"工程图入门（分离）.SLDDRW"。

4）关联：打开分离的工程图文件"工程图入门（分离）.SLDDRW"，右键单击设计树中的任一个工程视图，在弹出菜单中选择"打开零件"，如图 4-39 所示，在弹出的对话框中单击"浏览文件"，选中上一步更名的模型文件"验证.SLDPRT"，单击"文件"→"另存为"，在"另存为"对话框中选择文件类型为"工程图"，设定文件名称为"验证.SLDDRW"，单击"保存"按钮，则将原分离的工程图转换为普通的工程图。

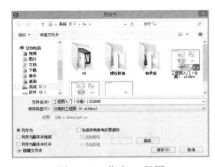　　　　　　　　　　　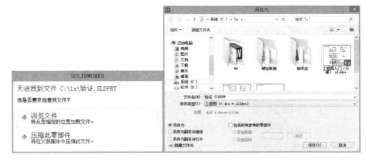

图 4-38 分离工程图　　　　　　　　图 4-39 关联工程图

4. 打印输出

SolidWorks 打印图纸的步骤如下。

1）打开示例文件：打开〈资源文件 \ 4 工程图〉中的"工程图入门.SLDDRW"。

2）打印全部图纸：单击"文件"→"打印"，"打印"对话框出现，如图 4-40 所示。单击"页面设置"按钮，"页面设置"对话框出现，如图 4-41 所示，选择"比例和分辨率"为"调整比例以套合"单选框，设定纸张大小，如"A4"，单击"确定"按钮。在"打印范围"下，选择"所有图纸"单选框，单击"确定"按钮。

3）打印所选区域：单击"局部放大工具" 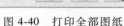，框选打印区域。单击"文件"→"打印"，"打印"对话框出现，如图 4-42 所示，在"打印范围"下，单击"当前荧屏图像"单选框，然后单击"确定"按钮。

图 4-40　打印全部图纸

图 4-41　页面设置

图 4-42　打印选定区域

5. 另存为 PDF 等格式文件

如果安装打印机的计算机上没有安装 SolidWorks，则可先将工程图另存为 PDF 等格式的文件，再打印相应文件即可。操作示例如下。

1）打开示例文件：在 SolidWorks 中打开〈资源文件 \ 4 工程图〉中的工程图文件"工程图入门 . slddrw"。

2）另存为 PDF 文件：单击"文件"→"另存为"，在"另存为"对话框中选择文件类型为"（∗. pdf)"，设定文件名称为"工程图快速入门 . pdf"，单击"保存"按钮。

4. 4　创建零件图

4. 4. 1　零件图基本知识

零件工程图（简称零件图），是表达单个零件形状和大小的图样，它是指导零件制造和检验的重要技术文件。遵循 GB/T 17451—1998《技术制图　图样画法　视图》的规定。

1. 零件图内容

1）一组视图：能把零件内外结构、位置表达清楚的一组视图（视图、剖视、断面图）。

2）完整的尺寸：加工和检验所需的全部结构定位尺寸、定形尺寸和零件的总体尺寸。

3）技术要求：说明零件制造和检验时应达到的技术要求（零件的热处理、涂镀、修饰、喷漆等要求；零件的检测、验收、包装等要求；视图中未标注的大部分要求）。

4）标题栏：说明零件的名称、材料、数量、图样代号、比例以及相关人员签字等。

2. 零件图的视图选择原则

选择视图的原则是：在完整、清晰表达零件内外形状的前提下，尽量减少图形数量，有助于画图和看图。

1）主视图选择：应能最清楚地显示零件的形状特征，应符合其工作或加工位置。

2）其他视图选择：能补充主视图未能表达的结构、形状，且尽量少，符合简化画法。

3. 零件图的尺寸标注要求

零件图上所标注的尺寸不但要满足设计要求，还应满足生产要求。零件图上的尺寸要标注得完整、清晰，符合国标（GB/T 16675.2—2012）《技术制图　简化表示法　第2部分：尺寸标注》规定等要求。

（1）选择恰当的尺寸基准　尺寸基准，即尺寸标注的起点。尺寸基准按用途分为设计基准和工艺基准。主要尺寸应从设计基准出发直接标注，一般尺寸应从工艺基准出发标注。

1）设计基准：零件工作时用以确定其位置的面或线。如图4-43所示的轴承座，由于一根轴通常要用两个轴承座支持，两者的轴孔应在同一轴线上，因此，可以将对称面作为左右方向的设计基准，确保底板上两个螺栓孔的孔心距及其对于轴孔的对称关系，最终实现两个轴承座安装后轴孔同心；两个轴承座都是底面与机座贴合，因此，以底面为高度方向的设计基准，来确定高度方向的尺寸。

2）工艺基准：零件在加工和测量时用以确定其位置的基准面或线。应尽量使设计基准和工艺基准一致，以减少尺寸误差，便于加工。又可将工艺基准分为主要基准和辅助基准。主要基准与辅助基准之间应有尺寸相联系。一般零件的主要尺寸应从主要基准起始直接注出，以保证产品质量。非主要尺寸从辅助基准标注，以方便加工测量的要求。如图4-43所示，轴承座的圆孔中心与地面距离直接标注出尺寸和公差，可以避免采用图4-44所示标注方法引起的加工误差的积累，从而保证零件的质量。

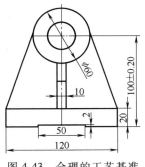

图 4-43　合理的工艺基准

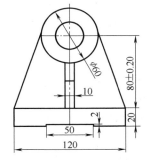

图 4-44　不合理的工艺基准

（2）按零件加工工序标注尺寸　标注尺寸应尽量与加工工序一致，以便于加工，并能保证加工尺寸的精度。图4-45a中的轴向尺寸是按"车外圆 $\phi10mm\times20mm\rightarrow$ 车退刀槽 $4mm\times\phi7.7mm\rightarrow$ 车螺纹 M10"的加工工序标注的。而图4-45b中尺寸标注不符合加工工序要求。

（3）标注尺寸要便于测量　标注尺寸要便于测量，应避免在加工时进行任何计算。图4-46所示为套筒件轴向尺寸的两种标注法。图4-46a所示标注法不方便测量，图4-46b所示标注法方便测量。

（4）避免标注成封闭的尺寸链　尺寸链就是在同向尺寸中首尾相接的一组尺寸，每个尺寸称为尺寸链中的一环。尺寸一般都应留有开口环，即对精度要求较低的一环不注尺寸。图4-47所示的轴的尺寸就构成一个封闭的尺寸链，因为尺寸 c 为尺寸 a、d、e 之和，而尺寸 e 没有精度要求。在加工尺寸 a、d、c 时，所产生的误差将积累到尺寸 e 上，因此挑选一个不重要的尺寸 e 不标注。

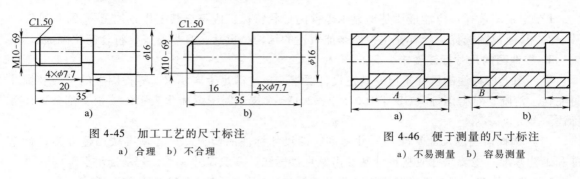

图 4-45　加工工艺的尺寸标注

a）合理　b）不合理

图 4-46　便于测量的尺寸标注

a）不易测量　b）容易测量

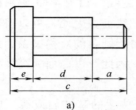
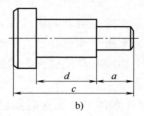

图 4-47　尺寸链标注

a）错误　b）正确

4.4.2　轴套类零件工程图实践

1. 轴套类零件工程图内容

轴套类零件的结构一般比较简单，各组成部分多是同轴线的不同直径的回转体（圆柱或圆锥），而且常带有键槽、轴肩、螺纹及退刀槽、中心孔等结构。如图 4-48 所示，轴套类零件一般只需一个主视图，在有键槽和孔的地方增加必要的剖视或剖面。对于不易表达清楚的局部，例如退刀槽、中心孔等，必要时应绘制局部放大图。

轴类零件图

选择主视图时，多按加工位置将轴线水平放置，以垂直轴线的方向作为主视图的投影方向。凡有配合处的径向尺寸都应标出尺寸偏差，对尺寸及偏差相同的直径应逐一标注，不得省略。标注轴向尺寸时，首先应选好基准面，并尽量使尺寸的标注反映加工工艺的要求，不允许出现封闭的尺寸链。倒角、圆角都应标注或在技术要求中说明。

2. 轴工程图设计

本例通过轴工程图创建，主要学习以下内容：选用工程图模板，生成和移动主视图、移出剖面视图和断裂视图，标注键槽类尺寸及其公差、表面粗糙度、基准和几何公差，添加链接型注释，输出工程图。

（1）生成视图

[步骤 1]　打开工程图模板

打开"轴.sldprt"，单击"标准"工具栏上的"新建"。单击"高级"，如图 4-49 所示，选择"模板"中的"gb_a4"，然后单击"确定"按钮，模型视图对话框出现。

[步骤 2]　生成主视图

如图 4-50 所示，在模型视图对话框中，执行下列操作：在"要插入的零件/装配体"下，

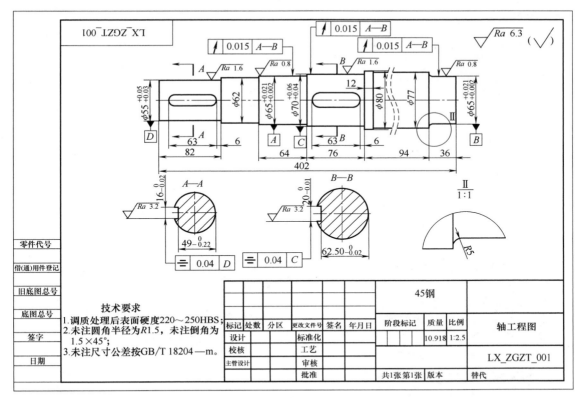

图 4-48　轴的工程图

选择"轴"。单击"下一步" ⊙。在"方向"下：单击"标准视图"下的"前视" ⬜，选中"预览"复选框，在图形区域中显示预览。然后，将指针移到图形区域，并显示前视图的预览。单击以将前视图作为工程视图 1 放置，单击"确定"按钮 ✔。

图 4-49　工程图模板选择

[步骤 3]　比例设定

在属性对话框中右键单击"图纸格式 1"，在弹出的菜单中单击"属性"，如图 4-51 所示，在"图纸属性"对话框中将"比例"设定为 1∶2.5，选择标准图纸大小 A4（GB）。单击"确定"按钮。

[步骤 4]　生成移出剖面视图

单击"视图布局"上的"剖面视图" ⊡。将指针移动到轴键槽截面处，单击来绘制剖切线。将指针移到右面并单击来放置视图，在图 4-52 所示的剖面视图对话框中选中"只显示切面"复选框，单击"确定"按钮 ✔ 结束。如图 4-53 所示，在设计树中右键单击剖面视图，在弹出菜单中单击"视图对齐"，选择"解除对齐关系"，然后，将剖面视图移动到恰当位置。重复上述操作，生成大齿轮键槽。

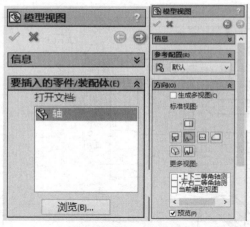

图 4-50 模型视图设置

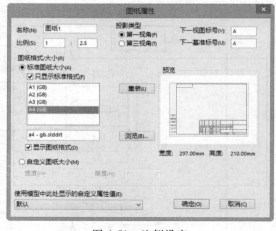

图 4-51 比例设定

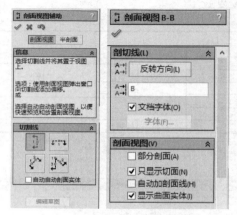

图 4-52 剖面视图操作

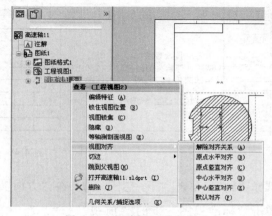

图 4-53 解除视图对齐关系

［步骤5］ 生成断裂视图

单击"视图布局"上的"断裂视图" 。在断裂起始处单击，然后在断裂结束处单击插入断裂线，如图 4-54 所示，设置"缝隙大小"为"2mm"，"折断线样式"为"曲线切断"，单击"确定"按钮 。

［步骤6］ 生成局部视图

单击"视图布局"上的"局部视图"。在轴右侧圆角过渡处绘制草图圆，如图 4-55 所示，在局部视图对话框中选择"使用自定义比例"单选框，设为"1∶1"选中要断裂的视图，单击"确定"按钮 。完成视图生成，如图 4-56 所示。单击"标准"工具栏上的"保存" ，以"轴工程图"保存。

（2）标注尺寸

［步骤1］ 标注驱动尺寸

单击"注解"工具栏 注解 上的"模型项目" ，选中"将项目输入到所有视图"复选框，单击"确定"按钮 。

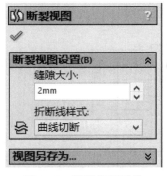

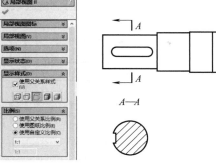

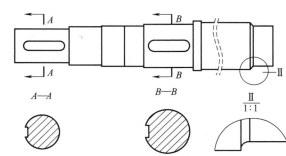

图 4-54　断裂视图操作　　图 4-55　局部视图操作　　　　图 4-56　视图操作结果

[步骤 2]　调整驱动尺寸

单击鼠标，拖动并框选所用所有尺寸，右键单击空白处，在弹出菜单中选择"对齐"→"自动排列"，单击"确定"按钮 ✔。手工拖动位置不恰当的尺寸，在视图之间移动尺寸时按下〈Shift〉。删除不恰当的尺寸，单击"注解"工具栏　注解　上的"智能尺寸" ◢，重新标注。

对于键槽等尺寸，先标注默认圆线尺寸，然后在"引线"选项卡中选择"第一圆弧条件"为"最大"单选框。然后单击"确定"按钮 ✔ 完成尺寸标注，如图 4-57 所示。

[步骤 3]　添加尺寸公差

单击轴左端直径尺寸 $\phi 55$，如图 4-58 所示，在"公差/精度"中设定：双边，上极限偏差值为 0.05mm，下极限偏差值为-0.03mm，基本尺寸保留小数数字为"无"（即无小数位），偏差为保留小数数字为 0.12（即保留 2 位小数），"其他"选项卡中的公差字体设"字体比例"为 0.7。

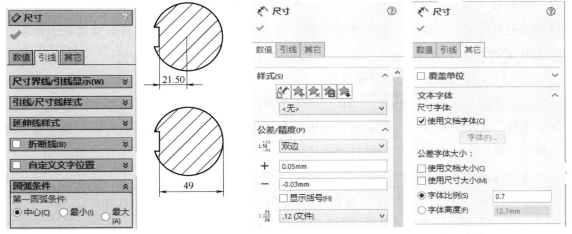

图 4-57　键槽尺寸标注操作　　　　　　图 4-58　尺寸公差标注操作

重复上述步骤，标注其他尺寸的公差，如图 4-59 所示。

（3）添加注解

[步骤 1]　添加中心符号线和中心线

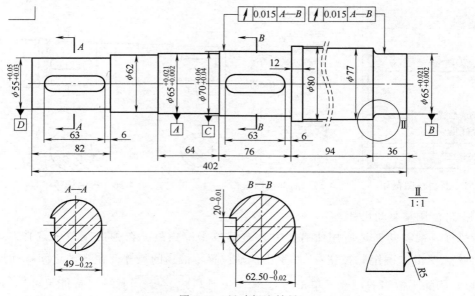

图 4-59　尺寸标注结果

　　单击"注解"工具栏 注解 上的"中心符号线" ⊕，单击视图中的圆线，然后单击"确定"按钮 ✔。单击"注解"工具栏上的"中心线" 回，在视图中，将指针移动到须添加中心线的一条边线处单击，然后在中心线所在一侧单击，生成贯穿整个视图的中心线，单击"确定"按钮 ✔。拖动中心线和中心符号线的控制点调整其长度。

　　[步骤 2]　插入表面粗糙度符号

　　单击"注解"工具栏 注解 上的"表面粗糙度符号" √。在图 4-60 所示的表面粗糙度对话框中的"符号"中单击 √，在"符号布局"中输入粗糙度数值"Ra6.3"，然后在图形区域中单击对应部位，调整位置后单击"确定"按钮 ✔。同理，标注其他位置的表面粗糙度。选中 √ 并在最下部框中输入"( )"，然后，在右上角空白处标注 (√)。

　　[步骤 3]　插入基准特征符号和几何公差符号

　　单击"注解"工具栏 注解 上的"基准特征" 🄰。在图 4-61 所示的基准特征对话框中取消选择"使用文件样式"复选框，并依次单击 ⚲ 和 ✔，在图形区对应部位放置基准符号，单击"确定"按钮 ✔。

　　单击"注解"工具栏 注解 上的"形位公差" 回。在图 4-62 所示的"属性"对话框中：在第一行的"符号"中选择"圆周跳动" ↗，为"公差 1"输入"0.015"，为"主要"输入"A-B"。在图形区中单击轴颈等部位移动指针以放置几何公差符号，单击"确定"按钮完成圆周跳动标注。同理，标注其他位置的几何公差。

　　[步骤 4]　技术要求

　　放大显示工程图图纸的左下角，单击"注解"工具栏上的"注释" 🄰。在图形区域中单击以放置注释。输入以下内容："技术要求　1. 调质处理后表面硬度 220～250HBS；2. 未注圆角半径为 R1.5，未注倒角为 1.5×45°；3. 未注尺寸公差按 GB/T 18204—m"（上述内容可在 Word 中编辑后粘贴到 SolidWorks 中）。选择所有注释文字。在"格式化"工具栏上，选择 16 字号。选择"注释"，然后单击"粗体" **B**（格式化工具栏），完成将注释格式化。单击"保存" 。

图 4-60　表面粗糙度　　　　图 4-61　基准设置　　　　　图 4-62　形位公差设置

[步骤 5]　填写标题栏

一般注释：右键单击图纸空白区，在弹出菜单中选择"编辑图纸格式"进入图纸格式编辑环境，输入"单位名称"等一般注释内容。然后，右键单击图纸空白区，在弹出菜单中选择"编辑图纸"返回图纸编辑环境。

链接注释：在设计树中右键单击工程图，在弹出菜单中选择"打开零件（轴.sldprt）"，单击"文件"→"属性"，切换到"自定义"选项卡，在"属性名称"下分别输入图纸名称"轴工程图"、图纸代号"LX-ZGZT-001"和零件材料"45 钢"，单击"确定"按钮。单击"保存" 。

（4）输出图纸

[步骤 1]　打印工程图

单击"文件"→"打印"，"打印"对话框出现。单击"页面设置"，在"比例和分辨率"下，选择"调整比例以套合"单选框，单击"确定"按钮。在"打印范围"下，选择"所有图纸"单选框，单击"确定"按钮。

[步骤 2]　另存为 PDF 格式工程图

单击"标准"工具栏上的"另存为"，选择"*.pdf"格式，保存为"轴工程图.pdf"。

4.4.3　齿轮工程图实践

齿轮等盘状传动件的主体结构是同轴线的回转体。

1. 齿轮工程图内容

如图 4-63 所示，一般齿轮工程图包括以下内容：

1）视图。圆柱齿轮一般用两个视图表达。选择主视图时，多按加工位置将轴线水平放置，以垂直轴线的方向作为主视图的投影方向，并用剖视图表示内部结构及其相对位置。有关零件的外形和各种孔、肋、轮辐等的数量及分布状况，通常选用左（或右）视图来补充说明。如果还有细小结构，则还须增加局部放大图。

2）标注尺寸及公差。包括齿轮宽度、齿顶圆和分度圆直径、轴孔键槽尺寸等。各径向尺寸以轴的中心线为基准标出，宽度方向的尺寸以端面为基准标出。

3）标注形位公差。包括齿轮齿顶圆的径向圆跳动公差、齿轮端面的端面圆跳动公差、键槽的对称度公差。

4）标注表面粗糙度。

5）编写啮合特性表。特性表内容包括：齿轮的基本参数、精度等级、圆柱齿轮和齿轮传动检验项目、齿轮副的侧隙及齿厚极限偏差或公法线长度极限偏差。

6）编写技术要求。齿轮技术条件一般包括：对材料表面性能的要求，如热处理方法，热处理后应达到的硬度值。对图中未标明的圆角、倒角尺寸及其他特殊要求的说明。

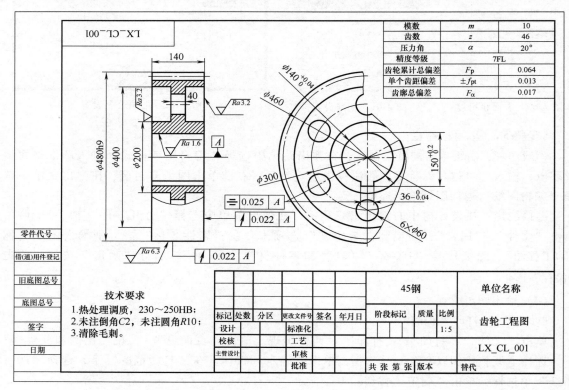

图 4-63　齿轮工程图

2. 齿轮工程图设计

本次练习的重点是局部剖视图、裁剪视图、啮合特性表插入、齿轮简化画法表达（配置）等内容。

（1）绘图前准备

［步骤 1］　添加工程图配置

如图 4-64 所示，右键单击设计树中的"阵列齿槽"特征，在弹出的菜单中选择"配置特征"，在图 4-65 所示的修改配置对话框中添加"工程图配置"，选中工程图配置对应的"压缩"复选框，单击"确定"按钮。单击"标准"工具栏上的"保存" 🖫 。

［步骤2］ 设定标题栏属性

单击"文件"→"属性"，如图4-66所示，切换到"自定义"选项卡，"属性名称"选择"Material"和"Weight"，对应的"数值/文字表达"选"SW-Material@齿轮.SLDPRT"和"SW-Mass@齿轮.SLDPRT"；"属性名称"输入"名称""代号""材料"，对应的"数值/文字表达"输入图纸名称"齿轮工程图"、图纸代号"LX_CL_001"和零件材料"45钢"，单击"确定"按钮。单击"标准"工具栏上的"保存" 。

图4-64 添加配置

图4-65 修改配置对话框

图4-66 更改属性

（2）生成视图

［步骤1］ 打开工程图模板

单击"标准"工具栏上的"新建" ，单击"高级"，选择"模板"中的"gb_a4"，然后单击"确定"按钮。

［步骤2］ 生成主视图和左视图

如图4-67所示，在模型视图对话框中，单击"浏览"按钮，找到资源文件中的"齿轮.SLDPRT"，单击"打开"按钮。单击"下一步" 。选择"参考配置"为"工程图配置"，在"方向"下：单击"标准视图"下的"前视" ，选中"预览"复选框，在图形区域中显示预览。然后，将指针移到图形区域，并显示前视图的预览。单击放置前视图，移动鼠标到前视图右侧单击生成左视图，单击"确定"按钮 。

［步骤3］ 比例设定

在"属性"对话框中右键单击"图纸格式1"，在弹出菜单中选择"属性"，如图4-68所示，在"图纸属性"对话框中将"比例"设定为1∶5，并选中"A4（GB）"，单击"确定"按钮。

［步骤4］ 添加局部剖视图

在命令管理器中，单击 草图 →"绘制草图" 进入草图绘制环境，如图4-69所示，用"样条曲线" 在前视图上绘制剖切区域草图。单击"视图布局"工具栏上的"断开的剖视图"，在左视图中单击一条圆线确定剖切位置，单击"确定"按钮 。可在设计树中右键单击断开视图，在弹出菜单中选择"编辑草图"，调整剖切范围。

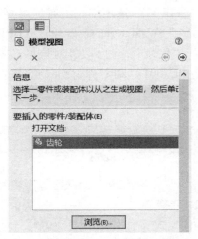

图 4-67　模型视图设置

图 4-68　比例设置

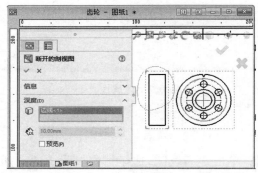

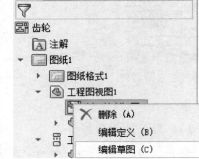

图 4-69　局部剖视图设置

［步骤 5］　裁剪左视图

单击选中要裁剪的视图，单击 草图 →"绘制草图" ，如图 4-70 所示，用"样条曲线" 在左视图上绘制保留部分区域草图。单击"视图布局"工具栏上的"裁剪视图"，单击"确定"按钮 。

［步骤 6］　添加中心线

在命令管理器中，单击 草图 →"绘制草图" 进入草图绘制环境，用虚线工具在两个视图中绘制相关中心线和分度圆，单击"标准"工具栏上的"保存" 。

（3）添加注解

1）标注尺寸。单击注解工具栏 注解 上的智能尺寸 ，如图 4-71 所示标注键槽宽度，在"公差/精度"中设定：双边，上极限偏差为 0.00mm、下极限偏差为 -0.04mm，尺寸极限偏差保留小数为 0.12（即保留两位小数），单击"其他"选项卡，公差字体设"字体比例"为 0.7。同理，标注其他尺寸。

标注辐板孔直径，在标注尺寸文字栏中输入"6×"，单击"确定"按钮 。

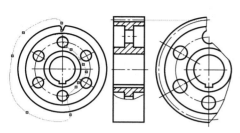

图 4-70　齿轮裁剪视图　　　　　　　　　　图 4-71　尺寸标注操作

2）插入粗糙度符号。单击"注解"工具栏 注解 上的"表面粗糙度符号" ✓ 。在图 4-72 所示的表面粗糙度对话框中的"符号"中单击✓，在"符号布局"中输入粗糙度数值"Ra6.3"，然后在图形区域中单击主视图齿顶圆。单击"确定"按钮 ✓ 。同理，标注其他位置的表面粗糙度。

3）插入基准特征符号和几何公差符号。单击"注解"工具栏上的"基准特征" ⒜ 。在图 4-73 所示的基准特征对话框中依次单击 ○ 和 ✓ ，在图形区域齿轮轴线附近移动指针将引线放置在工程图视图中，单击"确定"按钮 ✓ 。

单击"注解"工具栏上的"形位公差" ⊡ 。在图 4-74 所示的"属性"对话框中：在第一行的"符号"中选择"圆跳动" ↗ ，为"公差 1"输入"0.022"，为"主要"输入"A"，在图形区中单击主视图齿顶圆移动指针以放置几何公差符号，单击"确定"按钮完成圆周跳动标注。同理，标注其他位置的几何公差。

图 4-72　表面粗糙度设置　　　　图 4-73　基准设置　　　　　　　图 4-74　几何公差设置

4）技术要求。放大显示工程图图纸的左下角。单击"注解"工具栏上的"注释" ⒜ 。在图形区域中单击以放置注释。输入以下内容："技术要求　1. 热处理调质，230～250HBW；2. 未注倒角 C2，未注圆角 R10；3. 清除毛刺。"（可在 Word 中输入，再粘贴）。选择所有注释文字。在"格式化"工具栏上，字号选择"14"。选择"注释"然后单击"粗体" $\boxed{\text{B}}$ （在"格式化"工具栏上），完成字体加粗。单击"标准"工具栏上的"保存" $\boxed{\text{}}$ 。

5）插入啮合特性表。在 Excel 中编辑啮合特性表并保存，复制啮合参数区域。然后，在 SolidWorks 中，单击"编辑"→"粘贴"，将 Excel 中编辑的啮合特性表粘贴到工程图中并拖动放置到右上角。

6）填写标题栏。右键单击图纸空白区，在弹出菜单中选择"编辑图纸格式"进入图纸格式编辑环境，输入"单位名称"等内容。然后，右键单击图纸空白区，在弹出菜单中选择"编辑图纸"返回图纸编辑环境，单击"标准"工具栏上的"保存" $\boxed{\text{}}$ 完成工程图设计的全部内容。

（4）输出工程图

1）打印工程图。单击"文件"→"打印"，"打印"对话框出现。单击"页面设置"，在"比例和分辨率"下，选择"调整比例以套合"单选框，单击"确定"按钮。在"打印范围"下，选择"所有图纸"单选框，单击"确定"按钮。

2）另存为 PDF 格式工程图。单击"标准"工具栏上的"另存为"，选择"＊.pdf"格式，保存为"齿轮工程图.pdf"。

3）打包保存。单击"文件"→"Pack and Go"（打包），在"Pack and Go"（打包）对话框中选中"保存到 zip 文件"单选框，设文件名为"齿轮工程图.zip"，单击"保存"按钮。

4.4.4　弹簧工程图实践

如图 4-75 所示，圆柱螺旋压缩弹簧工程图中，除标注尺寸、尺寸偏差、轴线对两端面的垂直度公差、粗糙度符号、标注技术要求之外，还应绘制负荷-变形图。技术要求包括下列内容：旋向、有效圈数、总圈数、刚度、热处理方法及硬度要求。

1. 绘图准备

［步骤1］　添加分割特征

打开〈资源文件〉中的"弹簧.sldprt"。在左侧的设计树中选择"右视基准面"，单击 $\boxed{\text{草图}}$ →"绘制草图" $\boxed{\text{}}$ ，如图 4-76 所示，在弹簧中心绘制一条与其等高的竖线。

如图 4-77 所示，单击"插入"→"特征"→"分割"，设分割对话框中的剪裁工具为竖线草图，单击图形区中需要去除的中间部分，选中"消耗切除实体"复选框，单击"确定"按钮 $\boxed{\text{}}$ 。分割效果如图 4-78 所示。

［步骤2］　添加配置

如图 4-79 所示，右键单击设计树中的"分割特征"，在弹出菜单中选择"配置特征"，在图 4-80 所示的配置对话框中添加"工程图配置"，并清空其分割"压缩"复选框，单击"确定"按钮。单击"保存" $\boxed{\text{}}$ 。

［步骤3］　设定链接属性

单击"文件"→"属性"，如图 4-81 所示，切换到"自定义"选项卡，更改"材料"为"60SiCrVAT"，图纸名称为"弹簧工程图"，图纸代号为"LX-TH-001"，单击"确定"按钮。单击"保存" $\boxed{\text{}}$ 。

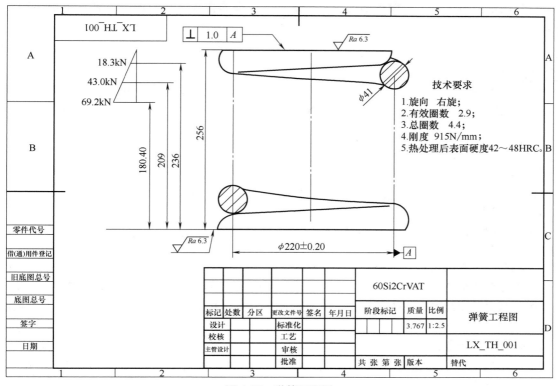

图 4-75 弹簧工程图

图 4-76 草图   图 4-77 分割特征设置   图 4-78 分割效果

2. 生成主视图

[步骤 1] 打开工程图模板

单击"标准"工具栏上的"新建"。单击"高级",选择"模板"选项卡中的"gb_a4",然后单击"确定"按钮。新工程图出现在图形区域中,且模型视图对话框出现。

[步骤 2] 生成主视图

如图 4-82 所示,在模型视图对话框中,执行下列操作:在"要插入的零件/装配体"下,选择"弹簧";单击"下一步"。选择"参考配置"为"工图配置";在"方向"下,单击"标准视图"下的"后视",选中"预览"复选框,在图形区域中显示预览。然后,将指针移到图形区域，并显示前视图的预览。单击将前视图作为工程视图 1 放置，单击"确定"按钮  。

图 4-79　添加配置　　图 4-80　配置对话框　　　　　　　　图 4-81　更改属性

［步骤 3］　比例设定

在属性对话框中右键单击"图纸格式 1"，在弹出菜单中选择"属性"，如图 4-83 所示，在"图纸属性"对话框中将"比例"设定为 1 : 2.5，并选中"A4（GB）"，单击"确定"按钮。

［步骤 4］　隐藏边线

如图 4-84 所示，单击簧条过渡线，在弹出的工具条上单击"隐藏/显示边线"。同理，隐藏另一条过渡线。

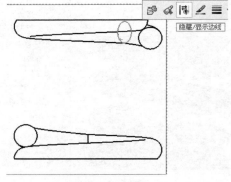

图 4-82　模型视图设置　　　　图 4-83　比例设定　　　　　　　图 4-84　隐藏边线

3. 添加注解

［步骤 1］　添加剖面线

单击"注解"工具栏 注解 上的"区域剖面线/填充"，如图 4-85 所示，在区域剖面线/填充对话框中设剖面线密度为 0.25，"加剖面线的区域"选中"边界"单选框，在视图区单击两个簧条截面边线。单击"确定"按钮  。

［步骤 2］　添加中心线

单击 草图 →"绘制草图"  进入草图绘制环境，用直线工具绘制弹簧中心线和簧条圆

中心线。

［步骤3］ 标注尺寸

单击"注解"工具栏上的"智能尺寸" ，标注簧条直径、自由高和弹簧中径。单击选中弹簧中径，如图4-86所示，在"公差/精度"中设定：对称，上下极限偏差为±0.02mm，偏差为保留小数数字为0.12（即保留两位小数），然后单击"确定"按钮 ，完成尺寸标注。

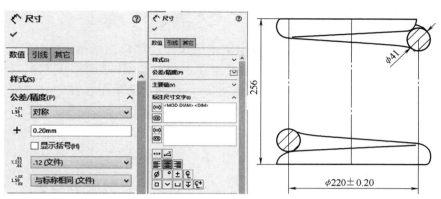

图4-85　区域剖
面线/填充

图4-86　尺寸标注操作

［步骤4］ 插入表面粗糙度符号

单击"注解"工具栏上的"表面粗糙度符号" 。在图4-87所示的表面粗糙度对话框中的"符号"中单击 ，输入表面粗糙度数值"Ra6.3"，然后在图形区域中单击弹簧两个端面，单击"确定"按钮 。

［步骤5］ 插入基准特征符号和几何公差符号

单击"注解"工具栏上的"基准特征" 。在图4-88所示的基准特征对话框中取消选择"使用文件样式"复选框，并依次单击 和 ，在图形区域弹簧中径附近移动指针并单击放置基准符号，单击"确定"按钮 。

单击"注解"工具栏上的"形位公差" 。在图4-89所示的形位公差对话框中：在第一行的"符号"中选择"垂直度" ⊥，为"公差1"输入"0.10"，为"主要"输入"A"，在图形区中单击弹簧端面移动指针以放置几何公差符号，单击"确定"按钮。

图4-87　表面粗糙度　　　　图4-88　基准设置　　　　图4-89　几何公差设置

［步骤6］　技术要求

单击"注解"工具栏上的"注释"　<u>A</u>　。在图形区域中单击以放置注释。输入以下内容："技术要求　1. 旋向　右旋；2. 有效圈数　2.9；3. 总圈数　4.4；4. 刚度　915N/mm；5. 热处理后表面硬度 42~48HRC"。

［步骤7］　绘制弹簧负荷-变形图

单击　草图　→"绘制草图"　进入草图绘制环境，用直线工具绘制弹簧负荷-变形图。

［步骤8］　填写标题栏

右键单击图纸空白区，在弹出菜单中选择"编辑图纸格式"，输入"单位名称"等内容。然后，右键单击图纸空白区，在弹出菜单中选择"编辑图纸"返回图纸编辑环境。

右键单击设计树中的"工程视图1"，在弹出菜单中选择"打开零件"，在弹簧零件环境中，单击"文件"→"属性"，更改弹簧自定义属性：名称为"弹簧"，代号为"LXTH-000-001"，保存，并关闭模型文件，返回工程图环境，查看标题栏中"图样名称"和"图样代号"的相应改变。

4. 输出工程图

（1）另存为 PDF 格式工程图　单击"标准"工具栏上的"另存为"，选择"＊.pdf"格式，保存为"弹簧工程图.pdf"。

（2）打包保存　单击"文件"→"Pack and Go"（打包），在"Pack and Go"（打包）对话框中选中"保存到 zip 文件"单选框，设文件名为"弹簧工程图.zip"，单击"保存"按钮。

4.5　创建装配图

装配图是用来表示机器或部件的工作原理和零部件装配关系的技术图样。在设计新产品或改进现有产品时，一般先根据工作原理绘制装配图，然后根据装配图提供的信息设计零件的结构；在生产过程中，要依据装配图提供的视图、装配关系、技术要求等把制成的零件装配成能实现某种功能的机器；最后依据装配图来调整、检验、安装或使用、维修机器。可见，装配图是零件设计、装配检验、安装维修的重要技术文件。

4.5.1　装配图基础操作

本节主要介绍装配图的组成、视图选择原则、剖视图制作、装配图的尺寸标注、明细表的使用和零件序号插入。

1. 装配图的组成

装配图的主要内容如下。

- 一组视图：表达机器或部件的结构、工作原理、装配关系、各零件的主要结构形状。
- 完整的尺寸：机器或部件的配合尺寸、安装尺寸（如安装孔间距）、总体尺寸。
- 技术要求：用文字或规定符号说明机器或部件在装配、检验、使用等方面的要求。
- 标题栏：说明名称、质量、比例、图号、设计单位等。
- 零件序号：装配图中每一种零件或部件都要编号，且形状尺寸完全相同的零部件只编一个序号，数量填写在明细表中。

● 明细表：列出机器或部件中各零件的序号、名称、数量、材料等。

其中，装配图的标题栏与零件图相似，其技术要求一般从以下三个方面考虑。

1）装配要求：指装配过程中的注意事项，装配后应达到的加工、密封和润滑方面的要求。

2）检验要求：指对机器或部件整体性能的检验、试验、验收方法和条件的说明。

3）使用要求：对机器或部件的性能、维护、保养、使用注意事项的说明。

技术要求示例：装配前，所有零件必须清洗干净；螺母紧固力矩不小于 $100N \cdot m$。

2. 视图选择及剖视图制作

（1）视图选择原则　在选择视图时，可作几种方案的分析、比较，然后选出最佳方案。

● 主视图的选择：尽可能多地表达机器（或部件）的工作原理和结构特征、主要零（部）件的主要形状、相对位置和装配关系，主视图按机器（或部件）的工作位置放置，使主要装配轴线、主要安装面处于特殊位置。

● 其他视图的选择：其他视图应能表达主视图中没能表达清楚的工作原理、装配关系和主要零件的主要形状，并保证每个视图都有明确的表达内容。

（2）剖视图的规定　我国制图标准规定在装配图中，对于螺钉等紧固件及实心零件（如轴、手柄、连杆、拉杆、球、销、键等），当剖切平面通过其基本轴线（亦称"顺轴线剖切"）时，这些零件均按不剖绘制。当剖切平面垂直于这些零件的轴线时，则应画出剖面线。

（3）SolidWorks 装配剖视图制作示例

［步骤1］　生成右视图：新建工程图，用〈资源文件＼4 工程图〉中的装配模型"轮轴装配.sldasm"生成右视图。

［步骤2］　生成全剖视图：单击"视图布局"→"剖面视图"，选切割线方式为 ⊡，单击圆心，如图 4-90 所示，在设计树中，单击阶梯轴和键为不剖切零件，单击"确定"按钮。

图 4-90　装配工程图剖视图设置

3. 装配图的尺寸标注

装配图的尺寸标注与零件图的尺寸标注不同，一般只需标注出下列几种尺寸。

1）装配尺寸：表示零件间的配合性质和等级的配合尺寸（如轴与孔的配合直径）和确定零件间相对位置的位置尺寸（如重要的间隙、距离、连接件的定位尺寸等）。

2）安装尺寸：机器或部件被安装到其他基础上时所必需的定位尺寸。

3）外形尺寸：机器或部件的总长、总宽、总高，以便确定运输、安装占有空间大小。

4）性能尺寸：说明机器（或部件）的规格或性能的尺寸（如，起重机吊臂的最大伸长量）。

在 SolidWorks 工程图环境下标注配合尺寸的步骤是：在上面生成的轮轴装配工程图中，单击"智能尺寸",在图形区选中配合部位标注其直径尺寸,如图 4-91 所示,选择"公差/精度"中的 $^{+.01}_{1.50-.01}$ 为"套合",配合方式 🔲 为"间隙",基准 📦 为基孔制的"H7",轴的精度为"f6",显示方式为 $\frac{H7}{f6}$,单击"确定"按钮 ✔,完成过盈配合尺寸标注,如 $\phi120H7/f6$。

4. 明细表

为便于统计零件数量,进行生产的准备工作和有助于看图及图样管理,装配图上所有的零部件都必须编注序号,并填写明细表。

(1) 明细表要求   明细表是图中各零件的序号、代号、名称、数量、材料、质量等内容的说明表格。明细表中所填序号应和图中所编零件的序号一致,序号应自下而上按顺序填写。代号是零件图样的唯一性标识,是对于标准件填写所依据的标准代号。

(2) 明细表模板的使用   单击选中上面生成的剖视图,单击"插入"→"表格"→"材料明细表",如图 4-92 所示,单击"表格模板"下的 🌟,浏览到〈资源文件\4 工程图\模板\gb 材料明细表〉中的明细表"材料明细表.sldbomtbt",不选择"表格位置"下的"附加到定位点"复选框,单击"确定"按钮 ✔,捕捉标题栏右上角放置明细表,如图 4-93 所示。

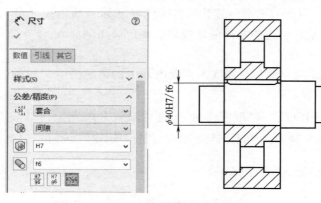

图 4-91 配合尺寸标注

图 4-92 明细表模板使用

3	"图样代号"	平键	1	普通碳钢	0.031	0.031	
2	"图样代号"	皮带轮	1	铜	0.650	0.65	
1	"图样代号"	阶梯轴	1	铸造合金钢	1.140	1.14	
序号	代号	名称	数量	材料	单重(kg)	共重(kg)	备注

图 4-93 明细表

(3) 编辑明细表中的链接注释   如图 4-94 所示,在展开的装配工程图设计树中,右键单击工程视图中的"阶梯轴",在弹出的菜单中选择"打开零件"。在阶梯轴零件环境中,单击"文件"→"属性",修改"代号"为"LZZP-000-001",修改名称为"阶梯轴";单击"选项"⚙,选"文档属性"选项卡中的"单位",设"质量/截面属性"的小数位数为"0.12"(保留 2 位小数)。

重复上述步骤,分别更改以下零部件的参数:平键(代号为 LZZP-000-002,名称为平键),皮带轮(代号为 LZZP-000-003,名称为皮带轮),阶梯轴(代号为 LZZP-000-001,名称

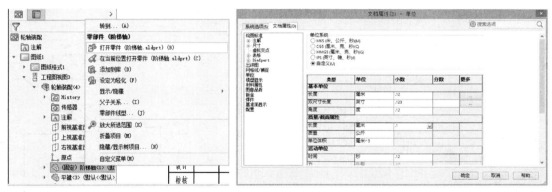

图 4-94　零部件单位属性设置

为阶梯轴）。设"质量/截面属性"的小数位数均为"0.12"（保留 2 位小数）。在装配工程图中对相应的链接注释关联进行更改，如图 4-95 所示。

3	LZZP-000-003	皮带轮	1	铜	0.65	0.65	
2	LZZP-000-002	平键	1	普通碳钢	0.03	0.03	
1	LZZP-000-001	阶梯轴	1	铸造合金钢	1.14	1.14	
序号	代号	名称	数量	材料	单重(kg)	共重(kg)	备注

标记	处数	分区	更改文件号	签名	年 月 日	阶段标记	质量	比例	轮轴装配
设计			标准化				1.82	1:2.5	
校核			工艺						LZZP-000-000
主管设计			审核						
			批准			共1张　第1张　版本			替代

图 4-95　链接注释修改结果

5. 零部件序号

（1）零部件序号要求　一般规定：装配图中的所有零部件都必须编注序号，且该序号应与明细表中的序号一致。序号应按水平或垂直方向排列整齐，并按顺时针或逆时针方向顺序排列。

（2）自动插入零件序号并自动按序排列　在 SolidWorks 工程图环境下自动插入零件序号并自动按序排列的步骤是：

在工程图单击选中的视图中，单击"注解工具栏"中的"自动零件序号"（或单击"插入"→"注解"→"自动零件序号"）。如图 4-96 所示，在自动零件序号对话框中选中"项目号"下的"按序排列" 1,2。单击"确定"按钮 ✔ 。

4.5.2　螺栓联接装配图实践

下面以图 4-97 所示螺栓联接装配图设计为例练习局部剖视、明细表、零件序号等相关装配图设计命令。

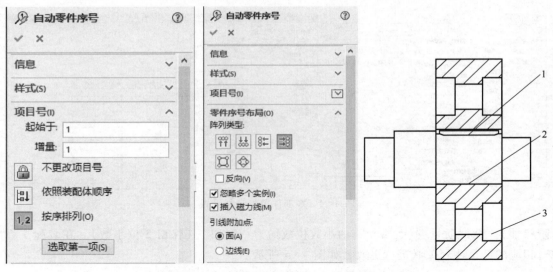

图 4-96　自动插入零件序号并自动按序排序

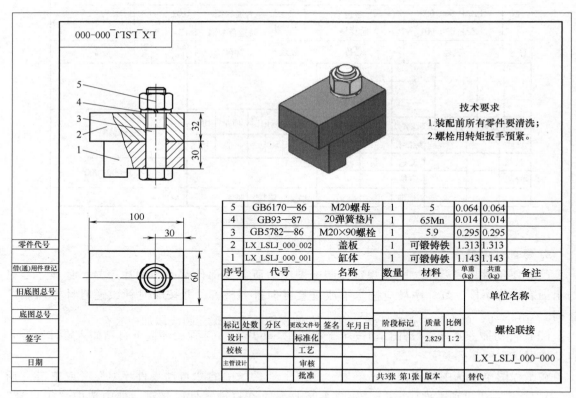

5	GB6170—86	M20螺母	1	5	0.064	0.064	
4	GB93—87	20弹簧垫片	1	65Mn	0.014	0.014	
3	GB5782—86	M20×90螺栓	1	5.9	0.295	0.295	
2	LX_LSLJ_000_002	盖板	1	可锻铸铁	1.313	1.313	
1	LX_LSLJ_000_001	缸体	1	可锻铸铁	1.143	1.143	
序号	代号	名称	数量	材料	单重(kg)	共重(kg)	备注

图 4-97　螺栓联接装配图

1. 生成视图

（1）打开工程图模板　单击"标准"工具栏上的"新建" ▭。单击"高级"，选择"模板"卡中的"gb_a4"，然后单击"确定"按钮。新工程图出现在图形区域中，且模型视图对话框出现。

（2）生成基本视图　在模型视图对话框中，执行下列操作：在"要插入的零件／装配体"下，选择〈资源文件\虚拟装配〉中的装配模型"螺栓联接.sldasm"。单击"下一步" ⊙。在"方向"下：单击"标准视图"下的"前视" ⊡，选中"预览"复选框，在图形区域中显示预览。然后，将指针移到图形区域，并显示前视图的预览。单击放置前视图，移动鼠标到前视图下面单击生成俯视图，再向主视图左上方移动鼠标，单击生成轴测图，单击"确定"按钮 ✓。拖动各视图，在图纸中合理布局。

螺栓联接
装配图实践

（3）添加局部剖视图　在命令管理器中，单击 草图 →"绘制草图" ✏ 进入草图绘制环境，如图4-98所示，用"样条曲线" ∿ 在主视图上绘制剖切区域草图，单击"确定"按钮 ✓。单击"视图布局"工具栏上的"断开的剖视图"，在主视图上单击选择不剖切的零件：螺母、垫片和螺栓，在俯视图中单击圆线确定剖切位置，单击"确定"按钮 ✓，生成局部剖视图，如图4-99所示。

图4-98　局部剖视图设定

（4）渲染轴测图　如图4-100所示，单击轴测图，在"视图"工具栏中选择"带边线上色"，完成轴测图渲染。

2. 添加注解

（1）添加中心线和圆心线　在"注解"工具栏中，单击"中心线" ⊟，在主视图上单击螺栓母线添加中心线；单击"中心符号线" ⊕，在俯视图上单击螺栓圆线添加中心符号线，拖动中心线和中心符号线的控制点调整其长度，如图4-101所示。单击"标准"工具栏上的"保存" ▣。

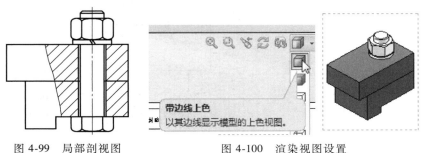

图4-99　局部剖视图　　　图4-100　渲染视图设置

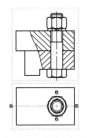

图4-101　添加中心线

（2）显示装饰螺纹线　添加装饰螺纹线：打开零件"M20×90 螺栓.sldprt"，单击"插入"→"注解"→"装饰螺纹线"，如图 4-102 所示，单击螺栓端面圆线，单击顶面，设"标准"：GB，"大小"：M18，方式为"给定深度"，深度值为"45.00mm"，单击"确定"按钮 ✔。单击"标准"工具栏上的"保存" 🖫。

显示装饰螺纹线：单击"注解"工具栏中的"模型项目" 🛠，如图 4-103 所示，选择"装饰螺纹线" 🖩，单击"确定"按钮 ✔。单击"工具"→"选项"，在"选项"对话框中选"文档属性"→"线型"→"装饰螺纹线"→"实线"，单击"确定"按钮 ✔。

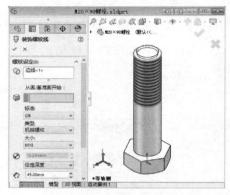

图 4-102　添加装饰螺纹线

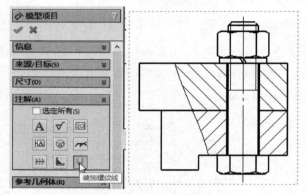

图 4-103　显示装饰螺纹线

（3）标注尺寸　单击"注解"工具栏 注解 上的"智能尺寸" 📐，标注缸体凸缘和盖板的厚度。

（4）插入明细表　单击主视图，然后单击"插入"→"表格"→"材料明细表"，如图 4-104所示，在材料明细表对话框的"表格模板"中浏览选中〈资源文件 \ 4 工程图 \ 模板 \ GB 材料明细表〉中的"材料明细表.sldbomtbt"文件，清空"表格位置"中的"附加到定位点"复选框，单击"确定"按钮 ✔，捕捉标题栏右上角并放置明细表，单击"保存" 🖫。

（5）插入零件序号　单击选中主视图，单击"注解"工具栏 注解 上的"自动零件序号" 🔗，如图 4-105 所示，选择"按序排列"，"阵列类型"：靠左，"引线附加点"：面，单击"确定"按钮 ✔。

图 4-104　添加明细表

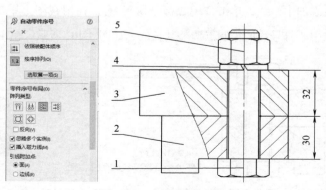

图 4-105　添加零件序号

（6）填写标题栏　右键单击图纸空白区，在弹出菜单中选择"编辑图纸格式"进入图纸格式编辑环境，输入"单位名称"等内容。然后，右键单击图纸空白区，在弹出菜单中选择"编辑图纸"返回图纸编辑环境，单击"保存" ![img] 。

（7）设定链接属性　如图4-106所示，右键单击设计树中工程视图1下的"螺栓联接"，在弹出菜单中选择"打开装配体"，单击"文件"→"属性"，切换到"自定义"选项卡，"属性名称"中的"代号"输入"LX_LSLJ_000-000"，"名称"输入"螺栓联接"，"共X张"输入"3"，"第X张"输入"1"，单击"确定"按钮。单击"标准"工具栏上的"保存" ![img] ，切换回工程图环境。

图4-106　更改属性

（8）技术要求　放大显示工程图图纸的左下角。单击"注解"工具栏上的"注释" ![img] 。在图形区域中单击以放置注释。输入以下内容："技术要求　1.装配前所有零件要清洗；2.螺栓用转矩扳手预紧。"（可在Word中输入，再粘贴）。选择所有注释文字。在"格式化"工具栏上，选择字号"14"。选择"注释"，然后单击"粗体" ![img] （在"格式化"工具栏上），完成将注释格式化。单击"标准"工具栏上的"保存" ![img] 。

3. 输出工程图

（1）打包保存　单击"文件"→"Pack and Go"（打包），在"Pack and Go"（打包）对话框中选中"保存到Zip文件"单选框，设定保存文件夹和名称，如"螺纹联接.zip"，单击"保存"按钮。

（2）另存为PDF格式文件　单击"文件"→"另存为"，在"另存为"对话框中选择文件类型为"（*.pdf）"，设定文件名称为"螺纹联接.pdf"，单击"保存"按钮。

（3）打印输出　单击"文件"→"打印"，"打印"对话框出现，单击"页面设置"，"页面设置"对话框出现，选择"比例和分辨率"为"调整比例以套合"单选框，设定纸张大小，如"A4"，单击"确定"按钮。在"打印范围"下，选择"所有图纸"单选框，单击"确定"按钮。

4.5.3　减速器总装配图实践

本节完成图4-107所示的减速器总装配图设计，包括：打开工程图模板、生成新工程图、移动工程视图、生成剖面视图、生成局部剖视图、添加中心符号线和中心线、修改剖面线、标注尺寸、自动插入零件序号、插入材料明细表、插入注释并格式化和打印工程图。

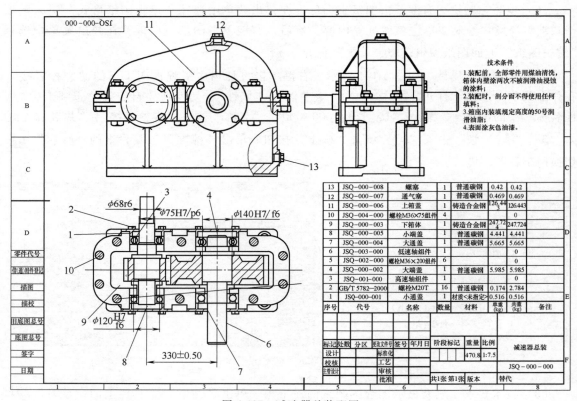

图 4-107　减速器总装配图

13	JSQ-000-008	螺塞	1	普通碳钢	0.42	0.42	
12	JSQ-000-007	通气塞	1	普通碳钢	0.469	0.469	
11	JSQ-000-006	上箱盖	1	铸造合金钢	126.44 3	126.443	
10	JSQ-004-000	螺栓M36×75组件	4			0	
9	JSQ-000-003	下箱体	1	铸造合金钢	247.72 4	247.724	
8	JSQ-000-005	小端盖	1	普通碳钢	4.441	4.441	
7	JSQ-000-004	大通盖	1	普通碳钢	5.665	5.665	
6	JSQ-003-000	低速轴组件	1			0	
5	JSQ-002-000	螺栓M36×200组件	6			0	
4	JSQ-000-002	大端盖	1	普通碳钢	5.985	5.985	
3	JSQ-001-000	高速轴组件	1			0	
2	GB/T 5782-2000	螺栓M20T	16	普通碳钢	0.174	2.784	
1	JSQ-000-001	小通盖	1	材质<未指定>	0.516	0.516	
序号	代号	名称	数量	材料	单重 (kg)	共重 (kg)	备注

技术条件
1.装配前，全部零件用煤油清洗，箱体内壁涂两次不被润滑油浸蚀的涂料；
2.装配时，剖分面不得使用任何填料；
3.箱座内装填规定高度的50号润滑油脂；
4.表面涂灰色油漆。

减速器总装　JSQ-000-000　重量 470.8　比例 1:7.5　共1张 第1张

1. 生成视图

［步骤1］　打开工程图模板

打开〈资源文件〉\减速器总装.sldasm。单击"标准"工具栏上的"新建" ，选择"工程图"，然后单击"高级"，选择"gb_a3"模板，并单击"确定"按钮。新工程图出现在图形区域中。

［步骤2］　生成新工程图

单击"视图布局"工具栏上的"标准三视图" ，在要"插入的零件/装配体"下，选择"减速器总装"，单击"确定"按钮 生成标准三视图。单击"视图"→"原点"，以隐藏坐标原点。

［步骤3］　更改比例

在"图纸属性"对话框中右键单击"图纸格式1"，在弹出菜单中单击"属性"，在"图纸属性"对话框中将比例设定为1：5。

［步骤4］　移动工程视图

指针在位于视图边框、模型边线等位置时更改为 ，此时单击并拖动可移动视图。单击工程视图1（图纸上的前视图），然后上下拖动。单击工程视图2（左视图），然后左右拖动。将工程图纸上的视图移动到恰当的位置。

［步骤5］　生成剖面视图

如图 4-108a 所示，单击"视图布局"工具栏中的"剖面视图"，在剖面视图辅助对话框中选择 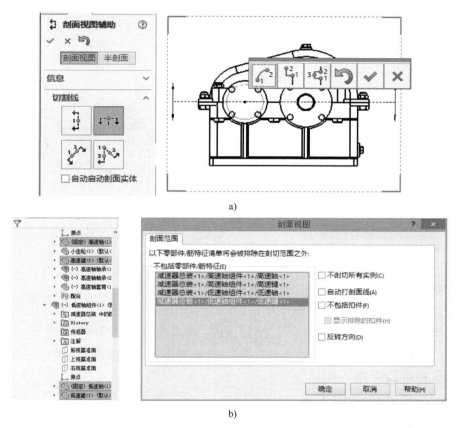，单击高速轴圆心确定剖切位置，单击"确定"按钮 ✔。展开设计树，选择高/低速轴和高/低速键不剖切，如图 4-108b 所示，单击"确定"按钮。选择"反转方向"复选框，在视图下侧单击放置剖视图。

右键单击切割线，在弹出菜单中选择"隐藏切割线"，右键单击剖视图名称，在弹出菜单中选择"隐藏"。

图 4-108　剖面视图操作

a）确定剖切位置　b）不剖切的零件选择

[步骤6]　生成局部剖视图

单击"草图"工具栏上的"样条曲线" ⚛ 创建一个封闭轮廓，如图 4-109a 所示，单击"确定"按钮 ✔。单击"视图布局"上的"断开的剖视图" 🖼，在"剖面视图"对话框中的"图纸格式 1"的"减速器总装〈1〉"中选择不进行剖切的"螺塞〈1〉"，如图 4-109b 所示，单击"确定"按钮。在图 4-109c 所示的断开的剖视图对话框单击"深度"下拉列表框，在左视图中单击下箱体底槽边线，单击"确定"按钮，完成"螺塞"局部剖视图。重复上述步骤完成"通气塞""M36×75 螺栓""M36×200 螺栓"处的局部剖视图，如图 4-109d 所示。

单击"标准"工具栏上的"保存" 💾。接受默认文件名称，单击"保存"按钮。

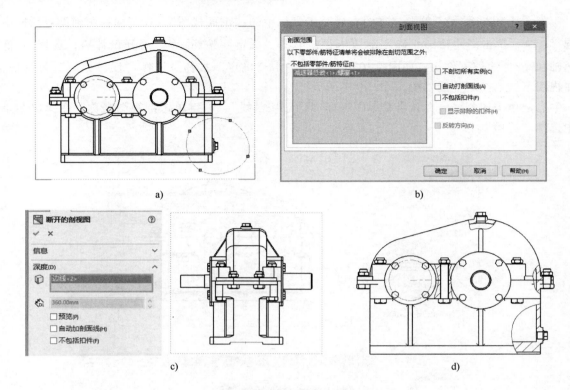

图 4-109　局部剖视图操作

2. 添加注解图

［步骤 1］　添加中心符号线和中心线

单击 "注解" 工具栏上的 "中心符号线" ⊕。单击各视图中的圆线，单击 "确定" 按钮 ✔。单击 "注解" 工具栏上的 "中心线" ⊟。在各视图中，选择须添加中心线的两条边线，单击 "确定" 按钮 ✔。

［步骤 2］　修改剖面线

在剖视图中选中螺栓孔的剖面线，在图 4-110a 所示的区域剖面线/填充对话框中，不选 "材质剖面线" 复选框，设剖面线密度为 4，单击 "确定" 按钮 ✔，如图 4-110b 所示。

［步骤 3］　标注尺寸

单击注解工具栏上的智能尺寸 ◈。将指针移动到全剖视图中大齿轮与低速轴配合段的一条边线上并单击，移动指针到另一条边线上并单击，移动指针并单击来放置尺寸，直径尺寸 140 出现。在图 4-111a 所示的尺寸对话框中设定 "公差/精度" 为：套合，间隙，H7 和 f6，再选择 H7/f6。重复上述操作完成尺寸标注，如图 4-111b 所示。

［步骤 4］　插入材料明细表

现在插入材料明细表（BOM）以在装配体中识别每个零件并标号。

选择剖视图，单击 "插入" → "表格" → "材料明细表"。在图 4-112 所示的选择材料明细表模板对话框中选择〈资源文件 \ 4 工程图〉中的 "材料明细表 . sldbomtbt"，单击 "打开" 按钮。在图 4-113 所示的材料明细表对话框中清空 "附加到定位点" 复选框，单击 "确定" 按钮

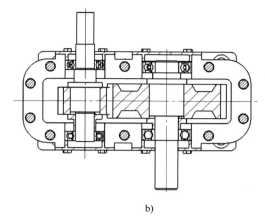

a)   b)

图 4-110　修改剖面线

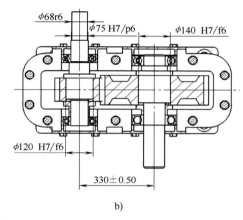

a)   b)

图 4-111　标注尺寸

，捕捉标题栏右上角放置生成材料明细表，如图 4-114 所示。

图 4-112　选择材料明细表模板   图 4-113　材料明细表对话框

［步骤 5］　自动插入零件序号

选中插入明细表的视图（剖视图），单击"注解"工具栏 注解 上的"自动零件序号"

，如图 4-115 所示，单击"按序排列"，单击"确定"按钮✔；再单击主视图，单击"注解"工具栏 注解 上的"自动零件序号"，单击"确定"按钮✔，将按需要移动零件序号。

13	JSQ-000-008	煤寒	1	普通碳钢	0.42	0.42	
12	JSQ-000-007	通气塞	1	普通碳钢	0.469	0.469	
11	JSQ-000-006	上箱盖	1	铸造合金铜	126.443	126.443	
10	JSQ-004-000	螺栓M36X75组件	4			0	
9	JSQ-000-003	下箱体	1	铸造合金铜	247.724	247.724	
8	JSQ-000-005	小端盖	1	普通碳钢	4.441	4.441	
7	JSQ-000-004	大通盖	1	普通碳钢	5.665	5.665	
6	JSQ-003-000	低速轴组件	1			0	
5	JSQ-002-000	螺栓M36X200组件	6			0	
4	JSQ-000-002	大端盖	1	普通碳钢	5.985	5.985	
3	JSQ-001-000	高速轴组件	1			0	
2	GB/T 5782-2000	螺栓M20T	16	普通碳钢	0.174	2.784	
1	JSQ-000-001	小通盖	1	材质 <未指定>	0.516	0.516	
序号	代 号	名 称	数量	材 料	单重(kg)	共重(kg)	备 注

图 4-114　材料明细表

图 4-115　插入零件序号

[步骤 6]　插入注释并格式化。

放大显示工程图图纸的左下角。单击"注解"工具栏 注解 上的"注释"。在图形区域中单击以放置注释。输入以下内容："技术条件　1. 装配前，全部零件用煤油清洗，箱体内壁涂两次不被润滑油浸蚀的涂料；2. 装配时，剖分面不得使用任何填料；3. 箱座内装填规定高度的 50 号润滑油脂；4. 表面涂灰色油漆。"。在属性对话框中的"图层"下选择"格式"。选择所有注释文字。在"格式化"工具栏上，选择"字号"为"36"。选择"注释"然后单击"粗体"。然后单击"确定"按钮，完成注释格式化。

3. 输出工程图

（1）打包保存　单击"文件"→"Pack and Go"（打包），在"Pack and Go"（打包）对话框中选中"保存到 Zip 文件"单选框，设定保存文件夹和名称，如"减速器总装 . zip"，单击"保存"按钮。

（2）另存为 PDF 格式文件　单击"文件"→"另存为"，在"另存为"对话框中选择文件类型为"（ * . pdf）"，设定文件名称为"减速器总装 . pdf"，单击"保存"按钮。

（3）打印输出　单击"文件"→"打印"，"打印"对话框出现，单击"页面设置"，"页面设置"对话框出现，选择"比例和分辨率"为"调整比例以套合"单选框，设定纸张大小，如"A4"，单击"确定"按钮。在"打印范围"下，选择"所有图纸"单选框，单击"确定"按钮。

4.5.4　螺栓联接拆装工程图实践

本节以螺栓联接为例说明拆装工程图的创建方法。

1. 生成螺栓联接解体模型

（1）打开装配文件　打开〈资源文件 \ 3 虚拟装配〉中的"螺栓联接 . sldasm"装配。

（2）添加配置　单击装配设计树上的"配置"标签，选"添加配置"，输入配置名称为"拆卸"，单击"确定"按钮✔️。

（3）螺栓联接解体　单击"装配"工具栏中的"爆炸视图"，如图 4-116 所示，在图形区中单击螺母，然后选中操纵杆控标的 Y 轴，输入移动距离为 100mm，单击"应用"按钮预览，再单击"完成"按钮生成螺母拆卸。

重复上述步骤，完成其他零件拆卸，其中各零件的移动距离分别为：垫片移动 50mm，盖板移动 30mm，螺栓移动 120mm。解体结果如图 4-117 所示。

图 4-116　拆卸螺母

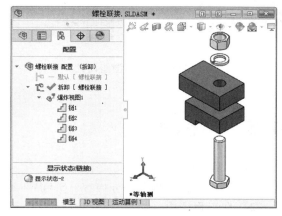

图 4-117　螺栓联接解体

2. 生成螺栓联接解体视图

（1）打开工程图模板　单击"标准"工具栏上的"新建"🗔，选择"工程图"，然后单击"高级"，选择"gb_a4p"模板，并单击"确定"按钮。新工程图出现在图形区域中。

（2）生成等轴测图　如图 4-118 所示，在"模型视图"属性对话框中，执行下列操作：在"要插入的零件/装配体"下，单击"浏览"，找到〈螺栓联接.sldasm〉并打开，单击"下一步"🔵。在"参考配置"中选"拆卸"，在"方向"下单击"等轴测"🔷，选中"预览"复选框。然后，将指针移到图形区域，并显示前视图的预览。单击将等轴测图作为工程视图 1 放置，单击"确定"按钮✔️。

（3）更改比例　在"图纸属性"对话框中右键单击"图纸格式 1"，在弹出的快捷菜单中单击"属性"，在"图纸属性"对话框中将比例设定为 1∶2。

（4）移动工程视图　指针在位于视图边框、模型边线等位置时更改为✥，此时单击并拖动将视图移至恰当位置。

（5）渲染轴测图　单击轴测图，在"视图"工具栏中选择"带边线上色"命令完成轴测图渲染。

（6）插入零件序号　单击选中主视图，单击"注解"工具栏 注解 上的"自动零件序号"，如图 4-119 所示，在"零件序号文"中选"文件名称"，单击"确定"按钮✔️。然后，拖动调整需要调整的序号。

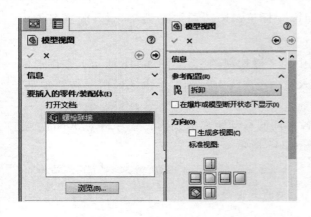

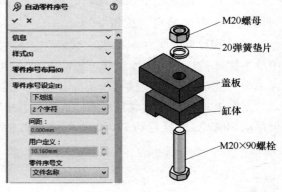

图 4-118　生成轴测图设置　　　　　　　　　图 4-119　插入零件序号

4.6　习题 4

4-1　简答题

1）工程图包括哪两部分内容？SolidWorks 如何对其进行管理？

2）在工程图中，如何控制组合件中不进行剖切的零件？

3）在工程图中生成了剖面视图，但发现方向不正确，如何改正？

4-2　上机练习生成带有图 4-120 所示标题栏的 A4 横向图纸格式和工程图模板。

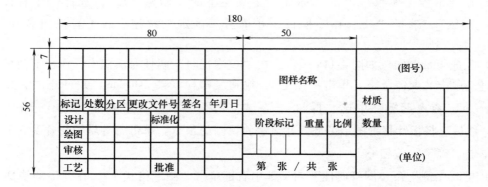

图 4-120　图纸格式练习

4-3　建立图 4-121 所示各零件的模型并生成相关剖视图。

4-4　建立图 4-122 所示各零件的模型并添加相关注解。

4-5　打开高速轴组件文件并生成装配图。练习内容包括：建立主视图、俯视图和侧视图、全剖侧视图，注意轴零件在剖视图中不被剖切；建立或修改标题档，其中要包含名字、日期、图号与图纸名称等项目；加入每个零件的零件号；建立材料明细表；标注线性尺寸、几何公差和图示的其他注记。

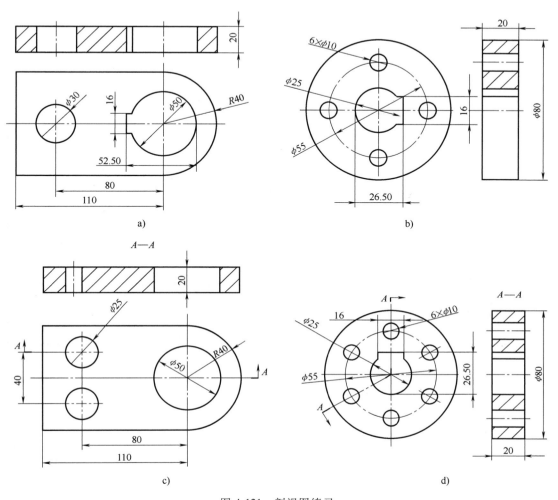

图 4-121　剖视图练习

a）全剖　b）半剖　c）阶梯剖　d）旋转剖

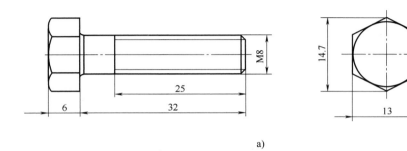

a)

图 4-122　注解练习

a）装饰螺纹线

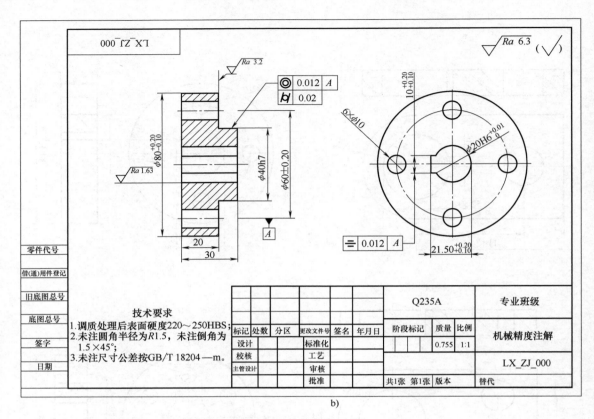

b)

图 4-122　注解练习（续）

b）机械精度

第 5 章　SolidWorks 提高设计效率的方法

使用 SolidWorks 进行设计的优点主要体现在三个方面：使工程师专注于设计本身；利用修改已有设计加快设计进程；使用智能工具提升设计能力。Solid-Works 提高设计效率的常用方法包括：

高效工具
入门

- 适用配置和设计库等设计重用方法。
- 利用钣金、焊接、管道等行业专用设计模块。

5.1　设计重用

在 CAD 建模过程中，常常会遇到尺寸大小不同，但形状基本相似的相似零件，SolidWorks 借助配置、设计库和二次开发等设计重用功能来提高此类零件的设计效率。

5.1.1　配置

SolidWorks 配置可以在一个文件中存储零件的多种状态和多种尺寸系列。配置主要有如下两种方式：手动配置和设计表。

1. 手动配置

手动配置多用于在一个文件中存储零件的不同工作状态。如螺旋弹簧的自由状态用于生成工程图，工作状态用于装配。具体步骤包括生成配置和使用配置。

（1）生成配置

［步骤 1］　建立弹簧模型：打开〈资源文件 \ 5. 高效工具 \ 弹簧（手动配置）. sldprt〉。

［步骤 2］　显示特征尺寸：如图 5-1 所示，在设计树中右键单击"注解"，在弹出菜单中选择"显示特征尺寸"。

［步骤 3］　添加高度配置：如图 5-2 所示，在图形区中右键单击"弹簧高度"240，在弹出菜单中选择"配置尺寸"，添加高度配置，即自由高为 240mm，工作高为 180mm，单击"确定"按钮。

［步骤 4］　切换配置：如图 5-3 所示，单击"配置"标签，在"配置"设计树中双击"配置备注"，如"工作状态"，即可切换到高度为 180mm 的工作状态。

（2）使用配置

1）装配时使用工作状态配置：新建装配体，并插入已经生成配置的"弹簧 . sldprt"，在装配设计树中，单击"弹簧"，选中"属性" 。如图 5-4 所示，选中"所参考的配置"为"工作状态"。单击"确定"按钮。

2）出图时使用自由状态配置：新建工程图，如图 5-5 所示，在模型视图对话框中直接选"参考配置"为"自由状态"，或者选中一个视图后，选"参考配置"为"自由状态"。

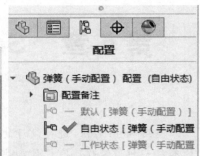

图 5-1　特征尺寸配置　　　　图 5-2　添加高度配置　　　　图 5-3　切换配置

图 5-4　装配中选用配置　　　　　　图 5-5　在工程图中选择参考配置

2. 设计表

设计表可以生成具有一定规律的一系列配置，特别适用于系列零件。其操作步骤为：首先，设计出初始零件形态；然后，插入系列零件设计表，选择"自动生成"单选框，在系列零件设计表的 Excel 界面编辑零件的尺寸数值和附加特征的状态（压缩/解除压缩），单击 Excel 表以外的空白处确认即可自动生成多个新的配置。下面以生成平垫片系列零件为例说明其操作过程。

［步骤 1］　创建零件模型：打开〈资源文件 \ 5. 高效工具〉中的"平垫（设计表）. sldprt"。

［步骤 2］　插入设计表：如图 5-6 所示，选择"插入"→"表格"→"设计表"，选中系列零件设计表对话框中的"自动生成"单选框，单击"确定"按钮。出现"尺寸"对话框，按住〈Ctrl〉键，单击选择所有特征尺寸，单击"确定"按钮。

［步骤 3］　填写系列尺寸：如图 5-7 所示，单击数据表左上角选中表格，设单元格格式为"常规"，添加系列名称"系列 38"和"系列 40"，设内径系列为 2mm，外径系列为 5mm，厚度系列为 1mm，拖动填充生成其他系列，单击空白区，单击"确定"按钮，生成系列零件，

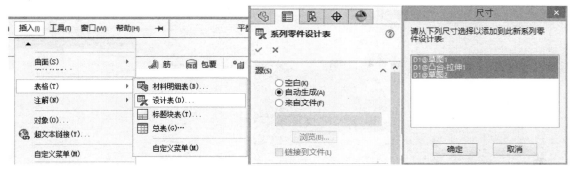

图 5-6　设计表设置

如图 5-8 所示。另存为"平垫片（设计表）带表格 . sldprt"

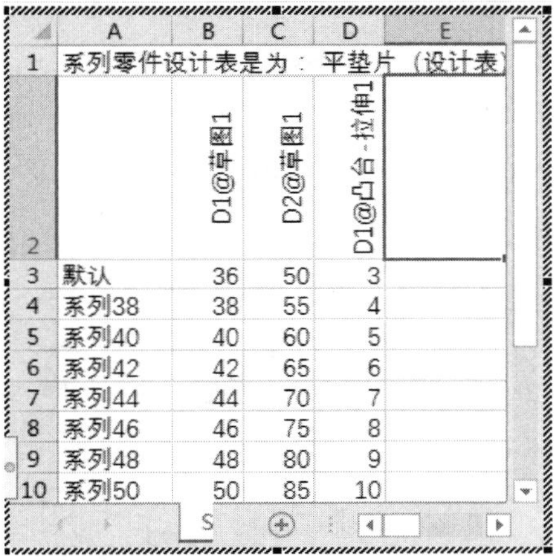

图 5-7　设置系列规则

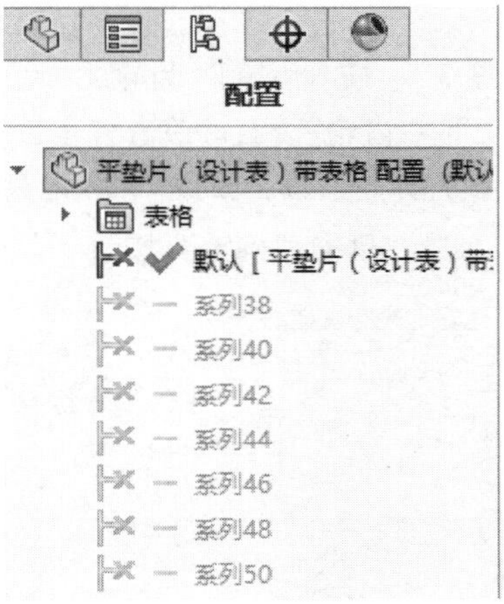

图 5-8　生成系列表

[步骤 4]　配置使用：新建装配文件，插入〈资源文件 \ 5. 高效工具〉中的"阶梯轴（设计表）. sldprt"。单击命令管理器中的"插入零部件"工具，选择〈资源文件 \ 5. 高效工具〉中的"平垫片（设计表）带表格 . sldprt"，完成零件装配。如图 5-9 所示，单击设计树中的零件名称，在工具栏中选择"零部件属性"，在图 5-10 中选中对应的配置，如"系列 44"，单击"确定"按钮。重复上述步骤，完成另外两个轴段的"系列 50"和"系列 40"装配。

5.1.2　设计库定制与使用

为了节省成本，设计产品时尽可能用标准件和常用件，SolidWorks 中用设计库实现该功能。

1. Toolbox 库零件调用

SolidWorks Toolbox 插件包括螺栓等 GB 和 ISO 标准零件库、齿轮等常用零件。下面以生成齿轮为例说明 Toolbox 库零件的使用方法。具体步骤为：

[步骤 1]　新建零件：单击"新建" ，建立新零件，并以"齿轮（库零件）"名称保存。

[步骤 2]　激活 Toolbox：如图 5-11 所示，单击 SolidWorks 界面右侧"设计库" 中的Toobox，单击"现在插入"。

图 5-9 修改零部件属性　　　　　　　　　　　　图 5-10 选择零件配置

[步骤 3]　插入库零件-齿轮：如图 5-12 所示，依次在"设计库"中选择"Toolbox"→"GB"→"动力传动"→"齿轮"，右键单击"正齿轮"，选择"生成零件"（见图 5-13），在图 5-14 所示的属性对话框中设置齿轮参数：模数 2.5、齿数 32、压力角 20、齿轮厚（面宽）30、毂样式为类型 A，键槽为矩形（1），单击"确定"按钮✔，生成齿轮，另存为"齿轮.sldprt"。

图 5-11 激活 Toolbox

图 5-12 选择齿轮库

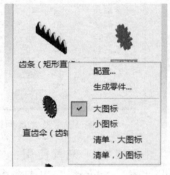

图 5-13 生成正齿轮

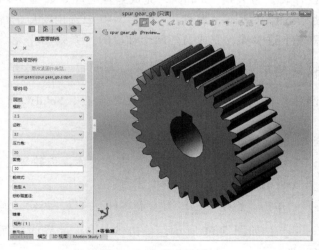

图 5-14 齿轮参数设置

由以上过程可将 Toolbox 库零件的调用过程总结为：**开库房，找货架，调零件**。

2. Design Library 库元素定制与调用

可以在 SolidWorks 中定制企业特点的草图、特征、零件等库元素，以提高设计效率。下面以在常规机械设计中经常碰到的板材上四孔对称的设计情况为例说明定制与使用设计库的步骤。

［步骤 1］ 定制库元素

新建零件，生成 120mm×100mm×20mm 的长方体块，选取其上表面为草图平面，用中心矩形和圆绘制图 5-15 所示的居中对称 4 通孔草图，用完全贯穿拉伸切除特征生成通孔，将特征更名为"对称 4 通孔"，并保存为"居中对称 4 通孔.sldprt"。

［步骤 2］ 添加库元素

如图 5-16 所示，在设计树中，右键单击零件名称，在弹出菜单中选择"添加到库"，在设计树中选中"对称 4 通孔"特征作为要添加的项目，单击"确定"按钮，将其添加到"design library"文件夹中（也可以用图 5-17 所示右上角"设计库"中的"添加文件位置"，新建"库元素"文件夹。）

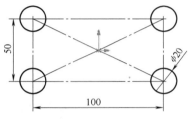

图 5-15 居中对称 4 通孔草图

图 5-16 添加库特征

［步骤 3］ 调用库元素

新建零件，生成 600mm×400mm×50mm 的长方体块，将 SolidWorks 右侧任务窗格的"设计库"中"库特征-居中对称 4 通孔"直接拖进图形区。如图 5-17 所示，单击板上表面中心定位，选中"覆盖尺寸数值"复选框，修改孔的定位尺寸为 500mm×300mm，直径为 50mm，单击"确定"按钮，完成打孔。

5.1.3 智能扣件等智能功能

SolidWorks 提供以下智能功能，可实现扣件和零部件自动装配等操作，以提高设计效率。

- 智能扣件：可以使用"智能扣件"工具向装配体添加 Toolbox 扣件库中的扣件。包括自动装配和适当调整长度以适应零件厚度、垫圈和螺母层叠的扣件。
- 智能零部件：选择 Toolbox 零件库中不同配置的零件，自动创建必要零件。
- 自定义内容：创建自己的智能内容，以满足特殊的设计需求。

1. Toolbox 智能扣件

如图 5-18 所示，要把两个管接头用螺栓与螺母固定在一起，通常，想到的办法是先装配两零件，再从 Toolbox 库里调出标准件进行装配。能不能只插入一个螺栓，自动地装配垫圈、螺母呢？下面以管接头法兰连接为例说明智能扣件的使用步骤。

［步骤 1］ 激活 Toolbox 插件

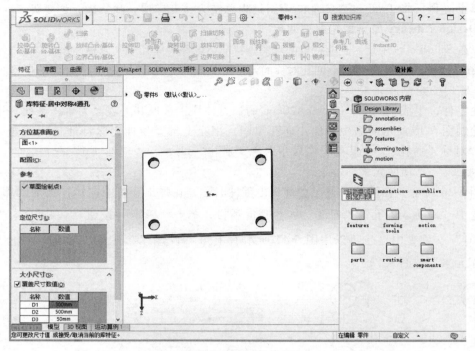

图 5-17　调用库元素

要使用 Toolbox 扣件库中的标准件，用户必须将 SolidWorks Toolbox Browser 插件激活。步骤为：如图 5-19 所示，在 SolidWorks 软件右上角的"设计库"中，单击"Toolbox"，再单击"现在插入"激活 Toolbox。

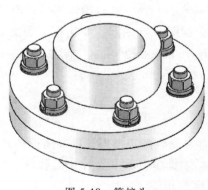

图 5-18　管接头

图 5-19　激活 Toolbox

[步骤 2]　添加智能扣件

单击"装配体"工具条中的"智能扣件" 🔩，单击"确定"按钮。如图 5-20 所示，选中要装配扣件的孔所在的表面，单击"添加"（注意：螺栓方向与打孔方向有关，智能扣件无法更改方向；螺栓头打孔面向上，因此不能将孔的草图平面选在装配结合面上）。

如图 5-21 所示，右键单击"扣件"框，在弹出菜单中选择"更改扣件类型"，选择"六角头"中的"Hex Bolt"，单击"确定"按钮。

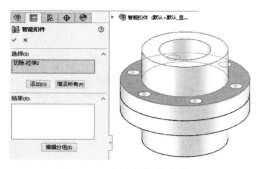

图 5-20　选择扣件装配位置

图 5-21　更改智能扣件类型

如图 5-22 所示，在智能扣件对话框中，从"添加到底层叠"中依次选择"Narrow Flat Washer Type B"（平垫圈）、"Extra Duty Spring Lock Washer"（弹簧垫圈）和"Hex Nut"（螺母）。接受默认的螺栓大小等参数，单击"确定"按钮 ✓，完成扣件添加，如图 5-23 所示。

［步骤 3］　打包保存

为了确保在其他计算机上也能打开智能扣件，必须用打包方式保存装配文件。具体步骤为：单击"文件"→"Pack and Go"（打包），如图 5-24 所示，选中"包括 Toolbox 零部件"复选框和"保存到 Zip 文件"单选框，单击"保存"按钮。

图 5-22　添加到底层叠选择

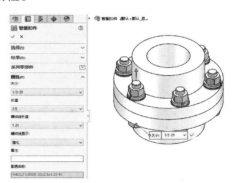

图 5-23　螺栓长度等参数设置

图 5-24　文件目录结构树

2. Toolbox 智能零部件

选择 Toolbox 零件库中 O 型圈、键等零件的不同配置，自动创建必要零件。下面以 O 型圈为例说明其操作过程。

［步骤 1］ 新建装配体：插入〈资源文件 \ 5. 高效工具〉中的"阶梯轴 . sldpar"。

［步骤 2］ 激活 Toolbox 插件：在 SolidWorks 软件右上角的"设计库"中，单击"Toolbox"，再单击"现在插入"激活 Toolbox，展开 GB 中的 O-环。

［步骤 3］ 添加智能零部件：拖动其中的 O 型圈 G 系列，到相应的轴段，单击"确定"按钮 ✔ ，完成 O 型圈添加，如图 5-25 所示。

［步骤 4］ 打包保存：单击"文件"→"Pack and Go"（打包），在"Pack and Go"对话框中，选中"包括 Toolbox 零部件"复选框和"保存到 Zip 文件"单选框，单击"保存"按钮。

 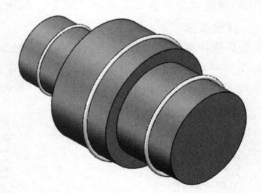

图 5-25 Toolbox 智能零件添加

3. 自建智能零部件

自建智能零件可以根据配合尺寸自由选择零件的不同配置。下面以轴套使用于不同直径轴的情况说明智能零部件的创建和使用过程。

［步骤 1］ 生成零部件配置

1）生成轴套零件：生成内径为 50mm、壁厚为 20mm、长度为 25mm 的轴套，并保存为"轴套（智能零部件）. sldprt"。

2）显示特征尺寸：在设计树中右键单击"注解"，在弹出的菜单中选择"显示特征尺寸"。

3）添加高度配置：在图形区中右键单击"轴套内径"50，在弹出的菜单中选择"配置尺寸"，添加以下多个配置，轴套 1、2、3 的内径分别为 50mm、70mm、90mm，单击"确定"按钮。

［步骤 2］ 制作智能零部件

新建装配体，将"步骤 1"中创建的"轴套（智能零部件）. sldprt"插入到装配环境。如图 5-26 所示，单击"工具"→"制作智能零部件"。如图 5-27 所示，在图形区单击选中轴套，选中"直径"复选框，单击轴套内圆柱面，单击"配置器表"，设置不同配置对应的轴段直径范围，单击"确定"按钮。单击"文件"→"保存"。

［步骤 3］ 使用智能零部件

新建装配体，插入〈资源文件 \ 5. 高效工具〉中的"阶梯轴 . sldpar"。

单击命令管理器上的"插入零部件",选择"轴套(智能零部件). sldprt",按住〈Alt〉键,将零件拖放到配合的中间轴段,可见轴套自动选择与其配合的配置尺寸。

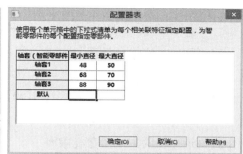

图 5-26　制作智能零部件　　　　　　　　图 5-27　设置智能零部件

4. 配合参考

可以将零件配合面与其他零部件的配合方式设为配合参考,以便在装配体中插入该零件时实现自动完成配合。具体参考示例如下。

[步骤 1]　添加配合参考:打开要添加配合参考的零件"配合参考-零件. sldprt",单击"插入"→"参考几何体"→"配合参考",如图 5-28 所示,依次添加圆柱与六方体的交线"默认"、圆柱面"同心"和六方体下平面"重合"为配合参考,保存为"配合参考-零件(含配合参考). sldprt"。

[步骤 2]　使用配合参考:打开要使用配合参考的装配"配合参考-装配. sldprt",其中已经安装了待装配的地基零件,单击命令管理器中的"插入零部件"工具,浏览到文件"配合参考-零件(含配合参考). sldprt",拖放到要配合的孔处,单击放置零件,则自动添加 2 个预先设置的"配合参考",如图 5-29 所示。重复上述步骤完成另一个孔的配合。

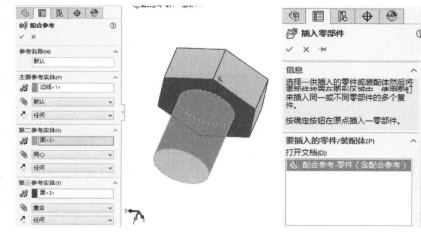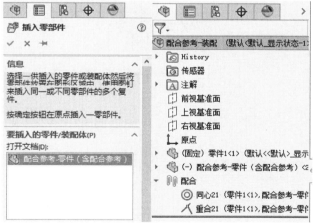

图 5-28　添加配合参考　　　　　　　　图 5-29　使用配合参考

5.1.4　方程式参数化设计

使用全局变量和方程式建模就是在建模过程中运用运算符、函数和常量等,为建模过程中模型的参数创建关系,实现参数化设计。

下面以一矩形体（长为宽的 2 倍，高为宽的 1/2）简要说明全局变量和方程式的应用。

1. 全局变量参数化

［步骤 1］ 添加全局变量：如图 5-30 所示，单击"工具"→"方程式"，在对话框中"全局变量"下输入："B"=100，"L"=2 * "B"，"H"="B"/2（等号不必输入），单击"确定"按钮。

［步骤 2］ 使用全局变量：选前视基准面，绘制矩形草图，标注智能尺寸，如图 5-31 所示，在"尺寸数值"框中输入"="，选择"全局变量"→"B（100）"，单击"确定"按钮 ✔ 完成宽度 B 标注。同理，完成长度 L 标注。如图 5-32 所示，在拉伸凸台的"给定深度"框中输入"="，选择"全局变量"→"H（50）"，单击"确定"按钮"✔"完成高度设置。由以上操作获得矩形块的三维参数化模型。

［步骤 3］ 修改全局变量：在设计树中，如图 5-33 所示，右键单击"方程式"，在弹出菜单中选择"管理方程式"，修改 B=50，单击"确定"按钮，可见模型缩小为原来的一半。

图 5-30　添加方程式命令与添加全局变量

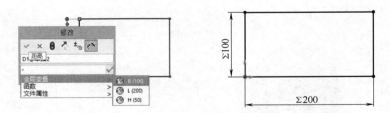

图 5-31　草图中使用全局变量

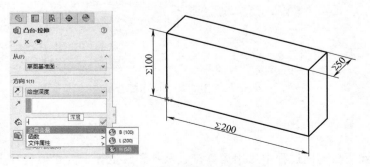

图 5-32　特征中使用全局变量

图 5-33　管理方程式

2. 方程式参数化

［步骤 1］ 显示特征尺寸：新建矩形块三维模型，如图 5-34 所示，在设计树中右键单击"注解"，在弹出菜单中选择"显示特征尺寸"。

［步骤 2］ 添加方程式：单击"工具"→"方程式"，在图 5-35 所示的对话框中"名称"列的"方程式"下单击，然后，在图形区单击宽度尺寸，则自动输入其尺寸名称"D1@ 草图1"，在"数值/方程式"列输入"=100"，完成宽度方程式添加；再单击方程式框，并在图形区单击长度尺寸，确定光标在数值/方程式列时，在图形区单击选中宽度尺寸，并在数值/方程式列添加"＊2"，设置长度为宽度的 2 倍。同理，设置高度为宽度的 1/2，单击"确定"按钮。

图 5-34　显示特征尺寸

图 5-35　添加方程式

［步骤 3］ 修改模型参数：在设计树中，右键单击"方程式"，选择"管理方程式"，修改"D1@ 草图 1"=50，单击"确定"按钮，可见模型缩小为原来的一半。

3. 方程式驱动曲线

SolidWorks 提供了螺旋线等曲线绘制工具，也可以利用曲线的函数关系式，用方程式驱动曲线绘制其他曲线。从使用方法来讲，方程式驱动的曲线分为两种定义方式："显性"和"参数性"。"显性方程"在定义了起点和终点的 X 值以后，Y 值会根据 X 值的范围自动得出；而"参数性方程"则需要定义曲线起点和终点对应的参数 T 值范围，X 值表达式中含有变量 T，同时 Y 值定义另一个含有 T 值的表达式，这两个方程式会在 T 的定义域内求解，从而生成目标曲线。

1）显性函数示例——抛物线。解析式：$Y = a * x * x + b * x + c$，其中 a、b、c 都是常数。操作步骤为：

选择前视基准面，如图 5-36 所示，单击"草图"工具栏"曲线"中的"方程式驱动的曲线"，在图 5-37 中设"方程式类型"为"显性"单选框，输入方程式"$x * x - 1$"和取值范围：$x_1 = -1$，$X_2 = 1$，单击"确定"按钮 ✓ 完成抛物线绘制。

2）参数性函数示例——渐开线。渐开线函式式：$X = r * (cost + t * sint)$，$Y = r * (sint - t * cost)$，式中，r 为基圆半径，t 为参数，取弧度。操作步骤为：

选择前视基准面，单击"草图"工具栏中"曲线"中的"方程式驱动的曲线"，如图 5-38 所示，"方程式类型"为"参数性"单选框，输入方程式 X_t 为：$50 * (t * sin(t) + cos(t))$，$Y_t$ 为：$50 * (sin(t) - t * cos(t))$ 和取值范围 $t_1 = 0$，$t_2 = 2 * pi$，单击"确定"按钮 ✓ 完成渐开线绘制。

图 5-36　方程式驱动的曲线

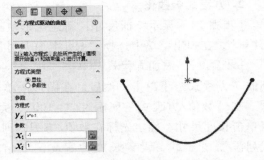

图 5-37　抛物线设置

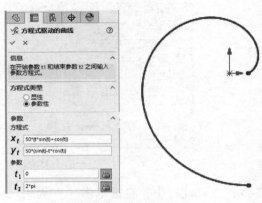

图 5-38　渐开线设置

5.1.5　二次开发

为了适应特定企业的特殊需求，提高设计效率，形成企业自己的特色，可以使用 Solid-Works 进行本地化和专业化的二次开发工作。

1. 二次开发方法

二次开发，简单地说，就是在现有的软件上进行定制修改，进行功能的扩展。SolidWorks 进行二次开发主要有两种方法。

1）直接法：完全用程序实现三维模型的参数化设计全过程。

2）更新法：即用人机交互形式建立模型，设置合理的设计变量，再通过 VB 等程序驱动设计变量实现模型的更新，这种方法编程较简单，通用性好。其步骤可归纳为 5 大步：参数化建模、绘制程序界面、编制按钮事件、添加模块代码、执行宏程序。

2. 二次开发快速入门—圆盘更新法

（1）参数化建模

［步骤 1］　建模型：在设计树中单击"前视基准面"。单击"草图"工具栏中的"圆"，在图形区中绘制圆。单击"草图"工具栏中的"智能尺寸"，选中图形区标注直径（如直径为 50mm）。单击"特征"工具栏中的"拉伸凸台"，设置拉伸特征"给定深度"（如给定深度为 50mm）。

［步骤 2］　改名称：在图形区中右键单击直径尺寸，在弹出菜单中选择"属性"，设名称

为"Diameter",单击"确定"按钮;右键单击高度,在弹出菜单中选择"属性",设置名称为"High",单击"确定"按钮。

[步骤3] 存模型:单击"文件"→"保存",将模型文件以特定的文件名保存到指定文件夹下（如:"D:\圆盘二次开发\圆盘.SLDPRT")。

（2）绘制程序界面

[步骤1] 新建宏:单击"工具"→"宏"→"新建",保存为"圆盘二次开发.swp"（注意:需要将其与参数化模型放在同一文件夹中）。

[步骤2] 添窗体:如图5-39所示,在VBA的工程管理器中右键单击"圆盘二次开发",在弹出菜单中选择"插入"→"用户窗体"。

[步骤3] 绘控件:利用控件绘制工具,在窗体中绘制两个标签、两个文本框和两个按钮,如图5-40所示,并按表5-1设置其属性。

图 5-39　添窗体　　　　　　　　　　　图 5-40　绘控件

表 5-1　窗体及控件的属性

序号	类型	Name	Caption	Text
1	窗体	Userform1	基于SolidWorks的参数化设计	—
2	标签1	Label1	直径（mm）	—
3	标签2	Label2	高度（mm）	—
4	文本框1	TxtDiameter	—	50
5	文本框2	TxtHigh	—	10
6	按钮1	CmdOK	确定	—
7	按钮1	CmdClose	关闭	—

（3）编制按钮事件

[步骤1] 添"关闭"事件:双击窗体中的"关闭"按钮,添加如下 CmdClose_Click（）事件代码:

```
Private Sub CmdClose_Click()
    End      '退出
End Sub
```

[步骤2] 添"确定"事件:双击窗体中的"确定"按钮,添加如下 CmdOK_Click（）事件代码:

```
Private Sub CmdOK_Click ()
    DiameterValue=Val (TxtDiameter.Text) / 1000 '从文本框获取新的直径
    HighValue=Val (TxtHigh.Text) / 1000         '从文本框获取新的高度
    Call ParameterSub (DiameterValue, HighValue)    '调用更新函数
End Sub
```

（4）添加模块代码

[步骤 1]　加 Main () 函数模块：在 VBA 的工程管理器中双击"圆盘二次开发 1"，修改其主函数 Main () 函数代码如下：

```
Dim swApp As Object
Dim Part As Object
Dim SelMgr As Object
Dim boolstatus As Boolean
Dim longstatus As Long, longwarnings As Long
Dim Feature As Object
Sub main()
    UserForm1.Show 0   '打开主窗口
End Sub
```

[步骤 2]　加模型更新函数 ParameterSub () 函数：在 VBA 的工程管理器中双击"圆盘二次开发 1"，添加模型更新函数 ParameterSub () 函数代码如下：

```
Sub ParameterSub(ByVal DiameterValue_Passed As Double, ByVal HighValue_Passed As Double)
    Set swApp=Application.SldWorks
    Set Part=swApp.ActiveDoc
    '打开模板文件
    Set Part=swApp.OpenDoc6("圆盘.SLDPRT", 1, 0, "", longstatus, longwarnings)
    If longstatus=2 Then
        MsgBox "圆盘.SLDPRT 不存在！", vbOKOnly, "警告"
        Exit Sub
    Else
        Set Part=swApp.ActivateDoc2("圆盘", False, longstatus)
    End If
    '更改特征尺寸
    Part.Parameter("Diameter@ 草图 1").SystemValue=DiameterValue_Passed
                                        '更改直径
    Part.Parameter("High@ 拉伸 1").SystemValue=HighValue_Passed
                                        '更改高度
                                        '用新的特征尺寸更新模型
    Part.EditRebuild3 ' Regenerate the part file since changes were made
                                        '显示方式
```

```
Part.ShowNamedView2 "*等轴测", 7                    '等轴测图
Part.ViewZoomtofit2                               '显示全图
End Sub
```

（5）执行宏程序

［步骤1］ 直接执行宏：单击"工具"→"宏"→"执行"后，在对话框中找出宏文件（*.swp、*.swb），然后单击"打开"按钮。

［步骤2］ 添加工具宏：运行 SolidWorks，单击"工具"→"自定义"，打开"自定义"对话框，在"命令"选项卡中，从"类别"列表中选择"宏"，将新建宏按钮拖动到相应的工具栏上。单击工具栏上的图标执行相应的程序。

3. 二次开发应用——螺旋弹簧修改法

完成上述圆盘二次开发后，对于复杂的零件二次开发问题，直接修改上述程序即可实现。下面以螺旋弹簧二次开发为例，简要说明其步骤。

［步骤1］ 参数化：用簧条直径、弹簧中径、有效圈数和自由高为驱动尺寸完成弹簧参数化建模，并将其分别命名为"SD_MD"（中径）"SD_"n（有效圈数），"SD_HSd"（簧条直径）和"SD_H"（自由高）后，保存为"弹簧.sldprt"。

［步骤2］ 绘界面：如图 5-41 所示，添加主窗体并绘制相应控件，各控件属性见表 5-2。

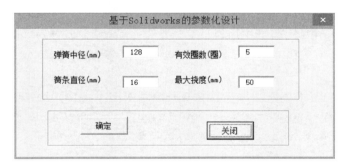

图 5-41　螺旋弹簧主窗体

表 5-2　窗体及控件的属性

序号	类型	Name	Caption	Text
1	窗体	Userform1	基于 SolidWorks 的参数化设计	—
2	标签 1	Label1	弹簧中径（mm）	—
3	标签 2	Label2	簧条直径（mm）	—
4	标签 3	Label3	有效圈数（圈）	—
5	标签 4	Label4	最大挠度（mm）	—
6	文本框 1	TxtMD	—	128
7	文本框 2	TxtTd	—	16
8	文本框 3	Txtn	—	5
9	文本框 4	Txtfmax	—	50
10	按钮 1	CmdOK	确定	—
11	按钮 2	CmdClose	关闭	—

[步骤 3]　编代码：为主窗体的"确定"事件添加代码。

```
Private Sub CmdOK_Click()
    MDiameterValue=Val(TxtMD.Text)/1000 '从文本框获取新的中径
    TDiameterValue=Val(TxtTd.Text)/1000   '从文本框获取新的簧条直径
    nValue=Val(Txtn.Text)                    '从文本框获取新的有效圈数
    FmaxValue=Val(Txtfmax.Text)/1000         '从文本框获取新的最大挠度
    Call ParameterSub(MDiameterValue, TDiameterValue, nValue, FmaxValue)
'调用更新函数
End Sub
```

[步骤 4]　添模块：添加尺寸更新模块代码。

```
Dim Part As Object
Dim SelMgr As Object
Dim boolstatus As Boolean
Dim longstatus As Long, longwarnings As Long
Dim Feature As Object

Sub main()
    UserForm1.Show 0   '打开主窗口
End Sub


Sub ParameterSub(ByVal MDValue_Passed As Double, ByVal TdValue_Passed
As Double, ByVal nValue_Passed As Double, ByVal fmaxValue_Passed As Double)
    Set swApp=Application.SldWorks
    Set Part=swApp.ActiveDoc
    '打开原始文件
    Set Part=swApp.OpenDoc6("弹簧.SLDPRT", 1, 0, "", longstatus, longwarn-
ings)
    If longstatus=2 Then
        MsgBox "弹簧.SLDPRT 不存在！", vbOKOnly, "警告"
      Exit Sub
    Else
        Set Part=swApp.ActivateDoc2("弹簧", False, longstatus)
    End If
    '更改 4 个特征尺寸
Part.Parameter("SD_MD@草图 1").SystemValue=MDValue_Passed     '更改
中径
    Part.Parameter("SD_n@螺旋线/涡状线 1").SystemValue=nValue_Passed  '更
改有效圈数
    Part.Parameter("SD_HSd@草图 2").SystemValue=TdValue_Passed        '更改
```

簧条直径

```
Part.Parameter("SD_H@螺旋线/涡状线1").SystemValue=nValue_Passed *
TdValue_Passed + fmaxValue_Passed                  '更改高度

'用新的特征尺寸更新模型
Part.EditRebuild3 'Regenerate the part file since changes were made
'显示方式
Part.ShowNamedView2 "*等轴测", 7  '等轴测图
Part.ViewZoomtofit2              '显示全图
End Sub
```

［步骤5］ 直接执行宏：单击"工具"→"宏"→"执行"后，在对话框中找出宏文件（*.swp、*.swb），然后单击"打开"按钮。

5.2 钣金

钣金是针对金属薄板（厚度通常在 6mm 以下）的一种综合冷加工工艺，包括剪、冲/切/复合、折、焊接、铆接、拼接、成形（如汽车车身）等。SolidWorks 专门定制了钣金工具。

5.2.1 钣金设计快速入门

1. 钣金设计引例

下面以如图 5-42 所示挡书板（书立）为例介绍如何设计钣金零件。

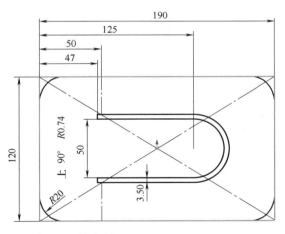

图 5-42 挡书板

［步骤1］ 生成基体法兰

新建零件，在上视基准面上生成图 5-43 所示草图。如图 5-44 所示，单击"插入"→"钣金"→"基体法兰"，接受默认的厚度（2mm）等参数，单击"确定"按钮✔。

［步骤2］ 生成圆角

钣金入门

单击"特征"工具栏上的"圆角" 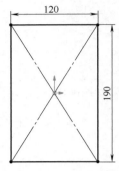，选择四条边角线，设置"圆角半径"为20mm，单击"确定"按钮 ✓。

[步骤3] 切除切口

在上视基准面上绘制如图5-45所示的切口草图，单击"特征"工具栏上的"拉伸切除" ▣，选择"完全贯穿"，单击"确定"按钮 ✓。

图 5-43　基体法兰草图　　　　　　图 5-44　生成基体法兰　　　　　图 5-45　切口草图

[步骤4] 生成折弯

在模型上表面上绘制图5-46所示的折弯线，单击"插入"→"钣金"→"绘制的折弯"，单击要固定的一侧区域（折弯线上部），接受默认的弯曲角度（90°）、折弯位置和折弯半径等参数，单击"确定"按钮 ✓。

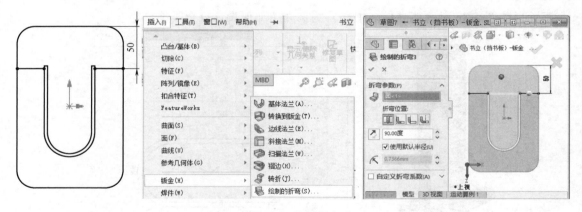

图 5-46　绘制折弯

[步骤5] 钣金工程图

新建工程图，如图5-47所示，在模型视图对话框中选中"平板型式"复选框，单击"确定"按钮 ✓，则生成钣金零件的展开视图，单击"注解"中的"模型项目"工具标注尺寸。

2. 钣金工具

在命令管理器中右键单击"特征"工具，"选项卡"中的"钣金"，在命令管理器添加"钣金"工具，SolidWorks用于钣金零件建模的特征的定义及其操作步骤见表5-3。

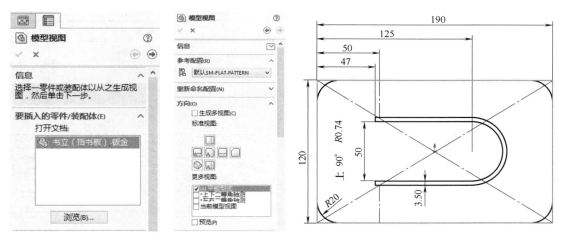

图 5-47　生成钣金零件的展开视图

表 5-3　主要钣金特征的定义及其操作步骤

特征名称	特征定义	操作步骤
基体法兰	基体法兰不仅生成了零件最初的实体,而且为以后的钣金特征设置了参数	
边线法兰	边线法兰可以利用钣金零件的边线添加法兰,通过所选边线可以设置法兰的尺寸和方向	
斜接法兰	斜接法兰用来生成相互连接的法兰和自动生成必要的切口。它必须由一个草图轮廓来生成,且草图基准面必须垂直于生成斜接法兰的第一条边线	
折弯	如果需要在钣金零件上添加折弯,首先要在创建折弯的面上绘制一条草图线来定义折弯。该折弯类型被称为草图折弯	
转折	转折工具通过草图线生成两个折弯	

（续）

特征名称	特征定义	操作步骤
成形工具	成形工具可以作为折弯、伸展或成形钣金的冲模	钣金成形特征 成形工具
展开	使用展开工具可在钣金零件中展开折弯	
切除	可以在钣金零件的折叠、展开状态下建立切除特征，以移除零件的材料	$\phi30$ 40

5.2.2 建立钣金零件的方法

利用 SolidWorks 建立钣金零件的方法主要有：

（1）使用钣金特征建立钣金零件　利用钣金设计的所有功能建模。可分为从折弯状态建模和从展开状态建模两种方式。

（2）由实体零件转换成钣金零件　按照常规方法先建立零件，然后将它转换成钣金零件，这样可以将零件展开，以便于应用钣金零件的特定特征。

下面以图 5-48 所示铜盒的设计为例，说明三种钣金设计的过程。铜盒尺寸为 300mm×200mm×100mm，壁厚 2mm。

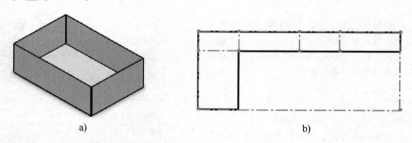

a)　　　　　　　　　　　　　　　　　b)

图 5-48　铜盒

a）折弯状态　b）展开状态

1. 从折弯状态建模

（1）新建铜盒——折弯零件文件　启动 SolidWorks，单击"标准"工具栏中的"新建"工具，弹出新建 SolidWorks 文件对话框，选择"零件"模板，单击"确定"按钮。单击"文件"→"另存为"，弹出"另存为"对话框，在"文件名"文本框中输入"铜盒-折弯"，单击"保存"按钮。

（2）创建盒底　在设计树中选择"上视基准面"，单击"草图"工具栏中的"草图绘制"进入草图绘制。单击"中心矩形"工具，捕捉坐标原点，绘制矩形；单击"尺寸/几何关系"工具栏中的"智能尺寸"工具标注尺寸，进行尺寸标注，如图 5-49 所示。

单击"插入"→"特征"→"钣金"→"基体法兰"，显示基体-法兰对话框。如图 5-50 所示，设置厚度 T1 = 2.0mm，单击"确定"按钮✔，生成盒底。

（3）创建左侧面　选择盒底与左侧面交线，单击"插入"→"特征"→"钣金"→"边线法兰"。如图 5-51 所示，在边线-法兰对话框中，设置"给定深度"D = 100mm，单击"确定"按钮✔，生成左侧面。

（4）创建后侧面　在左侧面上选择左侧面与后侧面交线，单击"插入"→"特征"→"钣金"→"边线法兰"。如图 5-52 所示，在边线-法兰对话框中，设置法兰长度为"成形到一顶点"，设"法兰位置"为 ⌊，捕捉右上角点，单击"确定"按钮✔生成后侧面。

（5）创建剩余侧面　重复步骤（4）创建剩余侧面，在特征树中将其材料设为"黄铜"完成铜盒实体建模，如图 5-53 所示。

（6）观察展平状态　如图 5-54 所示，在特征树中右键单击"平板型式"中的"平板型式6"，在弹出菜单中选择"解除压缩"即可展平铜盒。再重复上述步骤，选择"压缩"则恢复折弯状态。

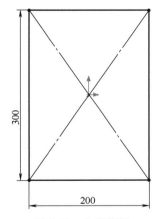

图 5-49　盒底草图

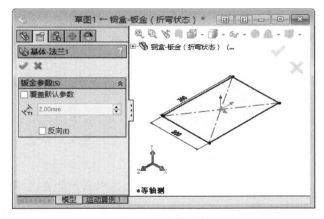

图 5-50　盒底法兰

图 5-51　左侧面特征

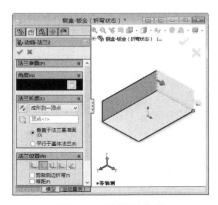

图 5-52　后侧面特征

图 5-53　铜盒模型

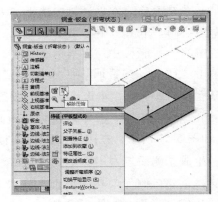

图 5-54　展平设置

2. 从展开状态建模

（1）新建铜盒——展平零件文件　启动 SolidWorks，单击"标准"工具栏中的"新建"工具，弹出新建 SolidWorks 文件对话框，选择"零件"模板，单击"确定"按钮。单击"文件"→"另存为"命令，弹出"另存为"对话框，在"文件名"文本框中输入"铜盒-展平"，单击"保存"按钮。

（2）创建钣金料板　在设计树中选择"上视基准面"，单击"草图"工具栏中的"草图绘制"工具进入草图绘制。单击"中心矩形"工具，捕捉坐标原点，绘制矩形；单击"尺寸/几何关系"工具栏中的"智能尺寸"工具标注尺寸，进行尺寸标注，如图 5-55 所示。

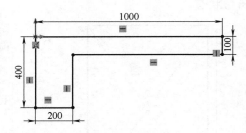

图 5-55　铜盒料板

单击"插入"→"特征"→"钣金"→"基体法兰"，显示基体法兰对话框。设置厚度 T1 = 2.0mm，单击"确定"按钮 ✔，生成铜盒料板。

（3）折弯盒底　绘制折弯线：选择铜盒料板的上表面，单击"草图"工具栏中的"草图绘制"工具进行折弯线的绘制。再单击"直线"等工具绘制草图，如图 5-56 所示。

单击"钣金"工具栏中的"绘制的折弯"工具或单击"插入"→"特征"→"钣金"→"绘制的折弯"。显示绘制的折弯对话框，单击选择铜盒料板的盒底部位作为固定面，设置"折弯位置"为 ▢，角度为"90.00 度"，单击"确定"按钮 ✔，盒底折弯特征如图 5-57 所示。

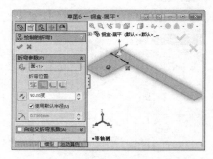

图 5-56　盒底折弯线及其折弯参数

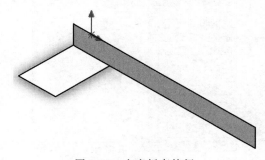

图 5-57　盒底折弯特征

（4）折弯盒侧面　绘制折弯线：选择侧面板面，单击"草图"工具栏中的"草图绘制"工具进行折弯线的绘制。再单击"直线"等工具绘制草图。

单击"钣金"工具栏中的"绘制的折弯"工具或单击"插入"→"特征"→"钣金"→"绘制的折弯"。显示绘制的折弯对话框，如图5-58所示，单击选择铜盒料板的盒底部位作为固定面，设置"折弯位置"为▭，角度为"90.00度"，单击"确定"按钮✔，折弯得到图5-59所示的铜盒模型。

图5-58　盒侧面折弯线及其折弯参数

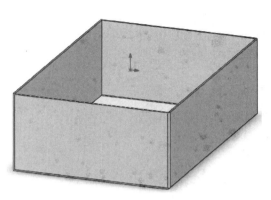

图5-59　铜盒模型

3. 实体转换到钣金

（1）新建铜盒——实体转换　启动SolidWorks，单击"标准"工具栏中的"新建"工具，弹出新建SolidWorks文件对话框，选择"零件"模板，单击"确定"按钮。单击"文件"→"另存为"，弹出"另存为"对话框，在"文件名"文本框中输入"铜盒-实体转换"，单击"保存"按钮。

（2）创建实体模型　在设计树中选择"上视基准面"，单击"草图"工具栏中的"草图绘制"工具进入草图绘制。单击"中心矩形"工具，捕捉坐标原点，绘制矩形；单击"尺寸/几何关系"工具栏中的"智能尺寸"工具标注尺寸，进行尺寸标注，如图5-60所示。

单击"特征"工具栏中的"拉伸凸台/基体"命令，如图5-61所示，在凸台-拉伸对话框中设置"给定深度"D=100mm，单击"确定"按钮✔，生成实体模型。

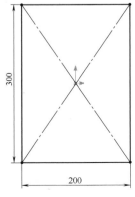

图5-60　盒底草图

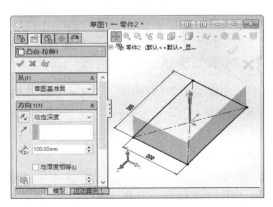

图5-61　三维实体

（3）应用钣金特征　单击"转换到钣金" 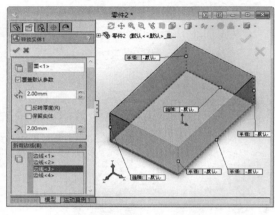（"钣金"工具栏）或单击"插入"→"钣金"→"转换到钣金"。如图 5-62 所示，在属性对话框中：在钣金参数下，选择三维模型地面作为钣金零件的固定面。将钣金厚度设置为 2mm，并将折弯半径设置为 2mm。在折弯边线下，选择一条底面边线和三条侧面交线作为折弯边线，标注即会附加到折弯和切口边线，单击"确定"按钮✔得到图 5-63 所示的钣金模型。

图 5-62　转换到钣金设置

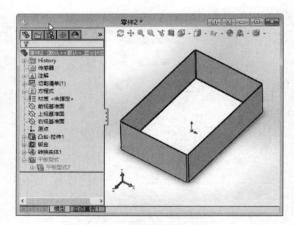

图 5-63　实体转换到钣金

（4）展开零件　在特征树中右键单击"平板型式"中的"平板型式 7"，在弹出菜单中选择"解除压缩"即可展平铜盒。再重复上述步骤，选择"压缩"则恢复折弯状态。

4. 生成铜盒工程图

（1）打开工程图　单击"标准"工具栏中的"新建"工具，弹出新建 SolidWorks 文件对话框，选择"工程图"模板，选择合适的图纸格式和大小，建立新的工程图。

（2）标准三视图　单击"插入"→"工程视图"→"标准三视图"。在"标准三视图"对话框中，单击"浏览"按钮，弹出"打开"对话框，选择所需打开的钣金零件文件，单击"打开"按钮，即可生成对应钣金零件的标准三视图。

（3）添加平板视图　单击"插入"→"工程视图"→"模型视图"，显示"模型视图"对话框，单击"浏览"按钮，在"打开"对话框中选择所需打开的钣金零件文件，单击"打开"按钮。单击"上视"按钮，在模型视图对话框的"方向"选项栏的"更多视图"列表框中选择"平板型式"，如图 5-64 所示。

5.2.3　机箱盖子钣金设计实践

在本节的钣金零件实例中，建立一个计算机机箱的盖子。

1. 零件分析

建立机箱盖子将用到所有四种法兰特征，以及切除和成形工具，其步骤如图 5-65 所示。

2. 设计步骤

（1）新零件　新建一个零件，并保存为"机箱盖子.sldprt"。

（2）生成基体法兰　如图 5-66 所示，在前视基准平面上画一个矩形，将其属性设为构造线。在底边和原点之间加上中点约束。单击"插入"→"特征"→"钣金"→"基体法兰"或单击

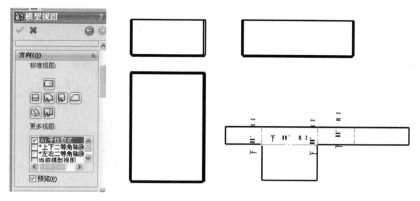

图 5-64 铜盒工程图

"钣金"工具栏中"基体法兰/薄片"工具。如图 5-67 所示，改变设置：终止类型为"给定深度"；深度为 95mm；厚度为 0.4mm；折弯半径为 1.0mm；材料厚度加在轮廓里边，用反向来改变方向。单击"确定"按钮 ✔ 添加法兰，基体法兰在设计树中显示为"基体-法兰"，注意同时添加了其他两种特征：钣金 1 和平板型式 1。

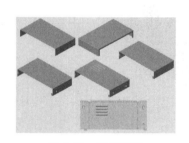

图 5-65 机箱盖子

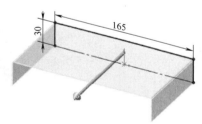

图 5-66 草图

图 5-67 基体法兰设置

（3）生成斜接法兰 以左侧板底面为草图平面，从外面的边线顶点画一条长度为 6.25mm 的水平线作为斜接法兰的轮廓。单击"插入"→"特征"→"钣金"→"斜接法兰"或者单击"钣金"工具栏中的"斜接法兰" ，在图形区中选中所有边线，单击"确定"按钮 ✔ ，接受如图 5-68 所示的斜接法兰默认属性，完成斜接法兰建模，如图 5-69 所示。

（4）添加边线法兰 单击"插入"→"特征"→"钣金"→"边线法兰"，或者单击"钣金"工具栏中的"工具"图标 ，单击将其放在模型内部。如图 5-70 所示，通过对话框设置角度和法兰位置：角度=90°，法兰位置为 （材料在外），"法兰长度"类型为"给定深度"，其值用编辑法兰轮廓来指定。单击"编辑法兰轮廓"来改变默认的矩形轮廓，弹出"轮廓草图"对话框。拖动轮廓并添加尺寸使其完全定义，并倒圆角，在"轮廓草图"对话框中单击"完成"按钮。

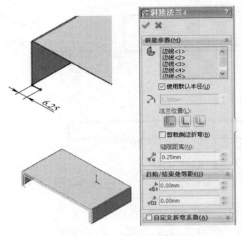

图 5-68　斜接法兰设置　　　　　　　　　图 5-69　斜接法兰模型

用类似的步骤在零件相反的边上添加另一个边线法兰，位置略有不同，如图 5-71 所示。

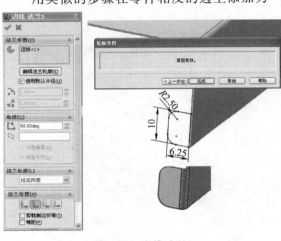

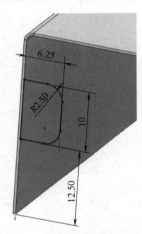

图 5-70　边线法兰 1　　　　　　　　　　图 5-71　边线法兰 2

（5）添加薄片　选择斜接法兰的表面，插入一幅草图。添加如图 5-72 所示的圆心在模型边线上的圆形轮廓，并标注图示尺寸。

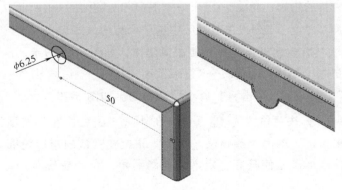

图 5-72　薄片特征

单击"插入"→"特征"→"钣金"→"薄片"或者单击"钣金"工具栏中的工具图标 ![icon] 生成薄片特征：薄片1，方向和深度因模型而定。

（6）展开 单击"插入"→"特征"→"钣金"→"展开"，如图 5-73 所示，选择顶面为"固定面"，单击"收集所有折弯"按钮，单击"确定"按钮 ✔ 展开钣金零件。

（7）切除 绘制一个 φ2.5mm 的圆，并与圆形边添加同心约束。在固定面上绘制图 5-74 所示尺寸的矩形草图，终止条件为"完全贯穿"的切除。

图 5-73　展开钣金零件

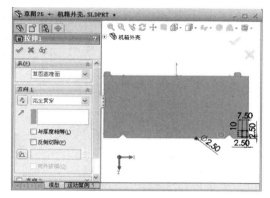

图 5-74　切除

（8）折叠 单击"插入"→"特征"→"钣金"→"折叠"，如图 5-75 所示，选择顶面为"固定面"，单击"收集所有折弯"按钮，单击"确定"按钮 ✔ 折叠钣金零件。

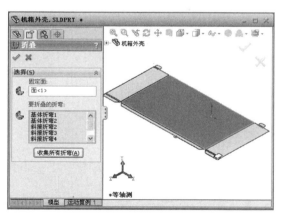

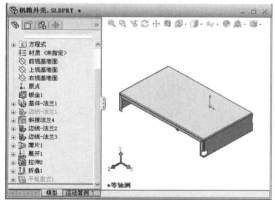

图 5-75　折叠钣金零件

（9）钣金成形工具

1）counter sink emboss 成形工具。单击设计库中的 forming tools 文件夹，双击 embosses 文件夹，拖动 counter sink emboss 到图示的模型面上，检查特征的方向（可用〈Tab〉键来改变方向），松开鼠标放下特征。现在处于编辑草图状态，出现一个信息框提示为特征定位，并出现特征轮廓和两条中心线（定位用）。按图 5-76 尺寸定位草图，单击放置特征位置对话框中的"完成"按钮。成形特征按所需的方向添加到模型中。

2）louver 成形工具。单击设计库中的 forming tools 文件夹，选择 louvers 文件夹中的 louver

成形工具并拖动到图 5-77 所示的模型面上，用〈Tab〉键来使特征方向朝上，标注尺寸和添加约束使草图完全定义。用修改草图命令将草图按 90°旋转三次，使草图的长边面对零件后面的边。使用草图内的几何轮廓来给草图定位，单击"完成"按钮，结束成形工具的插入过程。按 15mm 的间距将刚建的成形特征阵列 4 个。

（10）钣金零件工程图　打开一幅图幅为 A3-横向、无图纸格式的工程图，将比例设为 1∶2，插入刚建成的钣金零件的标准三视图和展开图样视图，从模型项目中插入驱动尺寸，如图 5-78 所示。

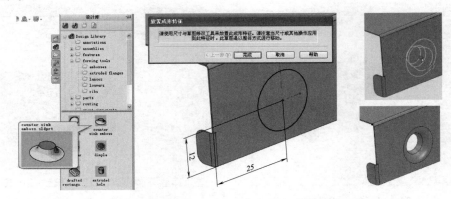

图 5-76　添加 counter sink emboss 成形工具

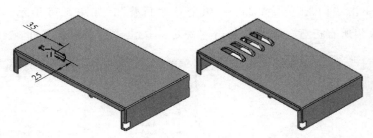

图 5-77　添加 louver 成形工具

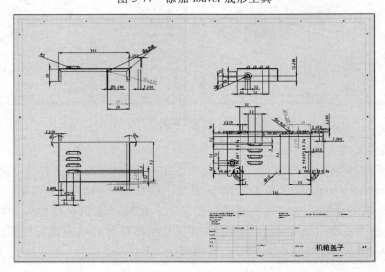

图 5-78　钣金零件工程图

5.3 焊件

船舶、重型车辆的主体结构和体育馆的屋顶钢架结构等多由型钢焊接而成。SolidWorks 提供了专门的焊件模块以提高设计效率。

5.3.1 焊件设计快速入门

焊件入门

1. 引例——茶几焊件

创建图 5-79 所示的焊接结构。基本思路是使用 2D 和 3D 草图来定义焊件零件的基本框架，然后沿草图线段添加结构构件。

（1）绘制基本框架 新建零件，并创建基本框架草图，如图 5-80 所示。

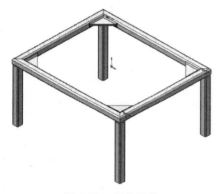

图 5-79 焊接结构

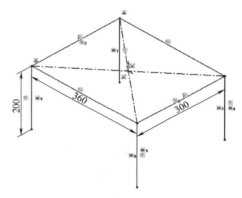

图 5-80 基本框架草图

（2）添加结构构件 单击 "插入"→"焊件"→"结构构件" 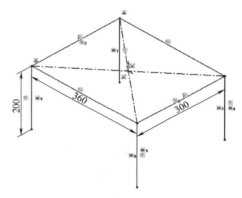，在属性对话框中，在"标准"中选择"iso"。在"类型"中选择"方形管"，在"大小"中选择"20×20×2"。在属性对话框边角类型下，选择"终端斜接" 。选中桌面的 4 条边线，单击"确定"按钮 ，沿桌面的 4 条线段添加结构构件。

重复上述步骤，沿桌腿的 4 条线段添加结构构件，如图 5-81 所示。

（3）剪裁结构构件 现在剪裁结构构件，首先剪裁交叉构件的末端。单击 "插入"→"焊件"→"剪裁/延伸" 。在属性对话框 "边角类型" 下，单击 "终端剪裁" 。在图形区域中为要剪裁的实体选择桌腿构件，在 "剪裁边界" 中选择 "实体" 模式单选框，并选中桌面构件，单击 "确定" 按钮 ，桌腿构件被剪裁为与桌面构件齐平，如图 5-82 所示。

（4）添加角撑板 放大左下角。单击 "插入"→"焊件"→"角撑板" 。如图 5-83 所示，在属性对话框 "支撑面" 下，选择图示两个面作为角撑板的两个直角面。在 "轮廓" 下：a. 单击 "三角形轮廓" ；b. 将 Profile Distance1（轮廓距离 1） 和 Profile Distance2（轮廓距离 2） 均设为 50mm；c. 单击 "内边" ；d. 将角撑板厚度 设置为 5mm。在 "位置" 下，单击 "轮廓定位于中点" ，单击 "确定" 按钮 。重复上述步骤添加另外三个角添加角撑板，添加角撑板后的模型如图 5-84 所示。

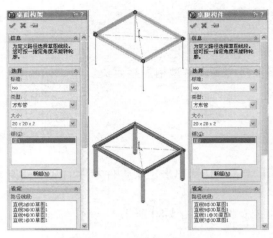

图 5-81　添加方形管结构构件

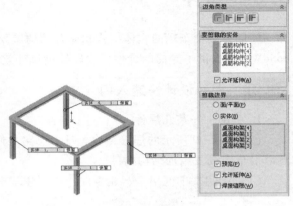

图 5-82　剪裁结构构件

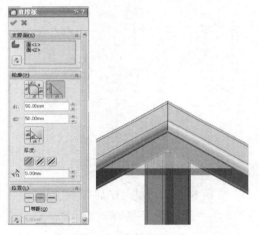

图 5-83　角撑板设置

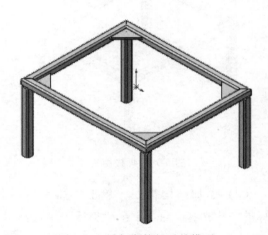

图 5-84　添加角撑板后的模型

（5）添加圆角焊缝　在角撑板和 Structural Member1（结构构件 1）之间添加圆角焊缝

单击"插入"→"焊件"→"圆角焊缝" ![icon]。如图 5-85 所示，在属性对话框中设：a. 焊缝类型为"全长"；b. 焊缝圆角大小 ![icon]设为 5mm；c. 单击 ![icon]"面组 1"空白区，在绘图区选择角撑板上下面作为焊接源面；单击 ![icon]"面组 2"空白区，在绘图区选择结构构件的两个侧面作为焊接目标面，单击"确定"按钮 ![icon]，圆角焊缝和注解出现。

（6）生成子焊件　可将相关实体分组成子焊件。桌面构件生成一子焊件，将 4 个结构构件线段组合在一起。

如图 5-86 所示，在设计树中扩展"切割清单" ![icon]。在"切割清单" ![icon]下，按住〈Ctrl〉键，选择"桌面构架"，所选实体在图形区域中高亮显示。右键单击并在弹出菜单中选择"生成子焊件"。一个包含所选实体、名为"子焊件 1（8）"的新文件夹出现，在"切割清单（31）" ![icon]之下，双击更名为"桌面"。

（7）生成切割清单项目　可在工程图图纸上显示切割清单，切割清单将相同项目分成组，如 4 个角撑板或 2 个 I-横梁构件。在设计树中扩展"切割清单（31）" 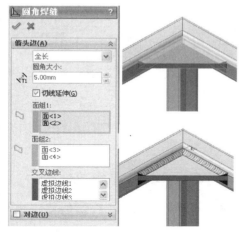 。右键单击"切割清单（20）"并在弹出菜单中选择"更新"。将模型保存为"桌子焊件 . sldprt"

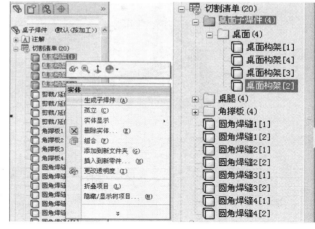

图 5-85　添加圆角焊缝　　　　　　　　图 5-86　生成子焊件

（8）焊件工程图

1）新建工程图。单击"标准"工具栏的"新建" ，生成新工程图。在属性对话框中，执行下列操作：a. 在"要插入的零件/装配体"下选择"桌子焊件"；b. 单击"下一步" ；c. 在"方向"下的"更多视图"中，选取"上下二等角轴测"；d. 在"尺寸类型"下选择"真实"。单击放置视图，然后根据需要调整比例。单击"确定"按钮 关闭属性对话框。

2）添加焊接符号。单击"注解"工具栏的"模型项目" 。在属性对话框中：在"源/目标"下单击后，选择整个模型。在"尺寸"下选择"工程图标注" 。在"注解"下选择"焊接" ，单击"确定"按钮 。将焊接注解插入到工程图视图中，拖动注解将之定位。

3）添加零件序号。选择工程视图。单击"注解"工具栏的"自动零件序号" 。在属性对话框中的"零件序号布局"下，选择"方形" 。单击"确定"按钮 。将零件序号添加到工程视图中。每个零件序号的项目号与切割清单中的项目号对应，拖动零件序号和焊接符号将之定位。

4）添加切割清单。单击"焊件切割清单" ，在图形区域中选择工程视图。单击"确定"按钮 关闭属性对话框。在图形区域中单击以在图纸左上角放置切割清单，如图 5-87 所示。

2. SolidWorks 焊件设计步骤

由引例焊件设计过程可归纳出焊件的设计基本步骤为：**画中心→选型材→添焊缝→列清单**。

5.3.2　框架焊件设计实践

1. 焊件零件分析

使用 2D 和 3D 草图来定义焊件零件的基本框架。然后沿草图线段添加结构构件。

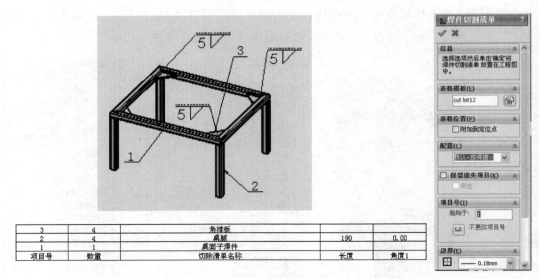

3	4		角撑板		
2	4		桌腿	190	0.00
1	1		桌面子焊件		
项目号	数量		切除清单名称	长度	角度1

图 5-87　焊接工程图

2. 焊接零件设计步骤

（1）绘制框架　在"草图"工具栏中单击"草图绘制"工具中的"3D 草图"，再单击"直线"工具，捕捉原点，按住〈Tab〉键，确定空间控标的方向为 XY，松开〈Tab〉键，在平面 XY 内沿 X 轴方向绘制矩形边线，沿 Y 轴方向绘制矩形另一条边线，重复上述步骤，完成边长为 600mm 的正方形的绘制。

重复上述步骤，完成焊接框架 3D 草图，并通过定义各直线沿相应坐标轴方向的几何约束实现完全定义，单击右上角的"退出草图" ，如图 5-88 所示。

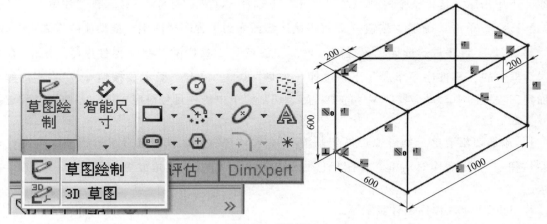

图 5-88　绘制框架

（2）添加结构构件　单击"插入"→"焊件"→"结构构件" ，如图 5-89 所示，在属性对话框中，在"选择"下：在"标准"中选择"iso"，在"类型"中选择"方形管"，在"大小"中选择"30×30×2.6"，在图形区中选中沿 4 条前视面上的线段并在结构构件中添加组1，在"设置"下，选择"应用边角处理"并单击"终端斜接" ，单击"确定"按钮 。

重复上述步骤，按图 5-90 所示顺序选择线段，选择"应用边角处理"并单击"终端对接" ，生成组 2。重复上述步骤，生成组 3。

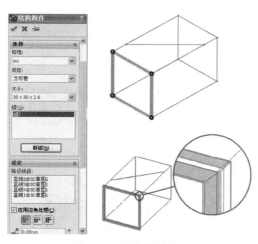

图 5-89　结构构件组 1

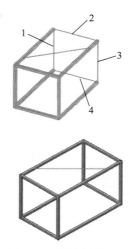

图 5-90　结构构件组 2

（3）裁剪结构构件　单击"插入"→"焊件"→"裁剪/延伸"。如图 5-91 所示，在属性对话框中，选择"边角类型"为 ⌐，选择 4 条长边为"要裁剪的实体"，选择 8 条短边为"裁剪边界"，单击"确定"按钮 ✔。

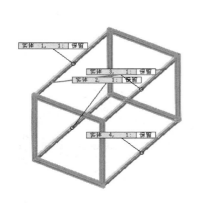

图 5-91　裁剪结构构件

（4）添加交叉构件　单击"插入"→"焊件"→"结构构件" 📦，在属性对话框中，在"标准"中选择"iso"，在"类型"中选"方形管"，在"大小"中选择"30×30×2.6"，在图形区中选中沿 4 条前视面上的线段并在结构构件中添加组 2，在"设置"下，选择"应用边角处理"并单击"终端斜接" ⌐，单击"确定"按钮 ✔ 添加交叉构件。

（5）裁剪交叉构件　单击"插入"→"焊件"→"裁剪/延伸"，在属性对话框中，选择"边角类型"为 ⌐，选择"交叉构件"为"要裁剪的实体"，选择 2 条长边为"裁剪边界"，单击"确定"按钮✔完成裁剪，如图 5-92 所示。

（6）添加顶端盖　单击"插入"→"焊件"→"顶端盖" ▣，如图 5-93 所示，在"参数"下：为"面" ▢ 选择边角上部面，将"厚度方向"设置为"向内" ▣ 以使顶端盖与结构的原始范围齐平，单击"确定"按钮✔。重复上述步骤，给其他角加盖。

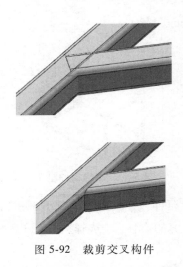

图 5-92　裁剪交叉构件

图 5-93　添加顶端盖

（7）添加角撑板　放大显示模型的左下角。单击"插入"→"焊件"→"角撑板" ▣，在属性对话框中"支撑面" ⬛ 下，选择如图 5-94 所示两个面；在"轮廓"下：单击"三角形轮廓" ◣；将 Profile Distance1（轮廓距离 1） d1 和 Profile Distance2（轮廓距离 2） d2 均设为 80mm；单击"内边" ▨；将"角撑板厚度" 🔧 设置为 5mm；在"位置"下，单击"轮廓定位于中点" ▬，单击"确定"按钮✔。

重复上述步骤，为结构构件 1 的另外三个角添加角撑板，如图 5-95 所示。

图 5-94　添加角撑板

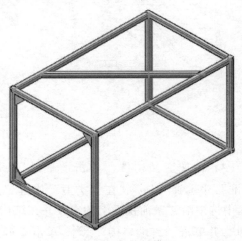

图 5-95　角撑板模型

（8）添加圆角焊缝 放大显示前视组的左下角。单击"插入"→"焊件"→"圆角焊缝"，在属性对话框中，如图5-96所示，在"箭头边"下：a. 为"焊缝类型"选择"全长"；b. 在"圆角大小"下，将"焊缝大小" 设为6mm。为面组1选择图示角撑板面，单击面组2，然后选择结构构件的两个平坦面，单击"确定"按钮 ✔，圆角焊缝和注解出现，如图5-97所示。

重复上述步骤，将圆角焊缝应用于其余三个角撑板。

（9）添加横挡 现在框底上添加两个横挡。首先绘制直线来定位横挡。

1）绘制横挡线。单击"标准视图"工具栏的"下视" 。若想在操作新草图时隐藏焊接符号，右键单击设计树中的"注解" ，然后在弹出菜单中消除选择"显示注解"。对于草图基准面，在底部结构构件之一上选择一个面即可。单击"草图"工具栏的"草图绘制" ，绘制一条水平直线并标注尺寸。单击"草图"工具栏的"中心线" ，在竖直边侧的中点之间绘制一条构造性直线。单击"草图"工具栏的"镜向实体" 将直线镜向，如图5-98所示。

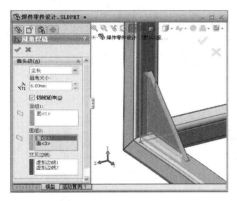

图5-96 圆角焊缝设置

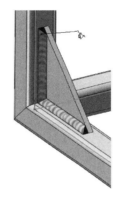

图5-97 圆角焊缝模型

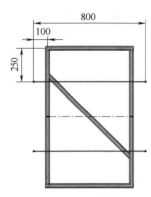

图5-98 绘制横挡线

2）更改穿透点。单击"上下二等角轴测" 。单击"插入"→"焊件"→"结构构件" ，在属性对话框的"选择"下：在"标准"中选择"iso"；在"类型"中选择"sb横梁"；在"大小"中选择"80×7"。为路径线段选择两个新的草图实体。单击"标准视图"工具栏的"左视" 。在属性对话框中的"设置"下，单击"找出轮廓"按钮，显示放大到结构构件的轮廓，默认穿透点将轮廓置中于草图线段中点上，选择轮廓顶边线中点处的点，轮廓位置更改，这样轮廓的顶边线位于草图线段上。由于草图位于零件的底面，新结构构件的顶面与零件的底部齐平，单击"确定"按钮 ✔，如图5-99所示。

（10）生成子焊件 在设计树中打开"切割清单" ，按住〈Ctrl〉键，选择"剪裁/延伸2""剪裁/延伸3""顶端盖1-4"。如图5-100所示，将框背面4条结构构件线段和4个顶端盖组合在一起生成子焊件。将该零件保存为"MyWeldment_Box2. sldprt"。

（11）生成切割清单项目 在设计树中扩展"切割清单" 。右键单击"切割清单（20）"并在弹出菜单中选择"更新"，并对各文件夹按图5-101所示进行重命名，将模型保存为"桌子焊件. sldprt"。

图 5-99　更改穿透点

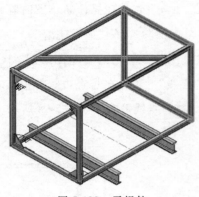

图 5-100　子焊件

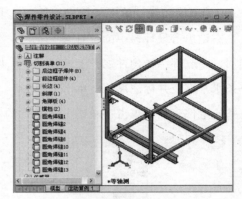

图 5-101　切割清单

（12）焊件工程图

1）新建工程图。单击"标准"工具栏的"新建" ，生成新工程图，在"模型视图"对话框中，执行下列操作：a. 在"要插入的零件/装配体"下选择"MyWeldment_Box2"；b. 单击"下一步" ；c. 在"方向"下的"更多视图"中，选取"上下二等角轴测"；d. 在"尺寸类型"下选择"真实"。单击放置视图，如图 5-102 所示，然后根据需要调整比例，单击"确定"按钮✔关闭"模型视图"对话框。

2）添加焊接符号和零件序号。单击"注解"工具栏中的"模型项目" 和"自动零件序号" 添加零件序号和焊接符号。

3）添加切割清单。单击"焊件切割清单" 。在图形区域中选择工程视图，单击"确定"按钮✔关闭"模型视图"对话框。在图形区域中单击以在工程图图纸的右下角放置切割清单，如图 5-102 所示。

5.3.3　焊件型材定制

SolidWorks 提供了非常丰富的型材库，包括常用的圆管、矩形管、角钢、T 形梁、工字梁和 C 型槽钢等，支持 ANSI 和 ISO 两种标准。除此之外，也可以建立企业自己的特殊型材库。

1. GB 型材添加与使用

在网上下载 GB 型材后，添加与使用步骤为：在 SolidWorks 环境中单击菜单"选项"，选中"系统选项"选项卡中的"文件位置"，在"显示栏下的文件夹"列表中选择"焊件轮廓"，单击"添加"按钮，浏览到目录"焊件 GB 型材"，单击"确定"按钮。

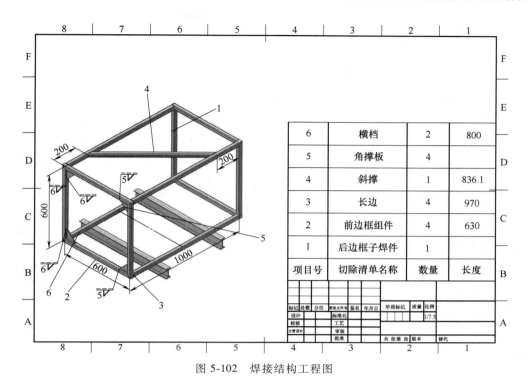

6	横档	2	800
5	角撑板	4	
4	斜撑	1	836.1
3	长边	4	970
2	前边框组件	4	630
1	后边框子焊件	1	
项目号	切除清单名称	数量	长度

图 5-102　焊接结构工程图

2. 定制焊接型材的方法

定制焊接型材的方法包括以下两种。

（1）改造原有型材　步骤如下：复制原有模板文件（〈安装目录〉\ solidworks \ data \ weldment profiles）；修改模板文件（打开改名后的模板文件，把草图尺寸改为国标尺寸后保存文件）。

（2）直接生成焊件型材　步骤如下：打开一个新零件；绘制轮廓草图，设穿透点（默认为草图原点）并另存为"库特征"类型（Lib feat part＊.sldlfp）（〈安装目录〉\ data \ weldment profiles 的自定义轮廓文件位置）。

3. 帽形钢的定制与使用

下面以帽形钢的定制过程为例，说明焊接型材的定制与使用方法。

（1）创建型材库文件夹　在〈安装目录〉\ data \ weldment profiles 中创建"QB（企业标准）"文件夹，再在此文件夹下创建"帽形钢"文件夹。

（2）绘制型材轮廓　新建零件，在前视基准面上绘制型材轮廓，如图 5-103 所示。

（3）保存型材模板　单击"文件"→"另存为"，保存路径为：〈<安装目录〉\data\weldment profiles\QB（企业标准）\帽形钢；保存类型为"库特征零件（＊.sldlfp）"：文件名为"30×5"。单击"保存"按钮。

（4）绘制焊接框架　新建零件，绘制焊接框架的 3D 草图，如图 5-104 所示。

（5）添加型材　"插入"→"焊件"→"结构构件" ⃞ ，在属性对话框的"标准"中选择"QB（企业标准）"。在"类型"中选择"帽形钢"。在"大小"中选择"30×5"。在"设置"下，选择"应用边角处理"并单击"终端斜接" ⃞ 。在图形区中依次选框架边线，单击"确定"按钮✔，如图 5-105 所示。

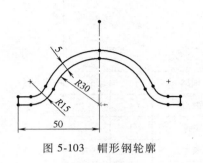

图 5-103　帽形钢轮廓

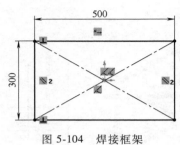

图 5-104　焊接框架

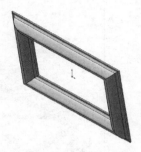

图 5-105　添加型材

5.4　管路与布线

管路入门

为了加速管筒和管道、电力电缆和缆束的设计过程，SolidWorks 推出一套专用线路工具。可以完成管道（Pipe）、管筒（Tube）和电器布线（Routing）的设计。

5.4.1　管路设计快速入门

下面以如图 5-106 所示的管路装配体为例简要说明其设计过程。

1. 管道与布线引例：管路设计

该管路装配体，在基体的两个法兰之间通过管路连接。包括 7 段管道，其中，3 个弯管、3 个法兰和 1 个三通管。

（1）装入基体装配　新建"装配体"，保存为"管路装配引例.sldasm"，并插入"管路基体装配"，如图 5-107 所示。

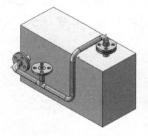

图 5-106　管路装配体

图 5-107　管路基体装配

（2）开始第一个线路　单击"管道设计"工具栏上的"通过拖/放来开始"🔲，如图 5-108 所示，"设计库"🗄文件夹打开到步路库的 piping（管道设计）部分，双击"flanges"（法兰）文件夹，将"slip on weld flange.sldprt"从库中拖动到"机体装配"侧面的法兰面上，在法兰捕捉到位时将之释放，在"选择配置"对话框中选取"Slip On Flange 150-NPS0.5"，单击"确定"按钮，线路属性对话框出现，在线路属性对话框中单击"确定"按钮✔接受默认"线路属性"设置。新线路子装配作为虚拟零部件生成，并在设计树中显示为🔧。

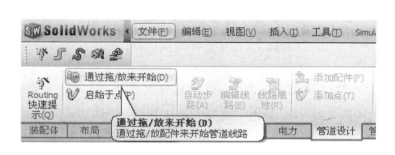

图 5-108　拖放步路

（3）添加终端法兰　重复上述步骤，在方形容器法兰面上添加终端法兰。

（4）自动步路　单击"管路"工具栏上的"自动步路" 。在图形区分别选中起点法兰和终点法兰的管道端头的端点，将自动添加 3D 草图并用默认的管道进行管路连接，如图 5-109 所示。单击右上角的 退出草图，完成步路，再单击右上角的 ，退出零件编辑状态。

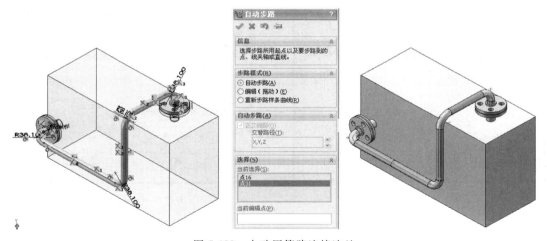

图 5-109　自动用管路连接法兰

（5）添加 T 形配件

1）添加分割点。要想将 T 形配件添加到线路，首先，需要将一个点添加到想放置配件的地方。单击"管道设计"工具栏上的"编辑线路" ，打开 3D 线路草图。单击"分割线路" ，在管道的中心线所需位置单击以添加分割点，按〈Esc〉键关闭"分割实体"工具。

2）添加 T 型配件。在"设计库" 文件夹中单击"ees"（T 形接头），从中拖动

"straight tee inch" 到分割点（可按住〈Tab〉旋转，T 形配件），在配件达到所示方位时将之释放，在图 5-110 所示的 "选择配置" 对话框中，选 "Tee Inch 0.5 Sch40"，然后单击 "确定" 按钮。T 形配件被添加到线路中，由管道的一个端头从开端处延伸。在 "线路属性" 对话框中单击 "确定" 按钮 ✅，接受默认 "线路属性" 设置。

（6）添加顶端法兰　现在添加一个顶端法兰到 T 形配件上方的线路上。

放大到 T 形配件所在区域。在 "设计库" 📚 文件夹中，将 flanges（法兰）文件夹中的 "socket weld flange. sldprt" 拖动到 T 形配件上方的线路上方，在捕捉顶点时将之释放，在图 5-111 所示的 "选择配置" 对话框中选取 "Socket Flange 150-NPS0.5"，单击 "确定" 按钮，单击右上角的 ⤴ 退出草图，再单击右上角的 ⤴，退出零件编辑状态，完成管路装配设计。

（7）线路工程图

1）新建工程图。单击 "新建" 🗋，在新建 SolidWorks 文档对话框中：a. 单击 "高级"；b. 在 "模板" 选项卡中单击 "工程图" 🖼；c. 单击 "确定" 按钮。

2）图纸格式。在 "图纸格式/大小" 对话框中：a. 选取标准图纸大小；b. 选取 "A3-横向"；c. 单击 "确定" 按钮。打开新工程图，模型视图对话框出现。

3）插入视图。在属性对话框中：a. 在 "要插入的零件/装配体" 下选取 "装配体"；b. 单击 "下一步" 🔄；c. 在 "方向" 下为 "标准视图" 选择 "等轴测" 🔲；d. 在 "显示样式" 下选取 "带边线上色" 🔲；e. 在 "尺寸类型" 下选择 "真实"。在图形区域中适当位置单击以放置视图。单击 "确定" 按钮 ✅。

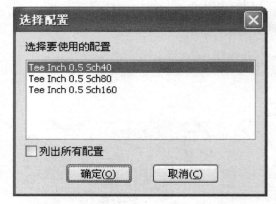

图 5-110　T 形配件管路配置

图 5-111　顶端法兰管路配置

4）添加材料明细表。单击 "注解" 工具栏上 "表格" 中的 "材料明细表" 🗒。如图 5-112 所示，在属性对话框中：a. 在 "材料明细表类型" 下，选择 "仅限零件" 单选框。b. 单击 "确定" 按钮 ✅。单击图形区以放置材料明细表。

5）更改材料明细表。注意材料明细表中没有有关管道长度的信息，更改说明列以显示有关管道长度的信息。将指针移到列标题，指针形状变为 ⬇ 时单击以选取列。"列" 的弹出工具栏出现，单击 "列" 弹出工具栏中的 "列属性" 🗒。如图 5-113 所示，在对话框中："列类型" 选取 "ROUTE PROPERTY"（线路属性）。"属性名称" 选取 "SW 管道长度"，列标题更改为"所有管道长度",内容为所有管道长度。

6)添加零件序号。选择工程图视图。单击"自动零件序号" （在"注解"工具栏上）。在属性对话框中的"零件序号布局"下，选择：方形；忽略多个实例；零件序号边线，单击"确定"按钮✔完成工程图创建，如图 5-114 所示。

图 5-112　插入材料明细表

图 5-113　修改列属性

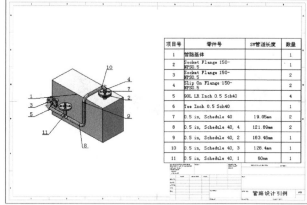

图 5-114　管路装配工程图

2. 管路系统设计的一般步骤

由以上引例可见，管路系统设计的基本原理是利用 3D 草图完成管道布局，并添加相应的管路附件，整个管路系统作为主装配体的一个特殊子装配体。其设计步骤如下。

1)打开装配：打开要建立的管路系统，必要时在装配体中建立管道中的起点和管道布线草图。

2)开始布路：从起点开始布路，确定管道，设置管道子装配体的名称和保存位置。

3)编辑布路：通过各种方法完成管路系统的线路图（3D 草图）。

4)添加附件：使用设计库添加必要的管路附件。

5)完成装配：完成管道子装配体，确定保存的管道零件名称和位置。

6)编辑修改：编辑管路系统的属性或线路草图，删除或添加管路附件。

3. 启动 SolidWorks Routing

单击"工具"→"插件"，在插件对话框中选中"SolidWorks Routing"复选框，单击"确定"按钮即可启动 SolidWorks Routing 插件，激活的"用户定义的线路"插件，如图 5-115 所示。

图 5-115　"用户定义的线路"插件

5.4.2 三维管路设计实践

下面完成图 5-116 所示的管路设计。操作步骤如下。

1. 选择

打开装配"Piping Assembly.SLDASM",在特征管理器的"配置"选项卡中双击配置"ROUTE2(_Display State-1)",如图 5-117 所示。

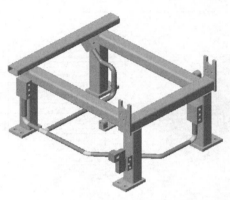

图 5-116 管路系统

图 5-117 管路系统配置

2. 新建线路

在"特征"管理器中选中零部件"manifold<1>"下的"CPoint1",单击命令管理器中的"管道设计"上的"启始于点",在线路属性对话框中单击"确定"按钮✔接受默认管道和弯管选项。从"CPoint1"向下生成新的线路,拖动该线路,结果如图 5-118 所示。

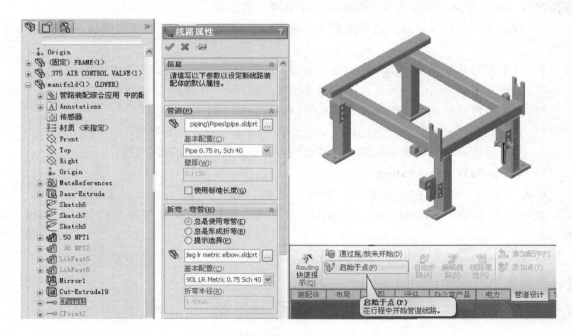

图 5-118 新建线路

3. 添加到线路

在特征管理器中右键单击零部件"manifold<2>"下的"CPoint1"，在弹出的快捷菜单中选择"添加到线路"，这样就在当前线路中新建另一条线路，向下拖动该线路延长到恰当位置。

4. 绘制 3D 线路

如图 5-119 所示，在"草图"工具栏中单击"直线"工具，新建线路。单击线路起点。按住〈Tab〉键，确定空间控标的方向为 YZ，释放〈Tab〉键，在平面 YZ 内沿 Z 轴方向绘制直线。按住〈Tab〉键，在 ZX 平面内绘制与 Z 轴成 135°的直线。在 ZX 平面内沿 X 轴方向创建最后一段直线。选择绘制的 3D 线路端点和"manifold<2>"下的线路端点，添加"合并"几何关系，完成线路创建。

5. 标注尺寸

添加如图 5-120 所示的角度尺寸和线性尺寸。

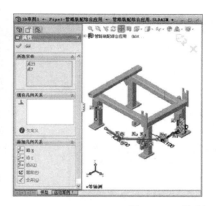
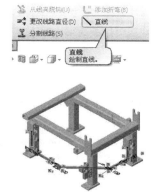
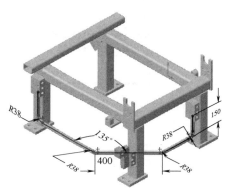

图 5-119　绘制 3D 线路　　　　　　　　图 5-120　角度尺寸和线性尺寸

6. 添加弯头

通过单击"退出草图"退出步路，如图 5-121 所示，打开"折弯-弯管"对话框，第一个弯管被放大并高亮显示，单击"浏览"按钮，选择文件夹"45 degree"中的零部件"45deg lr metric elbow.sldprt"生成弯管；选择"45L LR METRIC 0.75 Sch 40"作为"要使用的配置"。单击"确定"按钮，完成第一个折弯配置。重复上述步骤，完成所有弯头的配置，通过单击"退出零件"完成弯头配置。

7. 添加 T 形管

（1）分割实体　在命令管理器中单击"编辑现有管道设计线路"，选择第二段线路。如图 5-122 所示，使用"分割实体"工具来分割线路，标注 150mm 的尺寸来定位分割点。

（2）绘制方向线　按住〈Tab〉键，在 XZ 平面内绘制一条与管道线的方向垂直的直线。当从设计库中拖放 T 形管时，就指定了它的方向。

（3）添加 T 形管　从设计库的"routing/pipe/tees"中拖放"straight tee inch"配件到该配件的连接点，并选择如图 5-123 所示的配置。

8. 添加到线路 2

在特征管理器中右键单击零部件"manifold<3>"下的"CPoint1"，在弹出的快捷菜单中选择"添加到线路"。这样就在当前线路中新建另一条线路，拖动该线路延长到恰当位置。

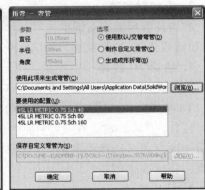

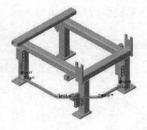

图 5-121　添加弯头

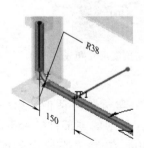

图 5-122　分割线路

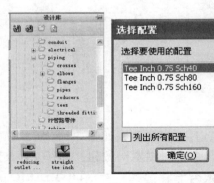

图 5-123　添加 T 形管

9. 自动步路

使用"自动步路"创建线路，选择"manifold<3>"下的线路端点 37 和 T 形管路段点 60 创建线路，如图 5-124 所示。

10. 标注尺寸

添加如图 5-125 所示的尺寸，完全定义该草图。

11. 完成管路装配体

单击"退出草图" 退出步路，通过单击"退出零件" ，完成管路装配体，如图 5-126 所示。

12. 干涉检查

单击"工具"→"干涉检查"，如图 5-127 所示，在干涉检查对话框中，单击"计算"按钮，干涉区显示在"结果"中，图形区中高亮显示当前干涉区，如图 5-128 所示。

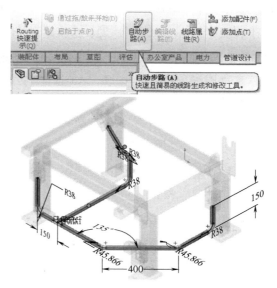

图 5-124　自动步路

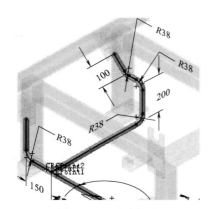

图 5-125　尺寸标注

图 5-126　管路装配体

图 5-127　干涉检查

图 5-128　高亮显示干涉区

205

13. 创建工程图

（1）新建工程图　单击"新建" □。在新建 SolidWorks 文档对话框中：a. 单击"高级"；b. 在"模板"选项卡中单击"工程图"　；c. 单击"确定"按钮。在"图纸格式/大小"对话框中：a. 选取标准图纸大小；b. 选取"A3-横向"；c. 单击"确定"按钮。打开新工程图，模型视图对话框出现。

（2）插入视图　在属性对话框中：a. 在"要插入的零件/装配体"下选取装配体；b. 单击"下一步"　；c. 在"方向"下为"标准视图"选择"等轴测"　；d. 在"显示样式"下选取"带边线上色"　；e. 在"尺寸类型"下选择"真实"。在图形区域中适当位置单击以放置视图。单击"确定"按钮　。

（3）添加材料明细表　单击"注解"工具栏上"表格"中的"材料明细表"　，在属性对话框中：a. 在"材料明细表类型"下，选择"仅限零件"单选框；b. 单击"确定"按钮　。在图形区域中，单击以放置材料明细表。

（4）修改材料明细表　更改材料明细表的"说明"列以显示有关管道长度的信息。

将指针移到列标题"说明"上，指针形状将变为　。单击以选取列。"列"的弹出工具栏出现。单击"列属性"　（在"列"弹出工具栏上）。如图 5-129 所示，在对话框中：a. "列类型"选取"ROUTE PROPERTY"（线路属性）；b. "属性名称"选取"SW 管道长度"。列标题更改为"SW 管道长度"，内容为所有管道长度。右键单击长度列，在弹出菜单中选择右

列类型：
ROUTE PROPERTY
属性名称：
SW管道长度

图 5-129　列类型

列，在长度列右侧插入一列，该列属性设为"SW 弯管角度"，格式化表格。

（5）添加零件序号　选择视图，单击"注解"工具的"自动零件序号"　。在零件序号布局对话框中，选择：方形；忽略多个实例；零件序号，单击"确定"按钮　，完成工程图，如图 5-130 所示。

5.4.3　计算机数据线建模

电力电缆的设计可以使用标准电缆生成线路。标准电缆的信息存储在 Excel 电子表格中，也可以生成自己的标准电缆和管筒库。下面以一个简单的三维布线问题讲解电力电缆的生成和线束工程图的建立过程。本例中包含 3 个接头零件：db9-plug、5pindin-plug 和 motor 1。motor 1 分别连接 db9-plug 和 5pindin-plug，由 2 条电线连接和 1 条电缆连接。电缆和 2 条电线从 1 个接头开始（motor 1，零件号 db15-plug）。4 条电缆芯线连接到第 2 个接头（con2，零件号 db9-plug）。2 条单独电线连接第 3 个接头（con3，零件号 5pindin-plug）。2 条电线命为 W11 和 W6，电缆命名为 C1，电缆带有 4 条芯线，分别命名为 S1W、S2W、S2t 和 W5。这些数据就是电气数据，需要导入到 SolidWorks 中去。

1. 定义电气属性

首先需要在 Excel 中建立一个表格（见表 5-4），保存文件为"sample fromto. xls"，用于定义接头之间和电线的属性。

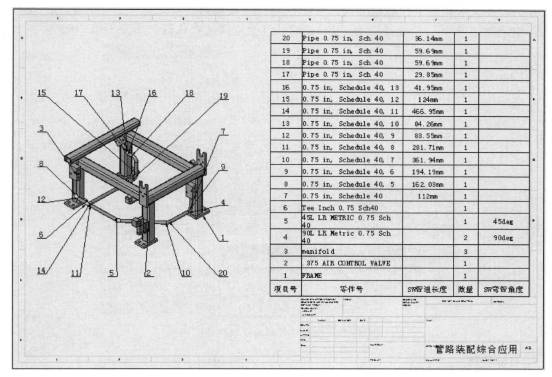

20	Pipe 0.75 in, Sch 40	36.14mm	1	
19	Pipe 0.75 in, Sch 40	59.69mm	1	
18	Pipe 0.75 in, Sch 40	59.69mm	1	
17	Pipe 0.75 in, Sch 40	29.85mm	1	
16	0.75 in, Schedule 40, 13	41.95mm	1	
15	0.75 in, Schedule 40, 12	124mm	1	
14	0.75 in, Schedule 40, 11	466.95mm	1	
13	0.75 in, Schedule 40, 10	84.26mm	1	
12	0.75 in, Schedule 40, 9	83.55mm	1	
11	0.75 in, Schedule 40, 8	281.71mm	1	
10	0.75 in, Schedule 40, 7	361.94mm	1	
9	0.75 in, Schedule 40, 6	194.19mm	1	
8	0.75 in, Schedule 40, 5	162.03mm	1	
7	0.75 in, Schedule 40	112mm	1	
6	Tee Inch 0.75 Sch40		1	
5	45L LR METRIC 0.75 Sch 40		1	45deg
4	90L LR Metric 0.75 Sch 40		2	90deg
3	manifold		3	
2	.375 AIR CONTROL VALVE		1	
1	FRAME		1	
项目号	零件号	SW管道长度	数量	SW零件角度

图 5-130　管路系统工程图

表 5-4　电气属性

芯线	电缆	电线	源接头	数目	源零件	目标接头	数目	目标零件
S1W	C1	W1	motor1	1	db15-plug	con2	3	db9-plug
S2W	C1	W2	motor1	2	db15-plug	con2	5	db9-plug
S2t	C1	W3	motor1	4	db15-plug	con2	2	db9-plug
W5	C1	W4	motor1	3	db15-plug	con2	4	db9-plug
W11	—	—	motor1	5	db15-plug	con3	1	5pindin-plug
W6	—	—	motor1	6	db15-plug	con3	1	5pindin-plug

2. 定置电气属性文件位置

新建一个装配体文件，保存文件为"电力电缆和线束 . sldasm"，单击"步路"→"电力"→"按从/到开始"来生成线路，如图 5-131 所示，在弹出的输入电力数据对话框中分别指定电力数据文件，电缆库文件：安装文件夹 \ data \ design library \ routing \ electrical \ sample from-co. xls；"零部件库文件"：data \ design library \ routing \ electrical \ components. xml；"电缆/电线库文件"：data \ design library \ routing \ electrical \ cable. xml。系统询问步路装配体的文件名，单击"确定"按钮✔接受 Routing 自动给出的装配体文件名和文件模版，在弹出的对话框中，提示是否现在放置零部件，单击"是"按钮。

3. 插入电缆头

在弹出的放置零部件对话框中依次单击插入零部件对话框中的"con2""con3"和"motor

1"，根据设计要求移动至合适的空间位置。在弹出的线路属性对话框中，在"电力"的"子类型"中选择"缆束"，"外径"为"2.5mm"，其余选项按默认值，如图5-132所示。

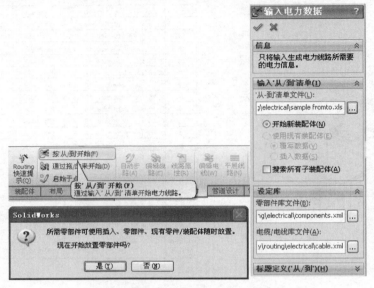

图5-131　由文件开始建立线路装配体

4. 自动步路

单击"电力"工具栏上的"自动步路"，弹出"自动步路"对话框，如图5-133所示。在"步路模式"选项中，选择"自动步路"单选框，依次单击 motor 1 和 con2 的连接点、motor 1 和 con3 的连接点，Routing 自动生成 3D 样条曲线，并出现预览。

图5-132　插入电缆头

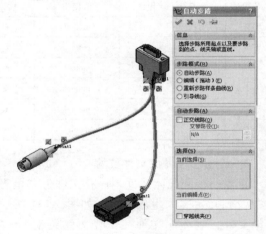

图5-133　自动步路

5. 平展线路工程图创建

在装配体环境下，单击"Routing"→"电力"→"平展线路"，在弹出的对话框中，选择当前生成的线束装配体。然后单击"打开工程图"，如图5-134所示。Routing 转入工程图的设计界面，自动以当前的线束装配体生成平面展开的 2D 工程图，计算并标注出线束的长度，如图5-135所示。

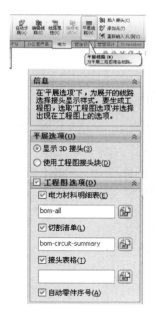

图 5-134　平展线路设置

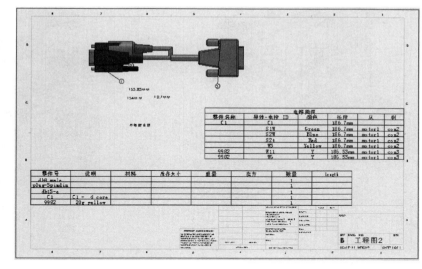

图 5-135　平展线路工程图

5.5　习题 5

5-1　生成螺旋弹簧工作高度和自由高的配置。

5-2　用智能扣件完成螺纹连接装配。

5-3　分别完成图 5-136 所示钣金零件和焊接件的设计。

5-4　完成图 5-137 所示管路系统的建模。

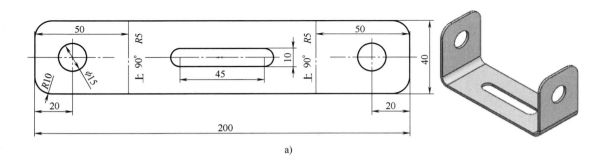

a)

图 5-136　钣金与焊接

a）钣金（壁厚 2mm，用展平、拆弯和从实体转换三种方法设计）

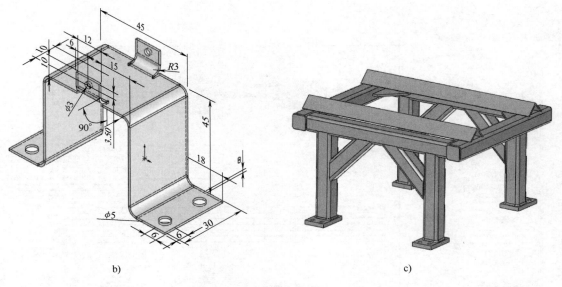

b)   c)

图 5-136 钣金与焊接（续）

b）钣金   c）焊接

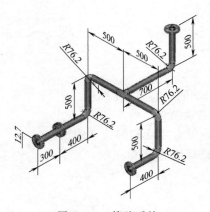

图 5-137 管路系统

第6章 机构运动/动力学仿真

计算机辅助工程（Computer Aided Engineering，CAE）主要是指用计算机对工程和产品的运行性能与安全可靠性进行分析，对其未来的状态和运行状态进行模拟，及早地发现设计计算中的缺陷，并证实未来工程、产品功能和性能的可靠性。其核心为有限元法（Finite Element Method，FEM）与虚拟原型（Virtual Prototyping，VP）技术。本章重点介绍 VP 技术。

运动仿真入门

6.1 机构分析快速入门

本节以图 6-1 所示的曲柄滑块机构的运动仿真为例说明 SolidWorks Motion 的基本步骤、基本功能、软件界面组成等内容。

6.1.1 引例：曲柄滑块机构分析

1. 问题描述

在图 6-1 所示的曲柄滑块机构中，已知曲柄 1 长度 $l_1 = 0.35$m，连杆 2 长度 $l_2 = 2.35$m。全部零件的材料为普通碳钢，滑块 3 及其附件的质量为 6kg。曲柄

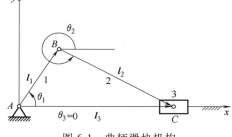

图 6-1　曲柄滑块机构

1 转速 n_1 为 300r/min，求曲柄 1 逆时针转动 $\theta_1 = 45°$时滑块 3 的位移和惯性力。

2. 仿真分析

［步骤 1］　打开曲柄滑块机构装配

打开〈资源文件〉中"6 机构仿真"下的"曲柄滑块机构 .SLDASM"装配体，并单击"运动算例"，打开运动管理器，选择分析类型为"Motion 分析"，如图 6-2 所示。

［步骤 2］　设置曲轴驱动力参数

在运动管理器工具条中单击"马达" 。在马达对话框中选"马达类型"为"旋转马达"；在图形区中选中曲轴端面作为马达"零部件/方向"；设定"运动参数"为"等速，300RPM"，单击"确定"按钮 。

［步骤 3］　仿真计算

如图 6-3 所示，单击运动管理器中的"放大时间线" ，拖动键码 ，设置仿真时间为 0.5s。单击运动管理器中的"运动算例属性" ，设置"每秒帧数"为"150"，单击"计算" ，系统自动计算运动。

［步骤 4］　查看结果

- 绘制滑块运动特性曲线

单击运动管理器工具栏上的"图解" ，如图 6-4 所示，在结果对话框中选择类别为

211

"位移/速度/加速度",子类别为"线性位移",结果分量为"X 分量",单击"部位"栏区,在图形区选择滑块,单击"确定"按钮 ✓,在图形区域中出现滑块质心位移曲线。

图 6-2　运动管理器

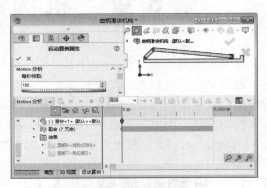

图 6-3　仿真参数设置

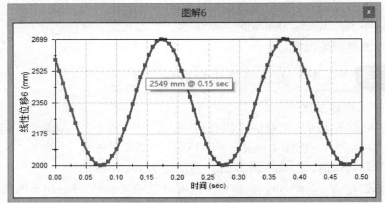

图 6-4　滑块质心 X 坐标曲线

重复上述步骤,可画出滑块质心速度和滑块质心加速度曲线,如图 6-5 和图 6-6 所示。

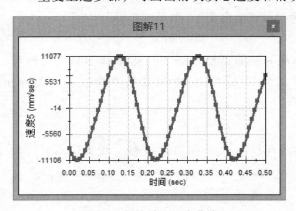

图 6-5　滑块质心速度曲线

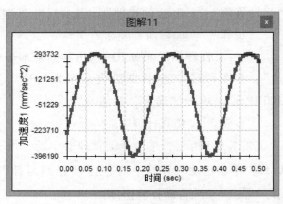

图 6-6　滑块质心加速度曲线

- 绘制滑块动力特性曲线

单击运动管理器工具栏上的"图解",如图 6-7 所示,在结果对话框中选择类别为

"力",子类别为"反作用力",结果分量为"X分量";单击 ![icon] 区,在设计树的"配合"中选中连杆与滑块的配合"同心3";单击 ![icon] 区,在设计树中选中"机架"作为参考坐标系,单击"确定"按钮 ![icon],在图形区域中出现滑块惯性力曲线,如图6-8所示。

图6-7　滑块惯性力设置

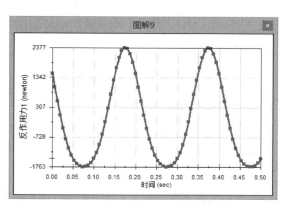

图6-8　滑块惯性力曲线

- 结果比较

由表6-1可见解析法和虚拟原型仿真法所得结果非常接近。但虚拟原型仿真法非常简单,而且可以直接在机构的装配模型中进行分析,效率高,时间短。

表6-1　曲柄1逆时针转动 $\theta_1 = 45°$ 时,滑块运动分析和动力分析结果比较

计算方法	l_3/m	$V_3/(m/s)$	$a_3/(m/s^2)$	P_3/N
解析法	2.58	−8.59	−271.29	1627.74
虚拟原型仿真法	2.55	−7.90	−261.43	1559.00

6.1.2　SolidWorks Motion 基础

1. 机构仿真步骤

机构分析的目的在于掌握机构的组成原理、运动性能和动力性能,以便合理地使用现有机构并充分发挥其效能,或为验证和改进设计提供依据。

由以上引例分析可知,机构仿真的基本步骤如下。

- 装机械:在CAD软件中完成机构装配。
- 添驱动:为主动件添加运动参数(如位移)或动力参数(如转矩)。
- 做仿真:设置仿真时间、仿真间隔等仿真参数后,运行仿真计算。
- 看结果:察看运动件的运动特性(如位移曲线)和运动副的动力特性(如反作用力)。

2. SolidWorks Motion 启动与用户界面

SolidWorks Motion是ADAMS软件的简化版运动仿真模块,它以插件的形式无缝兼容于SolidWorks。和其他插件一样,单击"工具"→"插件",在插件对话框中选中"SolidWorks Motion",单击"确定"按钮,或如图6-9所示,单击"办公室产品"中的"SolidWorks Motion",单击左下角的"运动算例",在"运动类型"列表中选中"Motion分析"即可打开运动管理器。

- 设计树：设计树中包含驱动元素（如"旋转马达"）、装配体中的零部件和分析结果等。
- 时间线：时间线位于运动管理器设计树的右方，在 SolidWorks Motion 中可用于设定仿真时间。
- 管理工具：管理工具中包含添加驱动元素等工具图标。

图 6-9　SolidWorks Motion 用户界面

3. SolidWorks Motion 驱动元素的类型

SolidWorks Motion 可利用"马达" 改变位移、速度或加速度等运动参数以定义各种运动；还可以利用"力" 、"引力" 、"弹簧" 、"阻尼" 、"3D 接触" 和"配合摩擦" 分析 改变动力参数以影响运动。驱动元素的作用和添加方法见表 6-2。

表 6-2　SolidWorks Motion 驱动元素的作用和添加方法

名称	作用	添加方法
马达	以运动参数（位移、速度、加速度）驱动主动件	马达类型："旋转马达"或"线性马达"； 零部件/方向：选取与马达方向平行或垂直的面； 运动类型及相应值：等速、距离、振荡或插值
力	以动力参数（力、力矩）驱动或阻碍构件运动	力类型："线性力"或"扭转力"； 方向：选取作用点和与力方向垂直或平行的面； 力函数：
引力	以动力参数（弹力）驱动或阻碍构件运动	引力参数：设引力的方向和加速度值
弹簧	以动力参数（弹力）阻碍构件运动	弹簧类型："线性弹簧"或"扭转弹簧"； 弹簧参数：选取两端点，设刚度和阻尼值； 显示：设簧条直径、中径和圈数，仅供三维显示用
阻尼	以动力参数（阻尼力）阻碍构件运动	阻尼类型："线性阻尼"或"扭转阻尼"； 阻尼参数：选取两端点，设阻尼值
3D 接触	在两个构件之间建立不可穿越的约束，并以动力参数（摩擦力）阻碍构件运动	定义：选择要生成 3D 的两个零部件 摩擦：定义动态/静态摩擦系数 弹性：定义碰撞时的冲击或恢复系数
配合摩擦	以动力参数（摩擦力）阻碍构件运动	在"配合"的 分析 中指定材料或摩擦系数

6.2　SolidWorks Motion 应用

本节通过压气机等机构仿真分析实例深入介绍相关运动副添加、驱动元素施加、仿真参数设置、运动图解绘制等内容。

6.2.1　压气机机构仿真分析

对如图 6-10 所示的活塞式压气机进行机构仿真分析。

1. 结构分析

活塞式压气机是一种将机械能转化为气体势能的机械。电动机通过皮带带动曲柄转动，由连杆推动活塞移动，压缩气缸内的空气达到需要的压力。曲柄旋转一周，活塞往复移动一次，压气机的工作过程可分为吸气、压缩、排气三步。对活塞式压气机进行结构分析可知：曲柄为原动件，机体和气缸为机架，活塞和连杆为杆组。其中包括曲柄和机体之间的转动副、曲柄与连杆之间的转动副、活塞与连杆之间的转动副及活塞与气缸之间的移动副。

2. 运动仿真分析

［步骤 1］打开活塞压气机装配

打开〈资源文件〉中的"活塞式压气机.sldasm"，并单击"运动算例 1"，打开运动管理器，选择分析类型为"Motion 分析"，如图 6-10 所示。

［步骤 2］　初始位置的确定

为了使压气机的初始位置在 0°，要把曲柄转动中心和连杆安置在同一竖直线上。添加位置配合，然后将其设为"压缩"状态。

［步骤 3］　设置曲轴驱动力参数

在运动管理器工具条中单击"马达" 。如图 6-11 所示，在马达对话框中选"马达类型"为"旋转马达"；在图形区中选中曲轴端面作为马达"零部件/方向"；设定"运动"参数为"等速，100RPM"，单击"确定"按钮 。

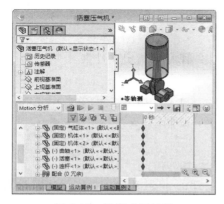

图 6-10　活塞式压气机

图 6-11　设定曲柄驱动力速度参数

［步骤 4］　仿真计算

如图 6-12 所示，拖动键码◆，设置仿真时间为 0.6s，单击"计算" ，系统自动计算运动。

[步骤 5]　查看结果

- 绘制活塞质心位移曲线

单击运动管理器工具栏上的"图解" ，如图 6-13 所示，在"结果"中选择类别为"位移/速度/加速度"，子类别为"线性位移"，结果分量为"Y 分量"，单击 区，在图形区选择活塞侧面，单击"确定"按钮 ，在图形区域中出现活塞质心位移曲线。

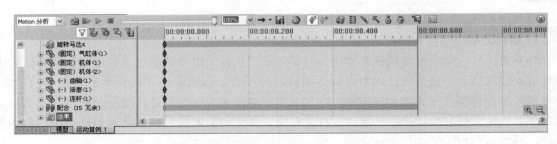

图 6-12　仿真参数设置

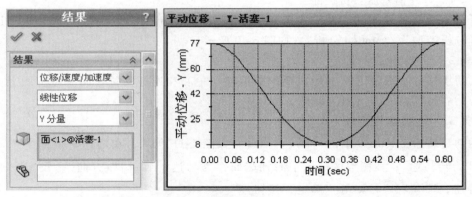

图 6-13　活塞质心位移曲线

- 生成 avi 格式动画

单击运动管理器工具栏上的"保存" ，将动画文件保存到指定文件夹。

- 输出仿真数据

在设计树的"结果"中，右键单击"图解 1<线性位移 1>"，在弹出的菜单中选择"输出到电子表格"，仿真测试数据将输入到一个电子表格中，并绘制图形。

3. 动力仿真分析

[步骤 1]　确定工作阻力

活塞上的工作阻力是气缸内压强与活塞端面面积的乘积。由运动分析得到活塞位移后，即可确定气缸的容积变化，结合进排气门打开时曲柄的位置和空气性能参数可得到压气机工作过程中曲柄位置与活塞受力的关系数据，见表 6-3。

[步骤 2]　生成工作阻力数据文件

在本部分要利用文件数据生成一个活塞工作阻力数据文件。操作步骤如下：

表 6-3　活塞运转数据

时间/s	曲柄位置/(°)	活塞阻力/N	工作过程
0.00	0	0.0	吸气
0.25	150	0.0	
0.30	180	1534.6	压缩
0.35	210	1616.9	
0.40	240	1921.5	
0.45	270	2715.5	
0.50	300	3348.3	
0.55	330	3348.3	排气
0.60	360	0.0	

在"记事本"中编辑工作阻力数据文件，并保存为"活塞阻力.txt"，如图6-14所示。

[步骤3]　添加工作阻力

在运动管理器工具条中单击"力" 。如图6-15所示，在图形区单击活塞顶面，在力对话框的"力函数"下拉列表框中选"数据点"，在弹出的对话框中选择"插值类型"的"Akima"单选框；单击"输入数据"，选择前面保存的"活塞阻力.txt"，单击"确定"按钮✔。

图 6-14　活塞阻力数据文件

图 6-15　添加"插值"形式的力

[步骤4]　仿真计算

单击"计算" 📠，系统自动计算运动。

[步骤5]　查看工作阻力

单击运动管理器工具栏上的"图解" 📈，如图6-16所示，在"结果"中选择类别为"力/力矩"，子类别为"反作用力"，结果分量为"幅值"，在运动管理器中单击"力"将其选入，单击 ⬜ 区，单击"确定"按钮✔，绘制活塞上的阻力。

同理，可以绘制活塞和连杆之间的运动副"同心"的反力。

[步骤6]　查看平衡力矩

单击运动管理器工具栏上的"图解" 📈，如图6-17所示，在"结果"中选择类别为"力/力矩"，子类别为"反力矩"，结果分量为"幅值"，在运动管理器中单击"驱动马达"单击"确定"按钮✔，绘制平衡力矩。

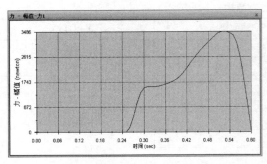

图 6-16　绘制工作阻力曲线

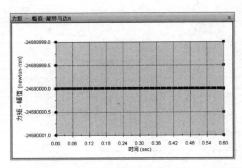

图 6-17　绘制平衡力矩曲线

6.2.2　阀门凸轮机构仿真设计

本例介绍了用 SolidWorks Motion 来解决间歇接触问题，并以 3D 接触的方式来保证摇杆始终与凸轮的接触。阀门、摇臂及其轴、凸轮及其轴和机架组成，如图 6-18 所示。

阀门凸轮
机构仿真

[步骤 1]　打开装配模型

打开〈资源文件〉中的"Valve_Cam. sldasm"。

[步骤 2]　启动 Motion 插件

如图 6-19 所示，单击工具条中的"SOLIDWORKS 插件"，单击"SOLIDWORKS Motion"启动该插件。在屏幕左下角单击"运动算例 1"，在算例类型下拉列表框中选择"Motion 分析"。

[步骤 3]　添加模拟成分

1）添加旋转马达：在运动管理器工具条中单击"旋转马达" ，单击选凸轮轴端面，如图 6-20 所示，在马达对话框中选"旋转马达"，"运动"参数为"等速，1200RPM"，单击"确定"按钮 。

图 6-18　阀门凸轮机构

图 6-19　启动 Motion 插件

图 6-20　"旋转马达"设置

2）添加凸轮接触：在运动管理器工具条中单击"3D 接触" 。如图 6-21 所示，在 3D 接触对话框中设"定义"为在图形区中单击选中摇臂和凸轮；不选中"摩擦"复选框，单击"确定"按钮 。

3）添加阀门接触：重复上述步骤，在阀门和摇臂之间加一个 3D 接触。

4）添加阀门弹簧：在运动管理器工具条中，单击"弹簧" ，如图 6-22 所示，在运动管理器工具条中单击"添加弹簧"按钮。进入弹簧对话框，选择阀门平板下表面为第一个对象，选择导管大圆柱上表面边线作为第二个对象，设定弹簧刚度 k 为"10.00 牛顿/mm"，自由长度设为"60.00mm"，单击"确定"按钮  添加阀门弹簧。

图 6-21　凸轮 3D 接触设置

图 6-22　阀门弹簧设置

［步骤 4］　仿真计算

右键单击运动管理器工具条中的键码 ◆，在弹出的菜单中选择"编辑关键时间点"，设置仿真时间为 0.1s，单击右下角的 。单击运动管理器中的"运动算例属性" ⚙，设置"每秒帧数"为 1500。单击"计算" 按钮，系统自动计算运动。

［步骤 5］　测试阀门开度

单击运动管理器工具条上的"图解" ，在结果对话框中选择类别为"位移/速度/加速度"，子类别为"线性位移"，结果分量为"幅值"，单击 区，在图形区选择"阀门"杆圆柱面，单击"确定"按钮 ，在图形区域中出现阀门位移曲线，如图 6-23 所示。

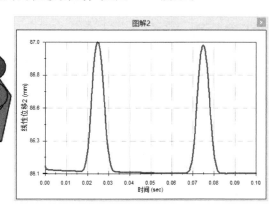

图 6-23　阀门位移曲线设置

［步骤 6］　测试凸轮接触力

单击运动管理器工具条中的"结果和图解" ，如图 6-24 所示，选择 a. "力"作为类别；b. "接触力"用于子类别；c. "幅值"作为结果分量。选取接触中的零部件：在零部件选

择▣区，在图形区选取进行接触的摇杆面和凸轮杆面。单击"确定"按钮 ✔，在图形区域中出现接触力曲线。

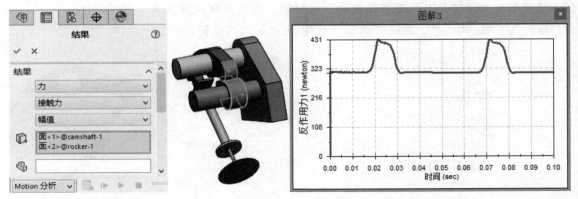

图 6-24　接触力曲线设置

6.2.3　工件夹紧机构仿真设计

如图 6-25 所示，工件夹紧机构由夹紧杆、加力杆、连杆和机架组成，试分析夹紧力。

［步骤 1］　打开装配模型

打开〈资源文件〉中的"工件夹紧机构.sldasm"。

［步骤 2］　启动 Motion 插件

单击工具条中的"SOLIDWORKS 插件"，单击"SOLIDWORKS Motion"启动该插件。如图 6-26 所示，在屏幕左下角单击"运动算例 1"，在算例类型下拉列表框中选择"Motion 分析"。

［步骤 3］　添加模拟成分

1）添加驱动力：在运动管理器工具条中单击"力" ↖，如图 6-27 所示，选择"力"，单击加力杆顶点为加载位置，机架下边线为加载方向，"力函数"为"常量，10 牛顿"，单击"确定"按钮 ✔。

2）添加左夹紧杆接触：在运动管理器工具条中单击"3D 接触" 🔔。如图 6-28 所示，在 3D 接触对话框中设"定义"为在图形区中单击选中左夹紧杆和工件；不选中"摩擦"复选框，单击"确定"按钮 ✔。

3）添加右夹紧杆接触：重复上述步骤，在右夹紧杆和工件之间加一个 3D 接触。

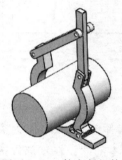

图 6-25　工件夹紧机构　　图 6-26　启动 Motion 分析　　图 6-27　驱动力设置　　图 6-28　接触设置

［步骤4］ 仿真计算

单击运动管理器工具条中的键码◆，默认仿真时间为5s，单击右下角的🔍。单击运动管理器中的"运动算例属性"⚙️，默认"每秒帧数"为25。单击"计算"📊按钮，系统自动计算运动。

［步骤5］ 测试工件接触力

单击运动管理器工具条中的"结果和图解"🖼️，在结果对话框选择a."力"作为类别；b."接触力"用于子类别；c."幅值"作为结果分量。选取接触中的零部件：在零部件选择🔲区，在图形区选取进行接触的左夹紧杆面和工件面。单击"确定"按钮✔️，在图形区域中出现接触力曲线，如图6-29所示。重复上述步骤，绘制右夹紧杆接触力曲线，如图6-30所示。

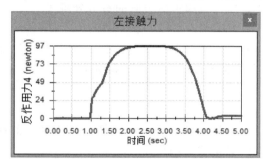

图6-29 左夹紧杆接触力曲线

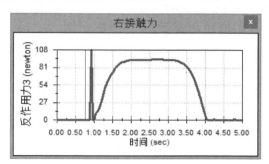

图6-30 右夹紧杆接触力曲线

6.2.4 挂锁夹紧机构仿真设计

本部分将介绍如何使用 SolidWorks Motion 解决一个实际工程问题。内容包括以下基本步骤。

1）创建一个包括运动件、运动副、柔性连接和作用力等在内的机械系统模型。

2）通过模拟仿真模型在实际操作过程中的动作来测试所建模型。

3）深化设计，评估系统模型针对不同的设计变量的灵敏度。

4）优化设计方案，找到能够获得最佳性能的最优化设计组合。

1. 问题描述

在人造太空飞船研制过程中，Earl Holman 发明了一个挂锁模型，它能够将运输集装箱的两部分夹紧在一起，由此产生了该弹簧挂锁的设计问题。该挂锁共有12个，在阿波罗计划中，它们被用来夹紧登月舱和指挥服务舱。挂锁由手柄、曲柄、钩头、连杆和机架组成，如图6-31所示。

（1）工作原理 在 P_4 处下压操作手柄，挂锁就能够夹紧。下压时，曲柄绕 P_1 顺时针转动，将钩头上的

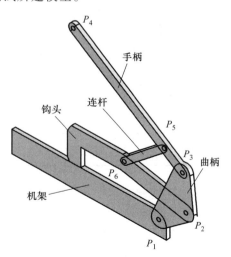

图6-31 挂锁夹紧机构

P_2 向后拖动，此时，连杆上的 P_4 向下运动。当 P_5 处于 P_6 和 P_3 的连线上时，夹紧力达到最大值。P_5 应该在 P_3 和 P_6 连线的下方移动，直到操作手柄停在钩头上部。这样使得夹紧力接近最大值，但只需一个较小的力就可以打开挂锁。

根据对挂锁操作过程的描述可知，P_1 与 P_6 的相对位置对于保证挂锁满足设计要求是非常重要的。因此，在建立和测试模型时，可以通过改变这两点之间相对位置来研究它们对设计要求的影响。

（2）设计要求　能产生至少 800N 的夹紧力。手动夹紧，用力不大于 80N，手动松开时做功最少。必须在给定的空间内工作。有振动时，仍能保持可靠夹紧。

2. 建模

在 SolidWorks 零件建模环境中按图 6-32 所示尺寸建立厚度为 5mm 的所有零件的实体模型，设置其材料为"普通碳钢"，并在手柄把手位置的孔处插入施加手柄力时的参考分割线。

3. 装配

在 SolidWorks 装转配环境中，先插入机架并使其固定，然后插入其他零件；用"重合"配合将所有零件配合在同一平面上，用"同轴心"配合将各零件的孔中心连接起来；用"重合"配合将机架顶面与钩头前端底面配合在同一平面上。

4. 测试初始模型

在测试阶段要完成以下工作：加一个 3D 接触、一个拉压弹簧和一个手柄力；压缩"重合5（机架与钩头）"，以免影响后面的仿真分析；测试弹簧力和手柄角度。

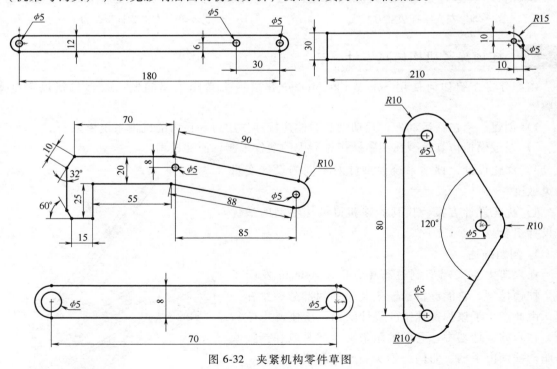

图 6-32　夹紧机构零件草图

[步骤 1]　压缩机架与钩头"重合"

在装配设计树中右键单击"重合5（机架与钩头）"，在弹出菜单中选择"压缩"，以免影响后面的仿真分析。

［步骤2］ 添加3D接触

本部分要在钩头和机架之间加一个3D接触，限制钩头只能在机架表面上滑动。

在运动管理器工具条中单击"3D接触" 📛。如图6-33所示，在3D接触对话框中设"定义"为在图形区中单击选中机架和钩头；不选中"摩擦"复选框，单击"确定"按钮 ✔。

［步骤3］ 加一个拉压弹簧

弹簧代表钩头夹住集装箱时的夹紧力。弹簧的刚度是120N/mm，表示钩头移动1mm产生的夹紧力为120N，阻尼系数是0.5N·s/mm。

在运动管理器中，单击"弹簧" 🗐，单击"添加弹簧"按钮。进入"弹簧"对话框，如图6-34所示，选择钩头顶面在机架面上的端线作为第一个对象，选择机架上端线作为第二个对象，设定弹簧刚度K为120，阻尼系数C为0.5，单击"确定"按钮 ✔。

［步骤4］ 加一个手柄力

在本部分要生成一个合力为80N的手柄力，代表手能施加的合理用力。操作步骤如下：

在运动管理器工具条中单击"力" 🡤。如图6-35所示，在力对话框中设作用位置为"手柄"圆孔面，作用方向为"沿孔的分割线"向下，大小为80，单击"确定"按钮 ✔，完成仿真建模，如图6-36所示。

［步骤5］ 仿真计算

图6-33 3D接触

图6-34 弹簧参数

图6-35 手柄力参数

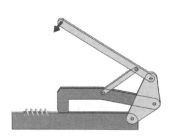

图6-36 夹紧机构仿真模型

单击运动管理器中的"放大时间线" 🔍，拖动键码 ◆，设置仿真时间为0.2s。单击运动管理器中的"运动算例属性" 📋，设置"每秒帧数"为200。

单击"计算" 🖥 按钮，系统自动计算运动。

［步骤6］ 测试弹簧力

对于挂锁模型，需要对夹紧力进行测试并与设计要求进行比较。弹簧力的值代表夹紧力的大小。操作步骤：单击运动管理器工具条上的"图解" 📈，如图6-37所示，在结果对话框中选择类别为"力"，子类别为"反作用力"，结果分量为"幅值"，单击 🔲 区，在图形区选择"线性弹簧"，单击"确定"按钮 ✔，在图形区域中出现反力曲线。

[步骤 7]　测试手柄角度

再进行一次角度的测试来以反映手柄压下的行程。挂锁锁紧时，手柄处于过锁紧点位置，从而保证挂锁处于安全状态。这和用台虎钳夹紧相似，台虎钳夹在材料上的那一点就是自锁点。单击运动管理器工具条上的"图解" ，在结果对话框中选择类别为"位移/速度/加速度"，子类别为"角位移"，结果分量为"幅度"，单击 🧊 区，在图形区选择"手柄"，单击"确定"按钮 ✔，在图形区域中出现手柄角位移曲线，如图 6-38 所示。

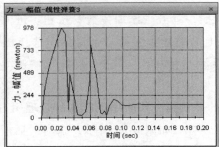

图 6-37　反力曲线　　　　　　　　　图 6-38　角位移曲线

[步骤 8]　结果分析

由以上分析结果可见，弹簧力（即夹紧力）为 978N，大于规定值（800N），且手柄转角超过锁紧点位置（104°），即手柄处于过锁紧点位置，可保证挂锁处于安全状态。所以，该方案满足设计要求。

5. 优化设计参数

本部分要对设计变量变化对夹紧力大小的影响进行研究。要完成两项任务：建立设计变量和灵敏度分析。

[步骤 1]　建立设计变量

选取以下除机架之外的零件的长度方向尺寸作为设计变量。

[步骤 2]　灵敏度分析

为了研究设计变量的影响，按照将其中 1 个设计变量增大 20%，其他设计变量不变，分别完成增加和减小变量值的仿真，根据弹簧力与原方案的变化率的大小可以得出各变量对结果的影响程度，即灵敏度。

[步骤 3]　优化方案选择

根据步骤 2 的研究结果，确定各变量的增减方式后，组成新的方案进行研究，得出优化方案。下面研究改变曲柄垂直尺寸的方案。

首先打开曲柄零件，将在其草图中修改曲柄垂直尺寸和夹角，如图 6-39 所示。然后，回到装配图，此时钩头和机架的接触面不再重合，在装配设计树中右键单击该配合，在弹出菜单中选择"解压缩"使其恢复后，再重复上述步骤将其改回到"压缩"状态。最后，重新仿真，并观察在该方案下的夹紧力和手柄角位移，如图 6-40 所示。

由图可见，此方案下的夹紧力为 964N，满足设计要求。

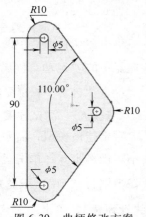

图 6-39　曲柄修改方案

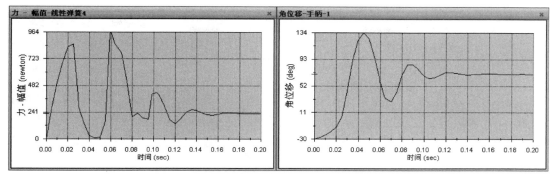

图 6-40　反力曲线及角位移曲线

6.3　自上而下的装配设计

　　产品的最终结果是一个装配体，设计的目的是得到结构最合理的装配体。装配体中包含了许多零件，如果单独设计每一个零件，即采用自下而上装配设计方法，最终的设计结果可能需要进行大量的修改。如果在设计中能够充分地参考已有零件的结构，可以使设计更接近装配的结构，即在装配状态下进行设计更合理，该方法称为自上而下装配设计方法。本节以曲柄摇杆机构设计为例，介绍自上而下装配设计方法的操作步骤。

6.3.1　快速入门

1. 引例——曲柄摇杆机构设计

　　如图 6-41 所示，曲柄摇杆机构参数包括：曲柄长度 L_1、连杆长度 L_2、摇杆长度 L_3、机架长度 L_4、极位夹角 θ 和摇杆摆角 ψ。极位夹角 θ 是曲柄摇杆机构在曲柄与连杆拉直共线位置和曲柄与连杆重叠共线位置两个极限位置之间的夹角。已知曲柄长度 $L_1 = 35\text{mm}$，连杆长度 $L_2 = 120\text{mm}$，摇杆长度 $L_3 = 90\text{mm}$，机架长度 $L_4 = 100\text{mm}$，试设计此曲柄摇杆机构。

　　（1）总体布置设计

　　[步骤 1]　新建布局

　　单击"新建"按钮，选择装配体后，单击"确定"按钮。在"开始装配体"对话框中单击"取消"按钮后，再单击 ✖，系统新建一个装配体，在"布局"工具条中单击"生成布局"。将该新建的装配体保存为"自上而下设计入门 . sldasm"。

　　[步骤 2]　草图块绘制

　　1）曲柄草图绘制：用直线工具绘制曲柄直线草图，为其标注装配尺寸 35mm。

　　2）曲柄草图块制作：在图形区单击选中曲柄草图线，如图 6-42 所示，单击"布局"工具条上的"制作块"，单击"确定"按钮 ✔。单击设计树中的块名称，更名为"曲柄"。

　　3）其他零件草图块制作：重复上述步骤，制作连杆、摇杆、机架等草图块。"连杆"长度为 120mm，"摇杆"长度为 90mm，"机架"长度为 100mm。

　　[步骤 3]　草图块装配

　　在图形区单击"机架"块，为其添加"水平"约束；按住〈Ctrl〉键，单击选择其左端点

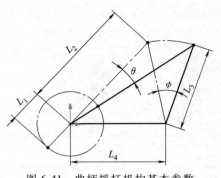

图 6-41　曲柄摇杆机构基本参数

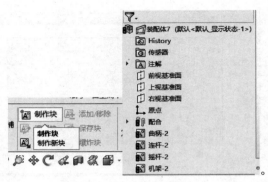

图 6-42　草图块制作

和坐标原点，添加"重合"约束。

重复上述步骤，如图 6-43a 所示，为曲柄、连杆和摇杆的连接点添加"重合"约束。在"布局"工具条上单击"布局"按钮，完成机构草图块总体装配，如图 6-43b 所示。

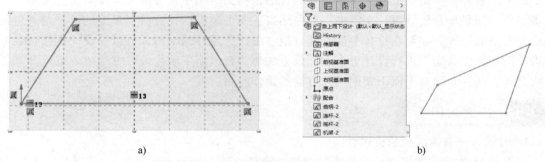

a)　　　　　　　　　　　　　　　　　　　　　b)

图 6-43　曲柄摇杆机构草图块模型

（2）总体参数验证

[步骤 1]　启动 Motion 插件

单击工具条中的"SOLIDWORKS 插件"，单击"SOLIDWORKS Motion"启动该插件，如图 6-44a 所示，单击左下角的"运动算例 1"，选中下拉列表框中的"Motion 分析"。

[步骤 2]　机构运动仿真

如图 6-44b 所示，在运动管理器中单击"旋转马达" ，在图形区中单击机架和曲柄的交点，在马达对话框中单击"确定"按钮 ，默认马达速度。在运动管理器中单击"计算" ，开始仿真。

[步骤 3]　摇杆摆角图解

在运动管理器中单击"图解" ，在图形区单击摇杆，如图 6-44c 所示，在结果对话框中依次选中"位移/速度/加速度""角位移""幅值"，单击"确定"按钮 ，绘制摇杆角位移，如图 6-44d 所示。可见摇杆摆角为 $131° - 66° = 65°$。

（3）零件设计

[步骤 1]　生成块零件

如图 6-45 所示，在设计树中右键单击"曲柄-2"块，在弹出菜单中选择"从块制作零件"，

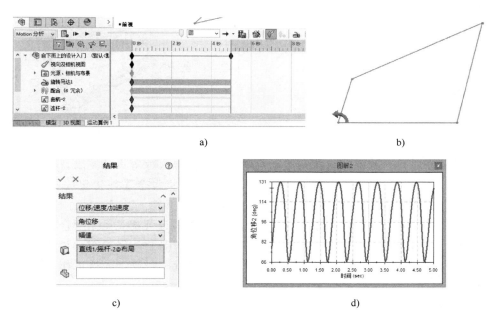

a)

b)

c)

d)

图 6-44 曲柄摇杆机构运动仿真

图 6-45 从块制作零件

设"块到零件约束"方式为"在块上",单击"确定"按钮 ✔。单击两次"确定"按钮。

重复上述步骤,分别制作"连杆""摇杆""机架"的块零件,完成草图块到零件的转换,此时的设计树如图 6-46 所示。

[步骤 2] 零件详细设计

在设计树中右键单击"曲柄",然后在弹出菜单中选择"打开零件"工具 ,在零件建模环境中,选前视基准面为草图平面,用"直槽口"工具 ,绘制长度与草图中心线相等、直径为 5mm 的草图,用"拉伸"特征创建厚度为 5mm 的零件,为其添加材料为"普通碳钢"。

重复上述步骤,分别制作"连杆""摇杆""机架"零件,如图 6-47 所示。

2. 自上而下的设计步骤

由以上引例可见,自上而下的设计思路是"**先骨架,次装配,再验证,后实体**",设计步骤如下。

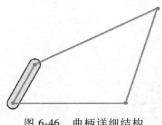

图 6-46　曲柄详细结构

图 6-47　曲柄摇杆机构模型

（1）整体规划　确定产品的机构组成、运动关系、总体尺寸等设计要求。

（2）建立机器骨架　画出产品的各个零部件骨架，并将每个零件骨架按照装配关系组装成装配骨架模型。骨架模型包含整个装配的重要的装配参数和装配关系。

（3）装配关系验证　对装配骨架模型进行运动模拟，验证装配关系是否合理。

（4）零件细化设计　根据设计信息，在零部件骨架基础上，完成零部件结构形状设计。为了防止配合部位发生干涉，可以在装配环境中对零件进行关联设计。这正如 3ds Max 在做人物动画时先绘制骨骼再赋予肌肉的原理是一样的。

（5）装配模型验证　用细化后的零件模型替换装配骨架模型中的零件骨架模型，完成装配模型设计。对装配模型进行干涉检查，验证零件结构的装配合理性。

3. 自上而下设计的类型

由于零件的一个或多个特征由装配体中的其他零件定义，其设计意图（特征大小、装配体中零部件的放置等）来自顶层装配体并下移到零件，因此称为"自上而下"设计方法，又称关联设计。自上而下的设计可采取以下两种方法。

1）编辑零部件的设计方法（混合法）：零件的某些特征通过参考装配体中的其他零件而自上而下设计。通常在零件环境中创建零件的非关联特征（属于自下而上的设计方法），然后在装配环境下用"编辑"命令来创建零件的关联特征（属于自上而下的设计方法）。如，为了防止配合部位发生干涉，可以在装配环境中对零件进行关联设计，即参考已有零件的特征进行设计。如轴与孔的配合确定后，轴与孔的尺寸即形成关联，当修改轴的尺寸时，孔的尺寸应该做相应的改变。关联设计的目的就是要实现自动响应这些变更，以保证设计结果的一致性。

2）布局草图的设计方法：整个装配体从布局草图开始自上而下设计。通常，首先通过绘制一个或多个布局草图，定义零部件位置和装配总体尺寸（如长度尺寸）等，然后，在生成零件之前，分析机构运动关系，优化布局草图；最后，利用以上布局草图作为参考基准，给定断面形状及断面尺寸，以创建零件的三维模型。

6.3.2　螺栓联接自上而下设计

如图 6-48 所示，在"3.1.1 装配设计快速入门"中完成的螺栓联接装配后，为了防止配合部位发生干涉，可以在装配环境中对零件进行关联设计，保证设计结果的一致性，具体要求见表 6-4。

［步骤 1］　打开自下而上设计的装配文件

打开〈资源文件〉中的"螺栓联接 .sldasm"文件，并另存为"螺栓联接自上而下设计 .sldasm"文件。

表 6-4　螺栓联接装配自上而下设计的零件关联关系

序号	相互关联的零件	关联关系
1	螺栓和其他零件	缸体和盖板螺栓孔径比螺杆直径大 2mm； 弹簧垫圈内径比螺杆直径大 2mm； 螺母孔径与螺杆直径相等； 螺栓长度高出螺母上表面 3 个螺纹的螺距，约 10mm
2	缸体和盖板	螺栓孔的位置一致，直径相等

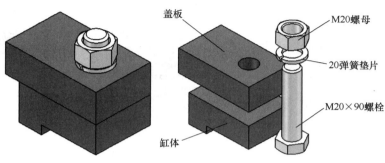

图 6-48　螺栓联接

［步骤 2］　盖板螺栓孔关联设计

为了便于操作，先隐藏除缸体和盖板之外的其他零件。

如图 6-49 示，在装配设计树中单击选中"盖板<2>"，在"装配体"工具条中单击"编辑零部件"，展开盖板节点，右键单击盖板的螺栓孔草图，在弹出菜单中先删除原来的草图尺寸，再添加草图圆与缸体圆线的"全等"关系，如图 6-50 所示，单击"模型更新" ，完成盖板螺栓孔关联设计。

图 6-49　编辑盖板命令

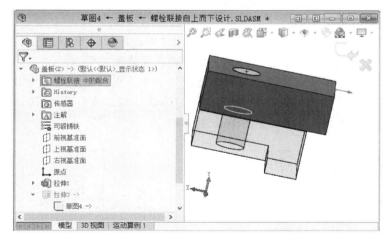

图 6-50　螺栓联接

［步骤 3］　缸体螺栓孔直径关联设计

为了便于操作，先隐藏除缸体和螺栓之外的其他零件。

在装配设计树中单击选中"缸体"，在"装配体"工具条中单击"编辑零部件"，展开缸体节点，右键单击缸体的螺栓孔草图，在弹出菜单中先删除原来的草图尺寸，再添加草图圆，草图圆比螺柱圆大 2mm 的尺寸约束，单击"装配体"工具条中"编辑零部件"完成零件更新。

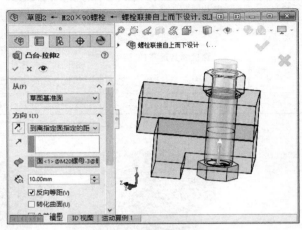

图 6-51　螺栓联接

重复上述步骤，分别完成弹簧垫片内径比螺杆直径大 2mm 和螺母内径与螺杆直径相等的关联设计。

［步骤4］　螺栓长度关联设计

如图 6-51 所示，在装配设计树中单击选中"螺栓"，在"装配体"工具条中单击"编辑零部件"，展开螺栓节点，右键单击螺杆特征，在弹出菜单中选择"凸台-拉伸"，在弹出对话框中，将其"方向"改为"到离指定面指定的距离"，距离设为 10mm，选中"反向等距"复选框，单击"确定"按钮 ✔，完成螺栓长度关联设计。

［步骤5］　关联设计验证

可以通过将盖板厚度改为 20mm 验证螺栓长度的关联变化，更改螺杆直径为 15mm 验证其他各个零件孔径的随动变化，每次更改后单击"模型更新" 🔘。

6.3.3　发动机自上而下设计

下面将以发动机为例，讲述在 SolidWorks 中从布局草图开始的进行自上而下装配设计的完整过程。

1. 发动机整体规划设计

根据发动机的性能要求可确定曲柄的高度为 35mm，连杆的长度为 100mm，活塞销孔以上活塞的高度为 45mm；以及连杆与曲轴的连杆颈同轴心、连杆与活塞销同轴心、活塞与缸套同轴心、曲柄旋转中心与缸套中心线重合等装配关系。

通过将活塞置于两个极限位置（上下止点，见图 6-52 和图 6-53），可以确定气缸的上下止点位置分别距曲柄中心 180mm 和 110mm（即活塞行程为 70mm）以及曲轴箱的尺寸（大于曲柄旋转直径一定尺寸，本次取 10mm）。

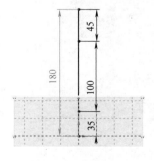

图 6-52　活塞处于上止点

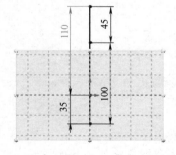

图 6-53　活塞处于下止点

压气机自上而下设计

2. 建立发动机骨架模型

根据整体规划的分析结果创建发动机骨架模型，具体过程如下。

在装配环境中建立布局，绘制机构布局草图，将草图线制作成相应零件的草图块，为机构草图块模型添加以下装配关系：机体线添加"竖直"约束，其下端点与坐标原点"重合"（见图 6-54a），依次编辑各零件草图块，标注其相应尺寸：活塞 45mm、连杆 100mm、曲轴 35mm、机体 180mm（见图 6-54b），依次将各草图块新建为草图零件（见图 6-54c）。

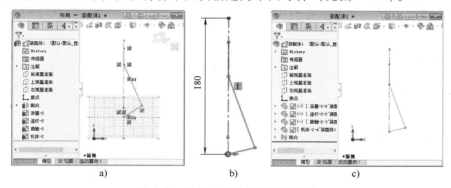

图 6-54　发动机零件骨架模型设置

a）骨架外形　b）草图块骨架配合　c）草图块尺寸

3. 零部件细化设计

在零件环境中打开相应零件的骨架模型，如"活塞"，参照图 6-55 所示零件断面尺寸，以骨架为依据建立各零件的细化模型，完成结构设计，如图 6-56 所示。

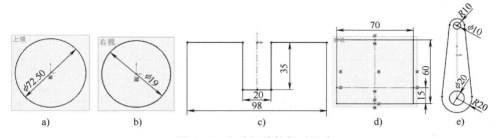

图 6-55　发动机零件断面尺寸

a）气缸体　b）曲轴主轴颈孔　c）曲轴　d）活塞　e）连杆

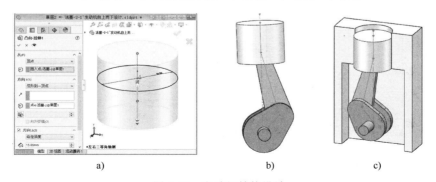

图 6-56　发动机结构设计

a）活塞结构设计　b）曲柄活塞机构设计　c）机体结构设计

4. 零件关联设计

关联设计包括：连杆小头孔与活塞销孔关联、连杆大头与曲轴连杆颈关联、曲轴主轴颈与轴瓦关联。

5. 装配模型验证

可以用"干涉检查"工具进行静态检查，用"运动算例"和"Motion"进行动态验证。

6.4 习题6

6-1 简答题

1）何谓虚拟原型技术？举例说明计算及仿真的意义。

2）利用 SolidWorks Motion 进行虚拟原型仿真分析的分析步骤包括哪些？

3）虚拟原型存在哪些主要约束类型？各类约束各减少几个自由度？

6-2 曲柄滑块机构如图 6-57 所示，由曲柄 1、连杆 2、滑块 3 和机架 4 共 4 个构件组成，各构件的尺寸见表 6-5。曲柄、连杆和滑块的材料均为钢材。曲柄与机架和连杆通过铰接副连接，滑块与连杆通过铰接副连接，滑块与机架通过移动副连接。

1）以自上而下的设计方法完成该机构设计。

2）曲柄以 2rad/s 的角速度逆时针旋转，进行 5s 的仿真分析。完成仿真分析后，再利用回放功能从不同的角度观察曲柄滑块机构的运行状况。

3）设置滑块位移、速度和加速度的测量。如果曲柄以 4rad/s 的角速度逆时针旋转，试观察曲柄滑块机构的运行状况。

4）连杆长度分别为 2500mm、2200mm、2100mm，角速度为 2rad/s 时，观察曲柄滑块机构的运行状况。

表 6-5 曲柄滑块机构尺寸

构件名称	长度/mm	宽度/mm	厚度/mm
曲柄	2400	400	200
连杆	3700	200	100
滑块	400	300	300
机架	6200	300	200

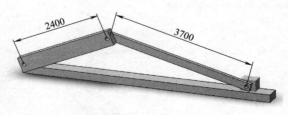

图 6-57 曲柄滑块机构

第7章　机械零件结构设计

随着计算机技术的快速发展和普及，有限元法迅速从结构工程强度分析计算扩展到几乎所有的科学技术领域，成为一种应用广泛并且实用高效的数值分析方法。本章重点介绍结构强度分析的相关内容。

7.1　有限元分析快速入门

本节主要介绍有限元分析的步骤、术语和分析策略。

7.1.1　引例：带孔板应力分析

下面通过带孔板应力分析来说明有限元法的分析步骤。

1. 问题描述

图 7-1 所示为一个 620mm×380mm×20mm 的带孔矩形板，其中孔的直径为 200mm，一端固定，另一段承受 360kN 的均布载荷，计算其最大应力。

2. 应力有限元仿真

（1）分析准备

［步骤 1］　创建零件

从 SolidWorks 创建一个 620mm×380mm×20mm 的带孔矩形板，其中孔的直径为 200mm。并保存为 "带孔板 . sldprt"。

［步骤 2］　创建 "默认网格" 算例

单击 "SOLIDWORKS 插件" 工具条中的 "SOLIDWORKS Simulation" 启动该插件，显示 "Simulation" 工具条。单击 Simulation 工具条中的 "新算例"。在算例对话框的 "名称" 下面输入 "默认网格"，在 "类型" 下，单击 "静应力分析"，单击 "确定" 按钮。建立 Simulation 设计树，如图 7-2 所示。

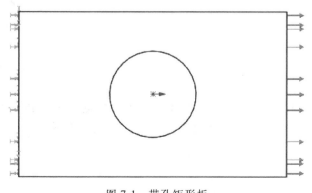

图 7-1　带孔矩形板

图 7-2　Simulation 设计树

233

［步骤3］　分配材料属性

在 Simulation 设计树中右键单击"带孔板"，在弹出菜单中选择"添加/编辑材料"，在材料对话框中选择"1023 碳钢板（SS）"，单击"应用"按钮，再单击"关闭"按钮。

［步骤4］　划分网格

在 Simulation 设计树中右键单击"网格"，在弹出菜单中选择"生成网格"，单击"确定"按钮✔使用默认网格划分。

（2）求结果

［步骤1］　消除刚体运动

在 Simulation 设计树中右键单击"夹具"，在弹出菜单中选择"固定几何体"，选左端面，单击"确定"按钮✔添加固定约束。

［步骤2］　施加载荷

在 Simulation 设计树中右键单击"外部载荷"，在弹出菜单中选择"力/扭矩"，选择右端面，如图 7-3 所示，在力/扭矩对话框中，"类型"选中"法向"单选框，选择模型左面和右面，设置力值为 360000N，选中"反向"复选框，单击"确定"按钮✔。在设计树中"外部载荷"下生成名称为"力-1"的图标。

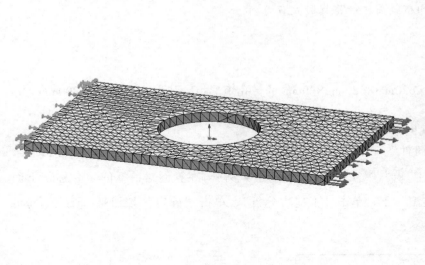
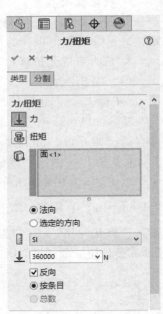

图 7-3　添加约束和载荷

［步骤3］　运行分析

在 Simulation 工具条中单击"运行此算例"，开始计算，并显示算例的节点、单元和自由度数。计算结束后，在设计树中添加"结果"文件夹，其中包括应力等 3 个默认图解。

（3）观察结果

［步骤1］　约束反力列表

如图 7-4 所示，在 Simulation 工具条中单击"结果顾问"下拉按钮，在展开菜单中选"列举合力", 选左端面, 单击 "更新" 按钮, 显示约束反力为 "-3.6e+005N", 该值与施加的外载荷大小相等, 方向相反。

图 7-4 约束反力列表

［步骤 2］ 绘制应力分布图

在 Simulation 设计树中, 双击 "结果" 文件夹 结果 中的 "应力 1", 显示 von Mises 等效应力云图, 如图 7-5 所示, 最大应力为 2.179e+008Pa＝217.9MPa, 发生在孔边缘。

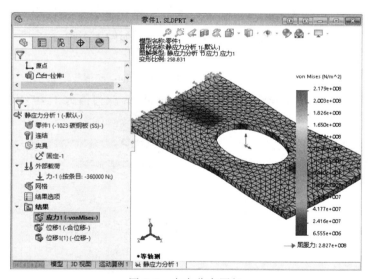

图 7-5 应力分布图解

［步骤 3］ 显示应力动画

在应力云图显示的情况下, 在 Simulation 设计树中, 右键单击 "应力 1", 在弹出菜单中选择 "动画", 可以动态显示应力云图。

［步骤 4］ 结果验证

可以以一个无限长带孔矩形板受拉问题的解析解与有限元解作比较。解析解可由式（7-1）计算

$$\begin{cases} \sigma_{\max} = K_{n}\sigma_{n} \\ K_{n} = 2 + \left(1 - \dfrac{D}{W}\right)^{3} \\ \sigma_{n} = \dfrac{P}{(W-D)T} \end{cases} \tag{7-1}$$

式中，P 是板所承受的拉力；σ_{n} 是孔所在的横截面上的平均应力；K_{n} 是应力集中系数；$\sigma_{\max}$ 是最大主应力；W、D 和 T 分别是板的宽度、孔的直径以及板的厚度。

将 $W=380\text{mm}$，$D=200\text{mm}$，$T=20\text{mm}$ 和 $P=360\text{kN}$ 代入上式，得 $K_{n}\approx 2.15$；$\sigma_{n}=100\text{MPa}$，$\sigma_{\max}=215\text{MPa}$。可见，解析解与数值解的误差率为 1.35%。

[步骤5] 结果应用

若依据材料的屈服强度作为强度评价标准，按照第四强度理论，最大等效应力"von Mises 应力"217.9MPa 小于 Q235A 的屈服强度 235MPa，该带孔板强度满足要求。

[步骤6] 探测结果图

只有在节点对应的位置才能探测到结果。在结果中显示网格层理的具体操作为：在"结果"文件夹中双击"应力1"显示应力图解后，右键单击"应力1"图标，在弹出菜单中选择"设定"。如图7-6所示，在设定对话框的"边界选项"中选择"网格"，单击"确定"按钮✔。放大孔边区域。右键单击"应力1"图标并在弹出菜单中选择"探测"以打开探测结果对话框。在探测结果对话框中选中"在所选实体上"单选框，单击选中圆孔边线，单击"更新"按钮，并单击📈 按钮，绘制沿孔边线的应力变化，如图7-7所示。

[步骤7] 创建 Iso 剪裁图

右键单击"应力1"图标并在弹出的菜单中选择"Iso 剪裁"。打开"Iso 剪裁"对话框，在"等值1"文本框中输入"100000000"，显示 von Mises 应力值大于 100MPa 的部分区域，如图7-8所示。

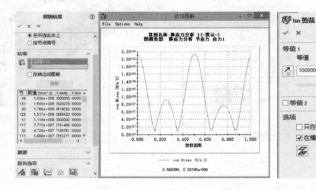

图7-6　显示带网格的图形设置　　　　图7-7　探测结果　　　　图7-8　Iso 剪裁图

3. 有限元分析三步曲

由以上算例可见，有限元软件分析过程可概括为前处理、求结果和后处理三步曲。

1）前处理：定类型，画模型，设属性，分网格。

2）求结果：添约束，加载荷，查错误，求结果。

3）后处理：列结果，绘图形，显动画，下结论。

4. 有限元法常用术语

有限元分析的基本思路是将求解复杂问题分解为求解若干个简单问题的组合，可以归结为："化整为零，积零为整"八个字。有限元分析常用术语如下。

- 单元：结构的网格划分中的每一个小块体称为一个单元。
- 节点：确定单元形状的点就叫节点。
- 载荷：工程结构所受到的外在施加的力称为载荷。
- 约束：位移边界条件就是指结构边界上所受到的外加支撑（已知位移）。

5. SolidWorks Simulation 基本操作

（1）Simulation 分析类型　SolidWorks Simulation 是一个与 SolidWorks 完全集成的设计分析系统，可以创建常规模拟、设计洞察、高级模拟和专用模拟，常用专题如下。

- 静态分析：计算静态（Static）压力、拉力和变形。
- 频率分析：计算固有频率（Frequency）。
- 热力分析：计算热流（Thermal）温度和热流量。
- 设计算例：对设计进行优化（Optimization），以满足功能、尺寸变化和约束的要求。

（2）SolidWorks Simulation 界面　如图 7-9 所示，在 SolidWorks 中单击"工具"→"插件"，在"插件"对话框中选择"SOLIDWORKS Simulation"复选框，然后单击"确定"按钮。或者在命令管理器中单击"SolidWorks 插件"→"SolidWorks Simulation"进入 SolidWorks Simulation 界面，如图 7-10 所示。

下拉菜单包括选项等所有设置命令。工具栏提供常用工具的快捷方式，包括新算例、应用材料、夹具顾问、外部载荷顾问和结果顾问等。可以使用菜单系统或 Simulation 程序设计树来分析研究。

主界面分为两栏，在左边的 SolidWorks Simulation 设计树中以树结构的方式显示所有与分析有关的内容，例如，每个结构算例都有"零部件"或"外壳""载荷/约束""网格""结果"以及"报告"文件夹；在右边的图形显示区中，进行针对各个文档的操作。

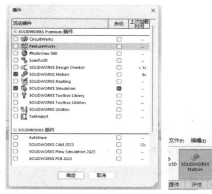

图 7-9　Simulation 插件选择

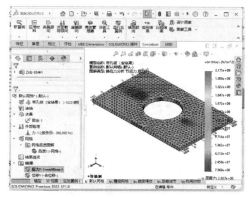

图 7-10　SolidWorks Simulation 界面

（3）Simulation 常用边界条件　载荷和约束是零件工作时其他零件在装配处对其作用的表现。常用载荷包括：面力（如压力）、体力（如重力）、离心力（如加速度）。常用约束种类见表 7-1。

表 7-1　常用约束种类

约束类型	约束对象	约束自由度	图例
固定几何体	顶点、边线和面	约束全部自由度。实体所有平移为零;横梁平移和旋转为零	
滚柱/滑杆	面	指定垂直于基准面的方向移动为零	
固定铰链	圆柱面	指定圆柱面只能绕自己的轴旋转	
弹性支撑	面	给定指定方向的刚度,支撑在弹簧上	
在平面上	平面	设定沿平面的三个主方向中所选方向的边界约束条件	
在圆柱面上	圆柱面	设定沿圆柱面的三个主方向所选方向的边界约束条件	
在球面上	球面	与平面情况和圆柱面情况类似,其边界约束的三个主方向是在球坐标系统下定义的	
对称	实体面和外壳边线	约束部分模型的对称面	
参考几何体	顶点、边线和面	约束沿参考几何体某些方向的移动	

7.1.2　有限元的建模策略

1. 建模原则

有限元建模的基本原则是"**保证计算精度的前提下尽量降低计算规模**"。常用策略如下。

（1）网格疏密得当　原则上讲，网格划分得越密，则分析精度越高。但划分过细则使计算量太大，占用过多的计算机容量和机时，经济性差。为了兼顾精度要求和时间，一般采用"网格疏密得当，先粗后细多次试算"法提高计算精度。SolidWorks 网格控制方法如下。

● 全局控制：右键单击设计树中的"网格"在弹出菜单中选择"生成网格"，调整网格密度。

● 局部控制：右键单击设计树中的"网格"在弹出菜单中选择"应用网格控制"，选择控制部位，调整网格密度。

（2）删除细节　实际结构往往是复杂的，在建立力学模型时常常将构件或零件上一些不处于最大应力发生部位的细节加以忽略而删去，例如构件的小孔、倒角/圆角、退刀槽、键槽等，如图 7-11 所示。删除细节的原则是"用特征建立细节，先压缩所有细节进行初步分析，然后解压缩应力较大部位的细节再进行分析"。SolidWorks 细节简化的方法如下。

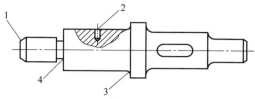

图 7-11　阶梯轴

1—倒角　2—小孔　3—圆弧过渡　4—退刀槽

● 模型简化法：用 Defeature 工具对模型细节简化。

● Simulation 法：右键单击设计树中的"网格"在弹出菜单中选择"为网格化简化模型"，选择"特征"（圆角等），设置简化因子，查找（确认简化对象）；清空"生成派生配置"复选框；右键单击查找到的细节，在弹出菜单中选择"压缩"。

（3）对称性的利用　所谓结构对称性，是指结构中的一部分相对于结构的某一平面，与结构的其余部分在形状、物理性质和支承条件等方面具有完全一致的特性。具有对称性的结构在计算时，可以取其 1/2 进行计算。利用工程结构的对称性可以大大减小结构有限元模型的规模，节省计算机的计算时间，所以应给予充分重视。在 SolidWorks 中生成对称模型的计算方法如下。

1）获取对称模型：单击"插入"→"特征"→"分割"，选择切割面，选择去除部分，选中"消耗切除实体"。

2）添加对称约束：右键单击"夹具"，在弹出菜单中选择"高级夹具"→"对称"，选取对称面，单击"确定"按钮✔。

3）添加对称载荷：如果是集中载荷，则在加载面上施加载荷的 1/2。

（4）尽量模拟实际边界条件　如果模型边界条件与实际工况相差较大，计算结果就会出现较大的误差，所以建模时应尽量使边界条件值与实际值相一致。

2. 有限元的建模策略范例——带孔矩形板的静力分析

下面以 7.1.1 中的引例为例，分别研究网格粗细、细节简化和对称性的利用等建模方法及其影响。具体结果见表 7-2，主要操作步骤如下。

1）精细网格：打开〈资源文件〉中的"带孔板.sldprt"，在设计树中右键单击"网格"，在弹出菜单中选择"生成网格"，将网格控制条拖动到"良好"，单击"确定"按钮✔。单击"运行此算例"工具，查看分析结果。

2）疏密得当：打开〈资源文件〉中的"带孔板.sldprt"，在设计树中右键单击"网格"，在弹出菜单中选择"生成网格"，将网格控制条拖动到"粗糙"，单击"确定"按钮✔，完成全局稀疏网格控制；右键单击"网格"，在弹出菜单中选择"应用网格控制"，单击圆孔面，将网格控制条拖动到"良好"，单击"确定"按钮✔，完成大应力部位的网格加密控制。在工具栏中单击"运行此算例"，查看应力分析结果。

3）细节简化：打开〈资源文件〉中的"带孔板.sldprt"，在 SolidWorks 设计树中，右键单击"圆角"，在弹出的菜单中选择"解压"，在 Simulation 设计树中右键单击"网格"，在弹出菜单中选择"生成网格"，将网格控制条拖动到"粗糙"和"良好"的中间位置，单击"确定"按钮✔。在 Simulation 工具栏中单击"运行此算例"，查看应力分析结果。

4）1/2 模型：打开〈资源文件〉中的"带孔板 . sldprt"，在 SolidWorks 设计树中，右键单击"分割"，在弹出菜单中选择"解压"。在设计树中右键单击"网格"，在弹出菜单中选择"生成网格"，拖动到"粗糙"和"良好"的中间位置，单击"确定"按钮 ✓。在 Simulation 设计树中右键单击"夹具"，在约束对话框中选择"对称"，在图形区中单击选中对称面，单击"确定"按钮 ✓。在设计树中右键单击"力 1"，在弹出的约束对话框中的"载荷"中将载荷值设为 360000/2N，单击"确定"按钮 ✓。在工具栏中单击"运行此算例"，查看应力分析结果。

由表 7-2 可见，当本算例应力计算结果相近时，1/2 模型的计算规模最小。

表 7-2　建模策略影响

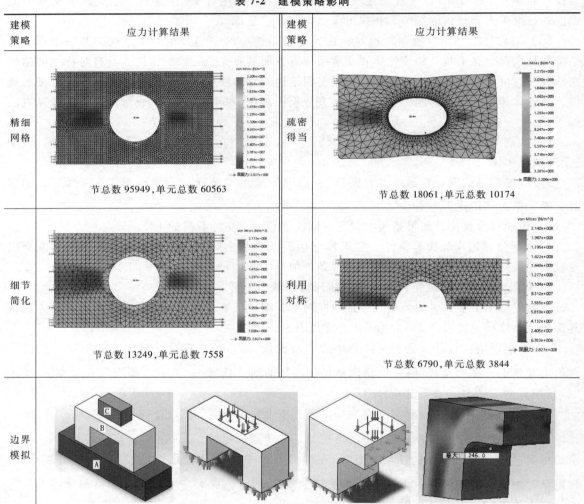

建模策略	应力计算结果	建模策略	应力计算结果
精细网格	节总数 95949，单元总数 60563	疏密得当	节总数 18061，单元总数 10174
细节简化	节总数 13249，单元总数 7558	利用对称	节总数 6790，单元总数 3844
边界模拟			

注：查看网格信息的方法是在 Simulation 设计树中右键单击"网格"，在弹出菜单中选择"细节"。

3. 装配体分析

进行装配体分析时，必须设置零件之间的连接关系，即要考虑各零部件之间是如何接触的。车轮与钢轨之间、啮合的齿轮是典型的接触问题。

SolidWorks Simulation 中的接触关系有 5 种，分别是接合、无穿透、允许贯通（相互贯穿）、冷缩配合和虚拟壁，其中最常用的 4 种是接合、无穿透、允许贯通及冷缩配合。可以通过零部件相触和相触面组两种方式添加接触关系，具体内容见表 7-3。

表 7-3　SolidWorks Simulation 接触设置

名称	特点	应用实例	接触设置方法	
			零部件相触	相触面组
接合	两零件接触面不能产生相对位移	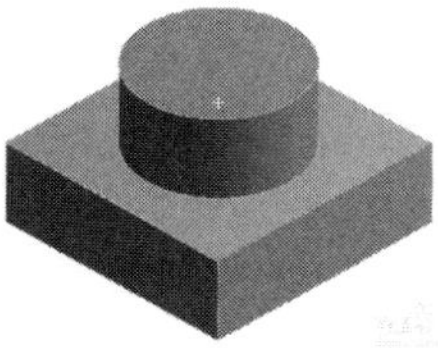 粘接	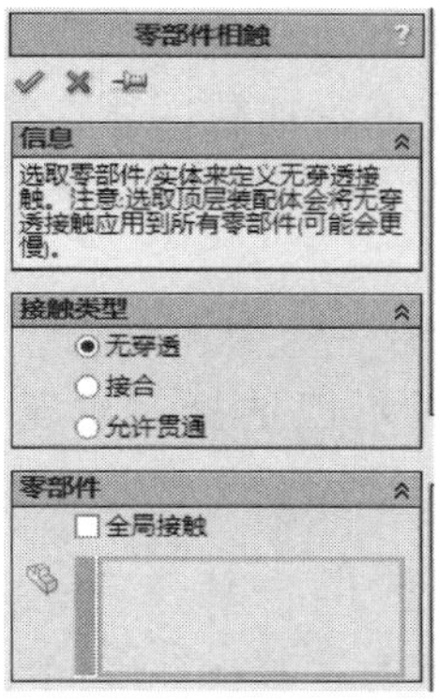	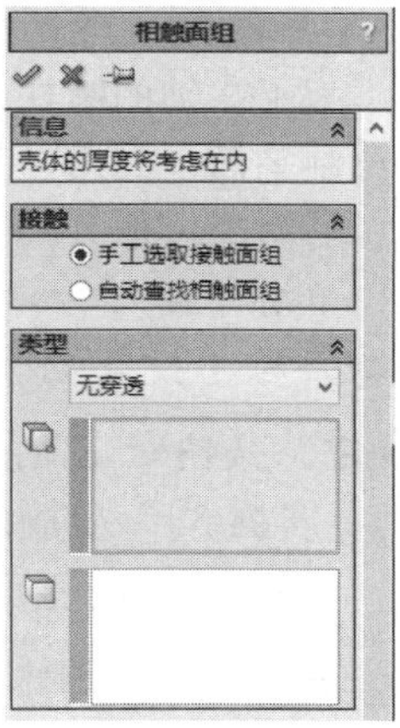
无穿透	两零件不能产生侵入干涉	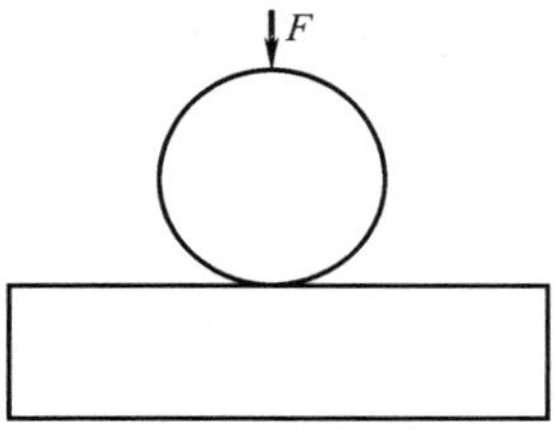 轮轨接触	为两个以上的零件所有面添加接触关系。选择"全局接触"复选框自动为所有零件添加接触	为两个零件对应的面（接触面对）指定接触关系
允许贯通	两者间无相互约束关系	—		
冷缩配合	按"外胀内缩"的原则使有干涉的两个零件接触面重合	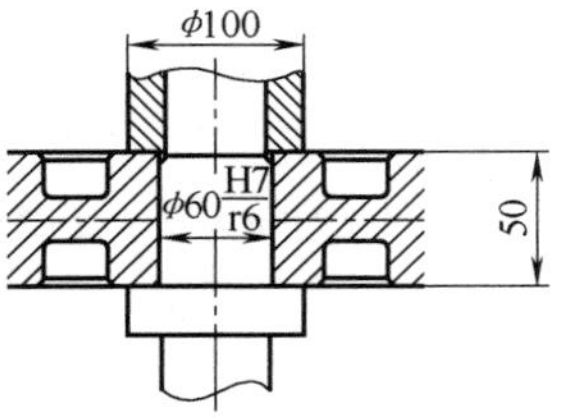 过盈配合		

注：在分析装配体时，自动为所有零件添加全局接合接触。

7.2　高速轴设计

轴进行静强度校核以检查轴抵抗塑性变形的能力；进行刚度校核以检查轴抵抗弹性变形的能力；进行模态分析以检查抵抗弯曲共振的能力；进行疲劳强度校核以检查轴抵抗交变载荷的能力。如图 7-12 所示，一高速轴转矩 $T=8000\text{N}\cdot\text{m}$，圆周力 $F_t=5000\text{N}$，径向力 $F_r=1840\text{N}$，轴向力 $F_a=700\text{N}$，试对该轴进行静强度、刚度、疲劳强度和模态分析。

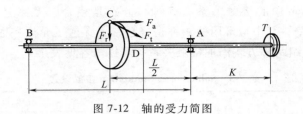

图 7-12　轴的受力简图

7.2.1　轴的静强度与刚度分析

高速轴的静态分析内容包括：如何确定加载区域和加载方向载入？如何进行周向约束？如何施加转矩和离心力？

［步骤 1］　打开零件

浏览到〈资源文件〉中的"高速轴 . sldprt"并打开。

［步骤 2］　分割加载面

为了在轴的圆柱面上确定加载区域，需要对圆柱面进行分割。选择"前视基准面"为草图绘制平面，利用"矩形"绘制工具分别绘制包含右轴承座和联轴器的矩形的两个矩形。

单击"插入"→"曲线"→"分割线"，如图 7-13 所示，设置分割线的类型为"投影"，在图形区选择右轴承座和联轴器座圆柱面，单击"确定"按钮 ✔，创建分割线。

图 7-13　分割加载面

［步骤 3］　生成静态算例

在命令管理器中，单击"算例" 🔍 中的"新算例"。在属性对话框的"名称"下面输入"静态分析"；在"类型"下单击"静应力分析" 🗗。最后，单击"确定"按钮 ✔。

［步骤 4］　定义材料属性

单击命令管理器中的"应用材料"，在材料对话框中选"自库文件"和"SolidWorks material"材料库中"钢"下的"1023 碳钢板（相当于 45 钢回火）"，单击"应用"按钮，再单击"关闭"按钮。

［步骤 5］　网格控制

右键单击设计树中的"网格"，在弹出菜单中选择"应用网格控制"，选中联轴器座和右轴承座的过渡圆角，"网格密度"设置为"良好"，单击"确定"按钮 ✔。

［步骤 6］　添加约束

1）左轴承座线性约束：右键单击 Simulation 设计树上的"夹具" 🗗，在弹出菜单中选择"固定铰链"，属性对话框出现。如图 7-14 所示，在图形区域中，单击左轴承座圆柱面，单击"确定"按钮 ✔。Simulation 约束左轴承座三个方向的线位移。

2）右轴承座径向约束：右键单击 Simulation 设计树上的"夹具" 🗗，在弹出菜单中选择"滚柱/滑杆"，属性对话框出现，单击右轴承座圆柱面，单击"确定"按钮 ✔，约束径向位移。

3）齿轮座扭转约束：右键单击 Simulation 设计树上的"夹具" 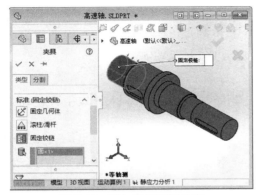，在弹出菜单中选择"高级夹具"，夹具管理器出现，如图 7-15 所示，选择"在圆柱面上"，在图形区域中，单击齿轮座圆柱面。在平移中选择"圆周" 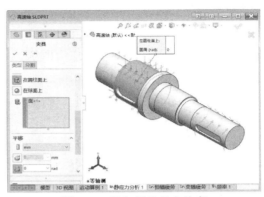，单击"确定"按钮 ✔，约束圆周位移。

图 7-14　添加固定铰链约束　　　　　图 7-15　添加圆柱径向约束

[步骤 7]　施加力

右键单击 Simulation 设计树上的" ⬇ 外部载荷"，在弹出菜单中选择"力"，属性对话框出现。如图 7-16a 所示，在图形区域中，单击齿轮圆柱面作为加载面；在属性对话框中选中"选定的方向"单选框，在图形区域中，单击齿轮键槽底面作为参考面；在属性对话框中的"力"下依次输入轴向力 700N、径向力 1840N 和圆周力 5000N，单击"确定"按钮 ✔。

[步骤 8]　施加扭矩

右键单击 Simulation 设计树上的" ⬇ 外部载荷"，在弹出菜单中选择"扭矩"，属性对话框出现。如图 7-16b 所示，在图形区域中，单击联轴器座圆柱面作为加载面，单击左轴承座圆

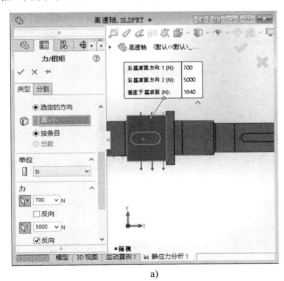
a)

b)

图 7-16　施加载荷
a）施加力　b）施加扭矩

柱面作为参考面；在属性对话框中的 ⊞ 中输入扭矩 960N·m，单击"确定"按钮 ✔。

［步骤 9］ 求解

单击 Simulation 工具栏上"运行"⚡，划分网格并运行分析。

［步骤 10］ 观察 von Mises 应力图解

在 Simulation 设计树中，单击"结果"文件夹 ⊞📂**结果** 旁边的加号 ⊞，双击"应力 1"，显示如图 7-17 所示的 von Mises 应力图解。可见最大应力为 246.2MPa。

［步骤 11］ 观察合成位移图解

在 Simulation 设计树中，单击"结果"文件夹 ⊞📂**结果** 旁边的加号 ⊞，双击"位移 1"，显示如图 7-18 所示的合成位移应力图解。

［步骤 12］ 静强度和刚度分析

由图 7-17 可见最大应力为 246.2MPa，该值小于 45 钢的屈服强度（280MPa），轴不会发生塑性变形。

由图 7-18 可见最大弯曲变形为 0.2813mm，该值小于轴的挠度许用值（$f=0.5$mm），轴弯曲刚度合格。

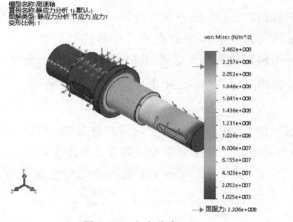

图 7-17 应力分布

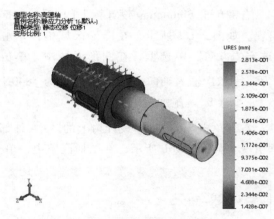

图 7-18 合成位移应力图解

7.2.2 轴的疲劳强度分析

1. 疲劳分析原理

疲劳是指结构在低于静态强度极限的载荷重复作用下出现疲劳断裂的现象。根据统计，机械零件的破坏达 50%~90% 为疲劳破坏。因此，许多发达国家越来越重视疲劳强度工作。

（1）疲劳载荷参数 通常，载荷可以分为两类：恒幅载荷和变幅载荷。如图 7-19 所示，疲劳事件参数包括应力幅值 σ_a、平均应力 σ_m、最大应力 σ_{max}、最小应力 σ_{min}、应力比率 r（对称循环 $r=-1$，脉动循环 $r=0$）及周期。通常使用材料的 Goodman 方程引入折合系数 α，将非对称循环等效为对称循环进行分析。

（2）疲劳寿命与 S-N 曲线 使用较早寿命估算方法是名义应力法，使用经验比较丰富。其设计思想是从材料的 S-N 曲线出发，再考虑各种因素的影响取一个疲劳强度降低系数 $K_{\sigma D}$，得出零件的 S-N 曲线（见图 7-20），并根据零件的 S-N 曲线，在已知应力水平的情形下估计寿命，若给定了估计寿命，则可估计可以使用的应力水平。

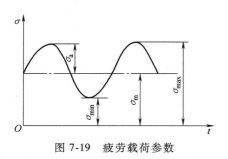

图 7-19　疲劳载荷参数

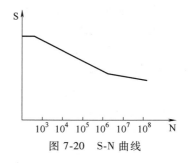

图 7-20　S-N 曲线

2. 恒幅疲劳寿命估算

利用静态分析获得应力数据后，即可进行疲劳寿命估算。

[步骤 1]　生成疲劳算例

在 Simulation 工具条中单击"算例" 🔍 中的"新算例"。在属性对话框的"类型"下单击"疲劳"，在"名称" 🐱 下面输入"寿命估算"；最后，单击"确定"按钮 ✅。

[步骤 2]　设置算例属性

在 Simulation 设计树中，右键单击"疲劳"图标，在弹出的菜单中选择"属性"。"疲劳-恒定振幅"对话框出现。在"计算交替应力的手段"选项组内，选择"对等应力（von Mises）"单选框。在"疲劳强度缩减因子（Kf）"文本框内，输入"1"。单击"确定"按钮，如图 7-21 所示。

[步骤 3]　添加事件

在"寿命估算"算例的设计树中，右键单击"负载"图标，在弹出菜单中选择"添加事件"属性对话框出现。将"循环数" 〰 设定为"1000"。设定"负载类型" ↦ 为"完全反转（LR=-1）"，在"算例" 🔍 框内选择"静应力分析"，单击"确定"按钮 ✅，如图 7-22 所示。

图 7-21　设置算例属性

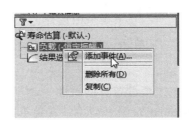

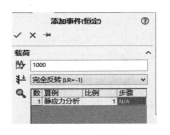

图 7-22　添加事件

[步骤 4]　定义 S-N 曲线

在"寿命估算"算例的设计树中，右键单击"高速轴"图标，在弹出菜单中选择"应用/编辑疲劳数据"，如图 7-23 所示，在"材料"对话框中选择"从材料弹性模量派生"单选框和"基于 ASME 奥氏体钢曲线"单选框，单击"应用"按钮，再单击"关闭"按钮。

[步骤 5]　运行疲劳研究

在 Simulation 设计树中右键单击"寿命估算"图标，在弹出菜单中选择"运行"。

[步骤 6]　查看生命图解

在 Simulation 设计树的"结果"文件夹中，双击"结果 2（-生命-）"图标，将显示疲劳寿命分布，如图 7-24 所示。可见，轴最短寿命为 32.73 万次。

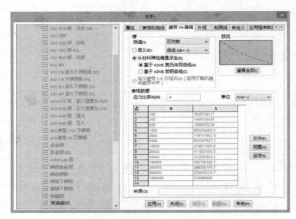

图 7-23　设置 S-N 曲线

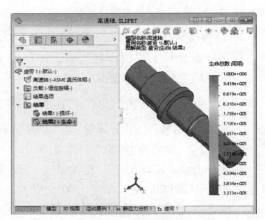

图 7-24　疲劳寿命分布

3. 变幅疲劳寿命估算

轴使用过程中由于工况的变化，动载荷常常不是稳定幅值，下面分析变化载荷下的疲劳寿命。

[步骤 1]　生成疲劳算例

在 Simulation 工具条中选择"算例" 中的"新算例"。如图 7-25 所示，在"算例"中的"类型"下单击"疲劳" ，在"选项"下选择"变幅疲劳" ，单击"确定"按钮 。

[步骤 2]　设置算例属性

在 Simulation 设计树中，右键单击"疲劳"图标，在弹出菜单中选择"属性"，"疲劳-可变振幅"对话框出现。如图 7-26 所示，在"可变振幅事件选项"选项组的"雨流记数箱数"中输入"25"，在"在以下过滤载荷周期"中输入"0"；在"计算交替应力的手段"选项组内，选择"对等应力（von Mises）"单选框；在"平均应力纠正"选项组中选择"Gerber"单选框；在"疲劳强度缩减因子（Kf）"框内，输入"0.5"。单击"确定"按钮。

[步骤 3]　定义随机疲劳事件

在"疲劳"算例的设计树中，右键单击"负载"图标，在弹出的菜单中选择"添加事件"。如图 7-27a 所示，在"添加事件（可变）"对话框中指定"算例"为"静应力分析"，"比例"设为"0.002"；单击"获取曲线"按钮。在"添加事件（可变）"对话框中的"类型"栏选定"仅限振幅",单击"获取曲线"按钮,在"函数曲线"对话框的第 3 种曲线库中选择"SAE Suspension"。单击"确定"按钮,用实测数据来模拟载荷。

在"添加事件(可变)"对话框中单击"视图"按钮可查看载荷历史图表,单击"确定"按钮,关闭该图形窗。在"添加事件(可变)"对话框中单击"确定"按钮 ✅ 完成该事件的定义。

图 7-25　新建随机疲劳算例

图 7-26　随机疲劳算例属性设置

[步骤 4]　定义 S-N 曲线

右键单击设计树中"高速轴疲劳",在弹出菜单中选择"应用/编辑疲劳数据"。在源框中,单击"从材料弹性模量派生"单选框和"基于 ASME 碳钢曲线"单选框,该曲线图形将出现在预览区域,并且在表格内显示出数据组,单击"应用"按钮和"关闭"按钮。

[步骤 5]　运行疲劳研究

在 Simulation 设计树中,右键单击"疲劳"图标,在弹出的菜单中选择"运行"。

[步骤 6]　查看生命图解

在 Simulation 设计树的"结果"文件夹中,双击"结果 2(-生命-)"图标,将显示生命图解(见图 7-27b)。可见,最短寿命是 695.2 个谱块。

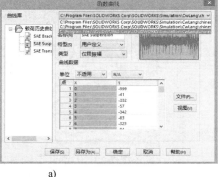

a)

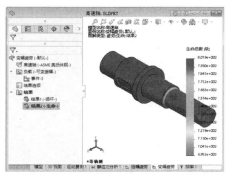

b)

图 7-27　变幅疲劳分析

a)定义变幅载荷　b)变幅疲劳寿命

7.2.3　轴的模态分析

1. 结构动力学分析的目的

众所周知，当激振频率等于固有频率时会发生过度振动反应，这种现象就称为共振。为了避免或利用共振，必须确定零件的固有频率。由于特定固有频率下各节点的振幅，反映了结构的共振频率被激活时的振动形态，故称之为振动模态，也叫主振型。因此确定零件的固有频率的分析，也称为模态分析。模态分析由于确定的是内在固有的特性，因此不需要施加载荷，如不施加任何约束，则其前 6 阶模态分别对应 6 个刚体位移，从第 7 阶开始对应相应柔性振动模态。

2. 轴的模态分析过程

［步骤 1］　生成频率分析算例

在 Simulation 工具条中选择"算例" 🔍 中的"新算例"。在"算例"对话框的"类型"下，单击"频率" 🔍，在"名称"下输入"固有频率分析"，单击"确定"按钮 ✔ 。

［步骤 2］　复制材料

切换到"静态分析"算例，右键单击其设计树中的高速轴，在弹出的菜单中选择"复制"；切换回"固有频率分析"算例，右键单击其设计树中的"轴"，在弹出的菜单中选择"粘贴"完成材料复制，如图 7-28 所示。

［步骤 3］　复制约束

切换到"静态分析"算例，右键单击其设计树中的"夹具"，在弹出的菜单中选择"复制"；切换回"固有频率分析"算例，右键单击其设计树中的"夹具"，在弹出的菜单中选择"粘贴"完成约束复制。

［步骤 4］　网格化模型和运行

在 Simulation 工具条中单击"运行" 📊 ，选择默认方式划分网格并运行。

［步骤 5］　列举共振频率

在 Simulation 设计树中，右键单击"结果"文件夹，在弹出的菜单中选择"列举共振频率"。"列举模式"对话框中将列举模式编号、共振频率（rad/s 或 Hz）以及对应的周期秒数。如图 7-29 所示，模式 1 的频率为 1255.8Hz。

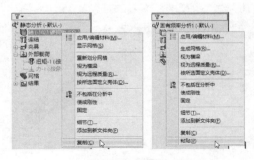

图 7-28　从另一个算例中复制材料

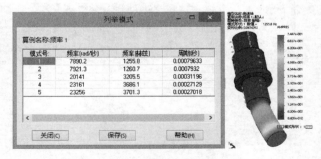

图 7-29　列举共振频率及第 1 阶模态

［步骤 6］　查看模态形状

在 Simulation 设计树中，右键单击"载荷/约束"文件夹，并单击"隐藏所有"以隐藏所有约束符号。单击 Simulation 设计树中的"结果"文件夹，双击"位移 2"，列出模式形式图。图说明中包括：模式号和固有频率大小。

[步骤 7] 动画演示

单击 Simulation 设计树中的"结果"文件夹，双击对应的位移文件夹，打开模态图解。然后，右键单击对应项，在弹出的菜单中选择"动画"，以便对各阶模态进行深入的认识。

7.3 圆柱螺旋压缩弹簧设计

圆柱螺旋弹簧是一种广泛应用于车辆减振和缓冲装置中的弹性元件，它可以在载荷作用下产生较大的弹性变形，应具有经久不变的弹性，且不允许产生永久变形。因此为保证其缓冲效果，要进行刚度验证；为避免弹簧发生断裂或并圈失效，要进行强度验证和最大挠度验证；对于压缩弹簧，如其长度较大，则受力后容易失去稳定性，故要验算其稳定性，也称为屈曲分析。下面以一个实例说明螺旋弹簧强度、刚度和稳定性分析的过程。

已知某弹簧簧丝直径 $d = 41\text{mm}$，弹簧中径 $D = 220\text{mm}$，工作圈数 $n = 2.9$ 圈，自由高 $H_0 = 256\text{mm}$，承受的最大载荷 $P_{\max} = 43\text{kN}$，要求设计刚度 $K_v = 925\text{N/mm}$，许用应力 $\tau = 750\text{MPa}$。试对其刚度、强度和稳定性进行校核。

7.3.1 弹簧刚度计算

根据弹簧刚度的定义，得弹簧刚度 CAE 分析的基本思想：弹簧一端固定，另外一端施加单位位移，所得固定端支反力即为弹簧刚度。

[步骤 1] 打开零件

浏览到〈资源文件〉中的"螺旋弹簧.sldprt"并打开。

[步骤 2] 生成静态算例

螺旋弹簧 CAE

在命令管理器中，单击"算例" 中的"新算例"。在属性对话框的"名称"下面输入"刚度分析"，在"类型"下单击"静应力分析"。最后，单击"确定"按钮。

[步骤 3] 定义材料属性

单击"应用材料"，在材料对话框中选"自库文件"和"SolidWorks material"材料库中"钢"下的"合金钢"，单击"应用"按钮，再单击"关闭"按钮。

[步骤 4] 添加约束

右键单击 Simulation 设计树上的"夹具"，在弹出菜单中选择"固定几何体"，属性对话框出现。如图 7-30 所示，在图形区域中，单击弹簧下支撑圈圆柱面，单击"确定"按钮。

[步骤 5] 施加强迫位移

右键单击 Simulation 设计树上的"夹具"，在弹出菜单中选择"高级夹具"，属性对话框出现。如图 7-31 所示，选择"类型"为"使用参考几何体"，设法线平移为 1.0mm，在图形区域中，单击弹簧上支撑圈圆柱面为加载位置，单击弹簧顶面为参考面，单击"确定"按钮。

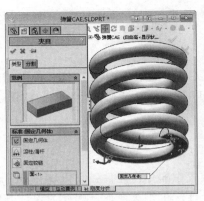

图 7-30　添加约束

图 7-31　施加强迫位移

[步骤 6]　求解

单击 Simulation 工具栏上的"运行" ，划分网格并运行分析。

[步骤 7]　观察约束反力

如图 7-32 所示，在"SolidWorks Simulation"工具栏上选择"结果顾问"中的"列举合力"，在合力对话框中选中"反作用力"单选框，在图形区单击弹簧上支撑圈圆柱面，单击"更新"按钮，显示约束反力计算结果。

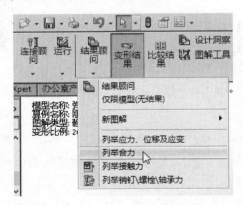

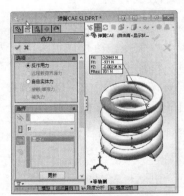

图 7-32　观察约束反力

[步骤 8]　刚度分析

可见约束反力为 931N，即弹簧刚度为 931N/mm。与设计刚度 925N/mm 接近，弹簧刚度合格。

7.3.2　弹簧强度计算

基本思想：弹簧一端固定，另外一端施加最大位移（$f_{max} = P_{max}/K_v = 46.2mm$），所得应力即为弹簧最大应力。

[步骤 1]　复制静态算例

如图 7-33 所示，在"算例管理"选项卡中，右键单击前面生成的"刚度分析"标签，在弹出菜单中选择"复制"，在弹出的"复制算例"对话框中输入算例名称"强度分析"，单击

"确定"按钮。

［步骤2］ 更改强迫位移

在"算例管理"选项卡中，单击前面生成的"强度分析"标签切换到该算例界面，如图7-34所示，右键单击Simulation设计树上的"夹具" 中的"参考几何"，在弹出的菜单中选择"编辑定义"，在弹出的属性对话框中修改法线平移为46.2mm并选中"反向"复选框，单击"确定"按钮 。

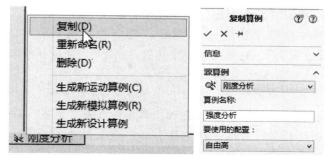

图7-33 复制算例

［步骤3］ 求解

单击"Simulation"工具栏上"运行" ，划分网格并运行分析。在"静态分析"对话框中单击"否"按钮（不考虑大变形的影响）。

［步骤4］ 观察von Mises应力图解

在Simulation设计树中，单击"结果"文件夹 **结果** 旁边的加号 ，双击"应力1"，显示如图7-35所示的von Mises应力图解。

［步骤5］ 强度校核

由图7-35可见，von Mises应力为921MPa，则当量剪应力为460.5MPa，小于材料的许用应力（750MPa），弹簧强度合格。

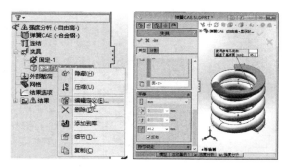

图7-34 更改强迫位移

图7-35 von Mises应力图解

7.3.3 弹簧稳定性分析

基本思想：弹簧一端固定，另外一端施加单位位移，进行屈曲分析确定位移，屈曲因子乘以弹簧刚度即为临界载荷。

［步骤1］ 生成屈曲算例

如图7-36所示，单击命令管理器上的"算例" 中的"新算例"。在属性对话框的"名称"下面输入"稳定性分析"，在"类型"下单击 "屈曲"。最后，单击"确定"按钮 。

［步骤2］ 复制材料属性

单击"算例管理"选项卡中"刚度分析"标签，右键单击设计树中"螺旋弹簧"，在弹出菜单中选择"复制"；再单击"稳定性分析"标签，并在"稳定分析"设计树中右键单击"螺旋弹簧"，在弹出菜单中选择"粘贴"，完成材料属性复制。

[步骤3] 复制边界条件

在"算例管理"选项卡中单击"刚度分析"标签，在"刚度分析"设计树中右键单击"夹具"中的"固定"，在弹出菜单中选择"复制"；再在"算例管理"选项卡中单击"稳定性分析"标签，并在"稳定性分析"设计树中右键单击"夹具"，在弹出菜单中选择"粘贴"，完成边界条件复制。

右键单击"稳定性分析"设计树中的"夹具"，在弹出菜单中选择"高级夹具"中的"在平面上"，选中弹簧上表面，法向施加单位位移为（-1mm），其他两个方向均为0mm。

[步骤4] 求解

单击"Simulation"工具栏上的"运行"，划分网格并运行分析。

[步骤5] 观察模态

在Simulation设计树中，单击"结果"文件夹 旁边的加号，双击"位移1"，显示图7-37所示的一阶屈曲位移模态图解。

[步骤6] 屈曲分析

由图7-37可见一阶位移屈曲因子为99.904，则临界载荷 $P_c = 99.904 \times 1.0 \times 931/1000 \text{kN} = 93.1 \text{（kN）} > P_{max} = 43 \text{kN}$，弹簧的稳定性合格。

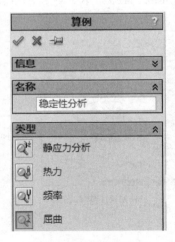

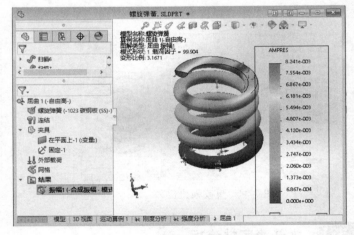

图7-36 屈曲算例设置　　　　　　　　图7-37 一阶屈曲位移模态图解

7.4 直齿圆柱齿轮强度设计

为了保证在预定寿命内不发生轮齿断裂失效，应进行齿根弯曲强度计算；为了保证在预定寿命内齿轮不发生点蚀失效，应进行齿面接触强度计算。现有一台减速器，输入功率 $P_1 = 7 \text{kW}$，小齿轮转速 $n_1 = 540 \text{r/min}$，相互啮合的齿轮材料均为45号钢，弹性模量 $E = 2.06 \times 10^5 \text{MPa}$，泊松比 $\mu = 0.3$。给定齿轮的基本参数如下：齿轮模数 $m = 3 \text{mm}$，压力角 $\alpha = 20°$，齿数

$z_1 = 24$，$z_2 = 77$，齿宽 $b = 45\text{mm}$。

［步骤1］ 齿轮啮合建模

采用 SolidWorks 软件的 ToolBox 插件进行齿轮实体建模。将齿轮装配到一起，并保证啮合位置正确，用装配体拉伸切除特征获得三齿简化模型。模型如图 7-38 所示。

［步骤2］ 生成齿轮传动分析算例

单击命令管理器上的"算例" 🔍 中的"新算例"。在属性对话框的"名称"下面输入"齿轮传动分析"；在"类型"下单击"静态分析"。最后，单击"确定"按钮 ✔。

［步骤3］ 生成接触对

如图 7-39 所示，右键单击设计树中的"连结"→"零部件接触"→"全局接触（接合）"，在弹出菜单中选择"编辑定义"，设置"接触类型"为"无穿透"，设置接触面摩擦系数为 0.25，单击"确定"按钮 ✔，完成啮合关系设置。

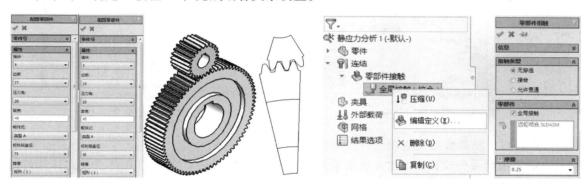

图 7-38 实体建模　　　　　　　　图 7-39 简化模型及接触对

［步骤4］ 网格划分

对两对齿轮接触面实施网格细化处理。网格化后，节点总数为 22684，单元总数为 14514。完成网格化的模型如图 7-40 所示。

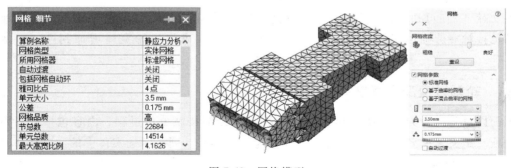

图 7-40 网格模型

［步骤5］ 施加约束与载荷

根据工作的实际情况，将大齿轮内表面设定为固定几何体约束，小齿轮内表面设定为固定铰链约束，使其只有绕齿轮回转中心轴的转动自由度。在小齿轮内表面上施加转矩载荷 T_1：

$$T_1 = \frac{95.5 \times 10^5 P_1}{1000 n_1} = \frac{95.5 \times 10^5 \times 7}{1000 \times 540} \approx 123.8 \ (\text{N} \cdot \text{m})$$

取载荷系数 $K = 1.8$，则施加载荷为 $1.8 \times 123.8 = 222.84$（N·m）。

[步骤6]　弯曲应力

右键单击设计树中的"结果"，在弹出菜单中选择"添加应力图解"，如图 7-41 所示，在"高级选项"中选中"仅显示选定实体上的图解"单选框，在图形区中单击选中大齿轮的啮合面，单击"确定"按钮✔。

[步骤7]　接触压力

右键单击设计树中的"结果"，在弹出菜单中选择"添加应力图解"，如图 7-42 所示，在"显示"中选择"CP：接触压力"，单击"确定"按钮✔。

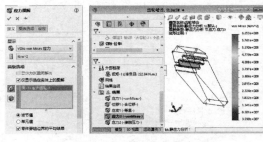

图 7-41　齿面应力分布

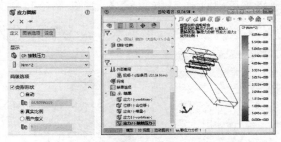

图 7-42　齿轮啮合压力

[步骤8]　结果验证与应用

下面采用赫兹公式验证上述分析结果的正确性。按文献 [7] 的参数和赫兹公式计算齿面接触应力见式（7-2）。

$$\sigma_H = Z_E Z_H Z_\varepsilon \sqrt{\frac{2KT_1}{\phi_d d_1^3} \cdot \frac{u+1}{u}} = 188.9 \times 2.5 \times 0.87 \times \sqrt{\frac{2 \times 1.81 \times 1.238 \times 10^5}{45 \times 72^2} \times \frac{3.2+1}{3.2}} = 650.6 \ (\text{MPa})$$

(7-2)

图 7-42 中的仿真结果（605.4MPa）与按赫兹公式计算值（650.6MPa）的误差为 6.9%。

由文献 [7] 可知，材料为 45 号钢的齿轮接触疲劳强度极限为 550MPa，因此，设计的齿轮不满足接触疲劳强度设计要求，需要增加齿轮宽度。可将齿轮宽度增加到 75mm 再进行校核。

7.4.2　轮轴过盈配合强度计算

下面以过盈配合为例说明 SolidWorks Simulation 冷缩接触分析过程，内容包括：使用惯性卸除选项，定义紧缩套合接触，观察相对于参考轴的结果，列举所选实体上的 von Mises 应力、Hoop 应力和接触应力。

一个整体式齿轮与轴的结构设计如图 7-43 所示，齿轮与轴的配合选为过盈配合 $\phi60H7/r6$，齿轮内孔表面粗糙度值均为 $Ra3.2\mu m$，轴的表面粗糙度值为 $Ra1.6\mu m$，轮轴材料均为铜，采用压入法装配，试求：

1）此过盈配合能传递多大转矩？

2）计算所需的最大装拆力。

[步骤1]　打开装配体文件

单击"文件"→"打开"，浏览到〈资源文件〉中的"轮轴过盈配合.sldasm"装配体文件，并将其打开（其中的轴直径比孔大0.04696mm）。

[步骤2]　生成静态算例

在 Simulation 工具条中选择"算例" 🔍 中的"新算例"。在算例对话框的"名称"下面输入"过盈配合"，在"类型"下，单击"static"，单击"确定"按钮 ✔ 。

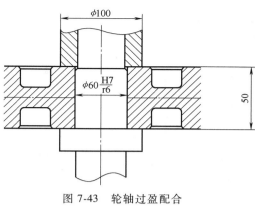

图7-43　轮轴过盈配合

[步骤3]　消除刚性实体运动

接触力已内部平衡，激活惯性卸除功能来消除刚性实体运动，而无须应用约束。要激活"使用惯性卸除"选项。在 SolidWorks Simulation 设计树中，右键单击"过盈配合"，在弹出菜单中单击"属性"。在"Static"对话框中的"选项"选项卡上，将"解算器"设置为"Direct sparse"并选择"使用惯性卸除"单选框，单击"确定"按钮，如图7-44所示。

[步骤4]　定义材料属性

在 Simulation 设计树中，右键单击"零件"图标，在弹出菜单中选择"应用材料到所有"。如图7-45所示，在"材料"对话框中选择"红铜合金"中的"铜"，单击"应用"按钮，再单击"关闭"按钮。

[步骤5]　定义冷缩配合接触

生成爆炸视图以展现出重叠面，以便在轴座与轮毂孔柱面间定义紧缩套合接触条件。

在 Simulation 工具条的"连接"中选择"相触面组"，然后选择"定义接触面组"。如图7-46所示，在相触面组对话框中，设定"类型"为"冷缩配合"。在源框 🔲 内单击，然后单

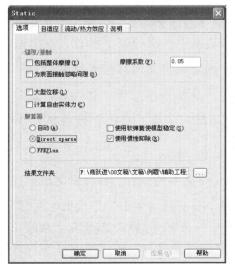

图7-44　消除刚性实体运动

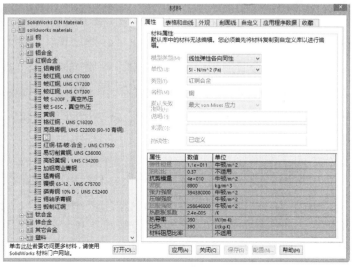

图7-45　定义材料属性

击轴圆柱；单击目标 ⬡ 框内，然后单击轮毂孔面，单击"确定"按钮 ✔。Simulation 在两个面上应用紧缩套合接触。

[步骤 6] 网格化模型和运行研究

在 Simulation 设计树中，右键单击"网格" 🔷网格，在弹出的菜单中单击"生成网格"，"网格"属性对话框出现，如图 7-47 所示，输入 5mm 作为整体大小。选中"运行分析"复选框，单击"确定"按钮 ✔。

图 7-46 定义冷缩配合接触

图 7-47 网格化

[步骤 7] 观察结果

具有轴对称特性的模型，最好在柱坐标系中观察结果。首先需要在轮轴中心生成基准轴。

• 生成基准轴

单击"插入"→"参考几何体"→"基准轴"，"基准轴"属性对话框出现。单击"圆柱/圆锥面"工具 🔘。在图形区域中单击轮轴的任意圆柱面，单击"确定"按钮 ✔，如图 7-48 所示。

• 观察径向应力

在 Simulation 设计树中，双击"应力 1"文件夹后，右键单击该文件夹，在弹出菜单中选择"编辑定义"。"应力图解"属性对话框出现。在属性对话框中，执行以下操作：在"显示"下，在"分量" 🔲 中选择"SX：X 法向应力"（在由参考轴定义的圆柱坐标系中，SX 应力分量代表径向应力），将"单位" 📏 设为"MPa"；在"高级选项"下，在弹出的设计树中选取"基准轴 1"作为坐标系。清除"变形形状"复选框，单击"确定"按钮 ✔，如图 7-49 所示。

• 列举径向应力

在 SolidWorks Simulation 设计树中，右键单击"结果"文件夹中的应力，在弹出菜单中选择"探测"。在"探测"属性对话框中的"选项"下，选择"在所选实体上"单选框，在 ⬡ 中选择"轮座柱面"。单击"更新"按钮。在"结果"下查看与选定面相关联的所有节点的径向应力。在"摘要"下，查看选定面的平均应力、最大应力和最小应力。平均径向应力约为 −31.18MPa。单击"确定"按钮 ✔。

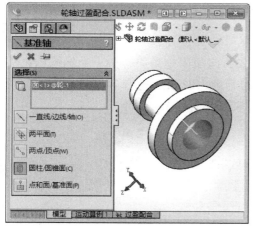

图 7-48　生成基准轴

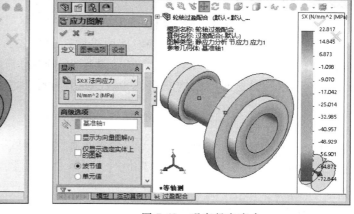

图 7-49　观察径向应力

● 观察接触压力

在 Simulation 设计树中，右键单击"结果"，在弹出菜单中选择"添加应力图解"，在"应力图解"属性对话框中，执行以下操作：在"分量" 中选择"CP：接触压力"，将"单位" 设为"MPa"。单击"确定"按钮 。

7.5　优化设计

拓扑优化

如图 7-50 所示，结构优化设计可以根据设计内容分为三个不同的层次：确定设计域内开孔的位置与数目的结构的拓扑优化（Topology Optimization）；确定边界形状的形状优化（Shape Optimization）；确定截面尺寸的尺寸优化（Sizing Optimization）。本节介绍结构优化设计的类型、拓扑优化的步骤、尺寸优化的思想和步骤等内容。

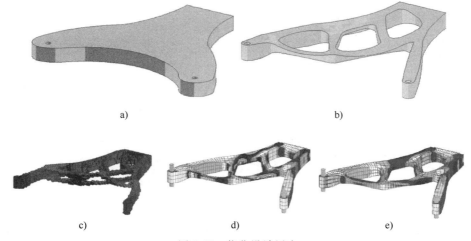

a)

b)

c)

d)

e)

图 7-50　优化设计层次
a）设计空间　b）设计结果　c）拓扑优化　d）形状优化　e）尺寸优化

7.5.1 拓扑优化设计

1. 快速入门——板的拓扑优化

如图 7-51 所示的一块三角板，左侧两个圆孔的内表面施加固定约束，另一个圆孔的内表面施加力：Fx = 15N，Fy = 5N，在将其质量减少 45% 的基础上找到板的最佳强度重量比时的结构方案，并做出拓扑优化分析后的新模型，进行应力的变形分析。

［步骤 1］ 创建拓扑算例

打开〈资源文件 \ 7 结构分析 \ 三角板拓扑优化 . sldprt〉模型，单击"Simulation"工具栏中的"算例"，选择"设计洞察"中的"拓扑"，然后单击"确定"按钮。

［步骤 2］ 施加边界条件

图 7-51　三角板几何模型

1）施加约束：在设计树中右键单击"夹具"，在弹出的菜单中选择"固定铰链"，然后选中左侧的两个孔的圆柱面，然后单击"确定"按钮。

2）施加载荷：在设计树中右键单击"外部载荷"，在弹出菜单中选择"力"，选"选定方向"方式，在右侧的孔的圆柱面上施加载荷，Fx = 15N，Fy = 5N，然后单击"确定"按钮。

［步骤 3］ 设置目标和约束

如图 7-52 所示，在"拓扑算例"树中，右键单击"目标和约束"，在弹出菜单中单击"最佳强度重量比（默认）"。在"约束 1"下选"减少质量（百分比）"，将约束值设置为 45（%），单击"确定"按钮。

［步骤 4］ 运行拓扑优化

单击"Simulation"工具栏中的"运行"，通过多次迭代实现拓扑优化。

［步骤 5］ 查看结果

1）相对质量密度的等值图解：在"结果"下，双击"材料质量 1（-材料质量-）"，将绘制元素相对质量密度的等值图解，如图 7-53 所示。

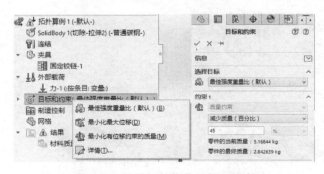

图 7-52　设置拓扑优化目标和约束

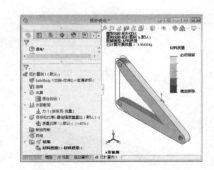

图 7-53　拓扑优化结果

2）计算光顺网格：右键单击"结果"，在弹出菜单中选择"定义新的材料质量图解"，如图 7-54 所示，单击"计算光顺网格"，单击"确定"按钮。

3）导出光顺网格：如图 7-54 所示，在设计树中右键单击"材料质量 1（-材料质量-）"，在弹出菜单中单击"导出光顺网格"，在"将网格保存至"中选择"新零件文件"单选框，设"零件名称"为"拓扑优化结果"。在"高级导出"中选中"实体"单选框，单击"确定"按钮 ✔。

图 7-54　计算并导出光顺网格

2. 结构拓扑优化的相关术语

拓扑优化完成零件的非参数优化，考虑施加的所有载荷、边界约束和制造约束，从最大设计空间开始，按照设计目标寻求最优材料布局，即拓扑结构。主要术语如下。

- 设计目标：可以是最佳强度重量比、最小化质量或最小化最大位移之一。
- 约束条件：约束通过强制质量百分比达到一定值或最大位移。
- 保留区域：排除在优化流程之外，被保留在最终形状中。
- 制造控制：确保优化零件可制造实施的几何约束，如脱模方向、厚度控制或对称控制。

7.5.2　尺寸优化设计

1. 快速入门——茶缸优化设计

（1）问题提出　优化设计是 20 世纪 60 年代初发展起来的一门学科，它将数学中的最优化理论与工程设计领域相结合，使人们在解决工程设计问题时，可以从多个设计方案中找到最优或尽可能完善的设计方案，大大提高了工程设计效率和设计质量。目前，优化设计是工程设计中的一种重要方法，已经广泛应用于航空航天、机械、船舶、交通、电子、通信、建筑、纺织、冶金、石油、管理等各个工程领域，并产生了巨大的经济效益和社会效益，优化设计越来越受到人们广泛的重视，并成为 21 世纪工程设计人员必须掌握的一种设计方法。

什么是优化？下面通过例子进行简要说明。

仔细观察图 7-55 所示的老式茶杯，会发现此类水杯有一个共同特点：底面直径 D＝水杯高度 H。为什么是这样呢？因为只有满足这个条件，才能在原料耗费最少的情况下使杯子的容积最大。在材料一定的情况下，如果水杯的底面积大，其高度必然就要小；如果高度变大了，底面积又大不了，如何调和这两者之间的矛盾？其实这恰恰就反映了一个完整的优化过程。

在此，所要优化的目标是使整个水杯的容积最大。由于水杯材料直接与水杯的表面积有关系，假设水杯表面积 S 不能大于 10000mm^2，即 $S=(\pi DH+\pi D^2/2)\leqslant 10000\text{mm}^2$，目标是通过选

取合理的底面直径 D 和高度 H 使整个水杯的容积 $V = \pi D^2 H/4$ 最大。该问题的数学模型为：

设计变量：底面直径 D 和高度 H。

目标函数：$\mathrm{Max}\, V = \pi D^2 H/4$

约束条件：$S = (\pi DH + \pi D^2/2) \leqslant 10000$

对于通用的问题可归纳为：在满足一定约束条件下，选取设计变量，使目标函数达到最大（或最小）。可见，优化设计是一种寻找确定最优设计方案的技术，其基本思想就是用最小的代价获得最大收益。

其数学模型为：

$$
\begin{aligned}
\min \quad & f(x) & & x \in R^n \\
s.t. \quad & g_u(x) \leqslant 0 & & u = 1, 2, \cdots, m \qquad (7\text{-}3) \\
& h_v(x) = 0 & & v = 1, 2, \cdots, p
\end{aligned}
$$

（2）优化设计三要素

1）设计变量：优化结果的取得就是通过改变设计变量的数值来实现的。每个设计变量都有上下限，它定义了设计变量的变化范围。如引例中的底面直径 D 和高度 H。

图 7-55　水杯模型

2）约束条件：约束条件用来体现优化的边界条件，它们是因变量，是设计变量的函数。如引例中的表面积 $S = \pi DH + \pi D^2/2$。

3）目标函数：目标函数是最终的优化目的，它必须是设计变量的函数。也就是说，改变设计变量的数值将改变目标函数的数值，如引例中目标函数为 $V = \pi D^2 H/4$。

（3）SolidWorks Simulation 茶杯优化

优化方法发展到今天可说比较完善了。求解工具也形形色色，包括 MATLAB 优化工具箱等多种工具。SolidWorks Simulation 的优化模块支持验算点法。下面以引例的求解过程说明 SolidWorks Simulation 优化设计步骤。

［步骤 1］　参数化建模

为了简化分析，不考虑杯子的壁厚。在 SolidWorks 环境中建立以设计变量为驱动尺寸的初始设计方案（底面直径 $D = 50\mathrm{mm}$ 和高度 $H = 50\mathrm{mm}$），并保存为"茶杯优化.sldprt"。

［步骤 2］　准备约束条件和目标函数

如图 7-56a 所示，在设计树中右键单击"传感器"，在弹出的菜单中选择"添加传感器"。如图 7-56b 所示，在弹出的传感器对话框中选择"传感器类型"为"测量"。如图 7-56c 所示，在绘图区中选中模型表面的三个面，在"测量-茶杯优化"对话框中单击"创建传感器"图标，在传感器对话框中单击"确定"按钮✔，完成约束条件——表面积计算。

在设计树中右键单击"传感器"，在弹出菜单中选择"添加传感器"，如图 7-57 所示，在弹出的传感器对话框中选择"传感器类型"为"质量属性"，"属性"选择"体积"，单击"确定"按钮✔，完成目标函数——体积计算。

如图 7-58 所示，在设计树中，将两者更名为"表面积"和"体积"。

［步骤 3］　生成优化算例

如图 7-59 所示，右键单击"运动算例 1"，在弹出菜单中选择"生成新设计算例"。

  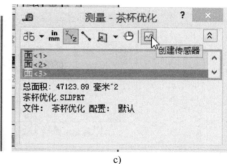

a)　　　　　　　　　　　b)　　　　　　　　　　　c)

图 7-56　准备约束条件——表面积

 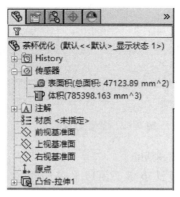 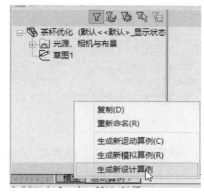

图 7-57　目标函数　　　　　图 7-58　准备结果　　　　　图 7-59　生成优化算例

［步骤4］　定义优化三要素

• 定义设计变量：右键单击 SolidWorks 的设计树 中的"注释"，在弹出的菜单中选中"显示特征尺寸"，在图形内显示特征尺寸。在优化设计管理器中单击"变量"中的"单击此处添加变量"，在图形区域中单击底面直径尺寸，如图 7-60 所示，在"参数"对话框的"名称"中输入"D"，单击"应用"按钮完成直径 D 设定；重复上述步骤完成高度 H 设定。单击"确定"按钮返回优化设计管理器。如图 7-61 所示，设定两者的变化范围和步长均为"30mm，60mm"和 5mm。

图 7-60　指定设计参数

• 定义约束条件：在优化设计管理器中单击"约束"中的"单击此处添加约束"，选择"表面积"，如图 7-61 所示，设定其"小于 10000mm^2"。

• 定义目标函数：在优化设计管理器中单击"约束"中的"单击此处添加目标"，选择"体积"，如图 7-61 所示，设定为"最大化"。

［步骤5］　运行优化研究

在优化设计管理器中单击"运行"按钮，经过 51 次循环之后得到优化设计结果，如图 7-62 所示。

［步骤6］　优化设计结果分析

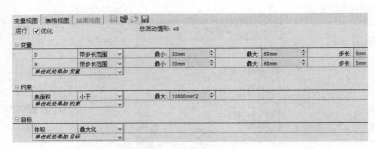

图 7-61　优化三要素设定

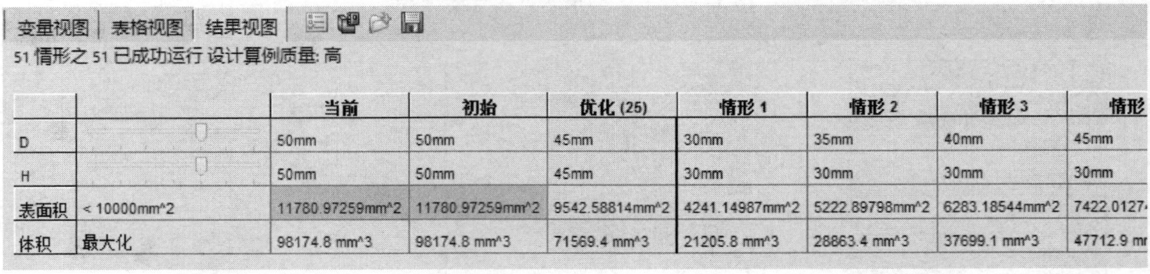

			当前	初始	优化 (25)	情形 1	情形 2	情形 3	情形
D			50mm	50mm	45mm	30mm	35mm	40mm	45mm
H			50mm	50mm	45mm	30mm	30mm	30mm	30mm
表面积	< 10000mm^2		11780.97259mm^2	11780.97259mm^2	9542.58814mm^2	4241.14987mm^2	5222.89798mm^2	6283.18544mm^2	7422.0127
体积	最大化		98174.8 mm^3	98174.8 mm^3	71569.4 mm^3	21205.8 mm^3	28863.4 mm^3	37699.1 mm^3	47712.9 mm

变量视图　表格视图　结果视图

51 情形之 51 已成功运行 设计算例质量:高

图 7-62　优化结果

由图 7-62 可见，最优解是 $D = H = 45$mm。

（4）SolidWorks Simulation 优化设计步骤　由以上分析过程，可将 SolidWorks Simulation 优化设计步骤归结为：定目标，选变量，取约束，做优化。

2. 悬臂托架轻量化设计

悬臂托架按图 7-63 所示方式进行支撑和施加载荷（面载荷为 5MPa）。根据功能要求，托架的外部尺寸不能变化。中心切除大小由 D11、D12 和 D13 控制。这些尺寸可以在一定范围内变化。

通过以下条件减小悬臂托架的体积：von Mises 应力不得超过特定值；大位移不得超过特定值；基础频率应在 260~400Hz 范围内，以避免与安装机械引起共振。

（1）打开零件　浏览到〈资源文件〉中的"托架轻量化 .sldprt"并将其打开。

尺寸优化

（2）完成约束条件分析　完成静态分析以获得应力和位移约束；完成频率分析，以获得频率约束。

［步骤 1］　初始静态分析

生成名称为"初始静态分析"的实体网格算例。从材料库中为零件指派合金钢材料。对托架的竖直面应用固定约束。对托架的水平面沿垂直方向施加 5×10^6 N/m^2 的均匀压力。网格化模型和运行初始静态研究，观察 von Mises 应力和观察合力位移。

［步骤 2］　初始频率分析

生成名称为"初始频率分析"的实体网格算例。将"初始静态分析"算例的实体、约束-1 和网格文件夹复制到"初始频率分析"。运行"初始频率分析"，列举模型的自然频率为 366.43Hz。

（3）生成优化算例

右键单击"动画1"，在弹出菜单中选择"生成新设计算例"，打开优化设计管理器。

（4）定义优化三要素

[步骤1] 定义设计变量

右键单击 SolidWorks 的设计树 中的"注释"（Annotations），在弹出菜单中选中"显示特征尺寸"，在图形内显示特征尺寸，如图 7-64 所示。

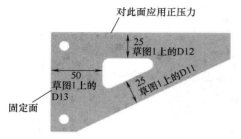

图 7-63 悬臂托架

图 7-64 定义设计变量

在图 7-65 所示的优化设计管理器的"变量"下单击"单击此处添加变量"，在图形区域中，选择尺寸 D11，将变量命名为"DV1"，单击"确定"按钮。设定 DV1 的"最小"为 10mm，"最大"为 15mm，"步长"为 5mm。

重复上述步骤，将 DV2、DV3 的范围设为 20~25mm，步长为 5mm。

[步骤2] 定义约束

● 定义 von Mises 应力约束

如图 7-65 所示，在"约束"下，单击"单击此处添加约束"，在属性对话框的"传感器的类型"下选择"simulation 数据"，"数据量"为"应力和 VON：von Mises 应力"，属性为"N/m^2（Pa）"单击"确定"按钮✔。设置"应力1""小于""3e+008""静力分析"。

变量视图	表格视图	结果视图	⚙ ▤					
运行 ☑优化				总活动情形: 8				
□ 变量								
	DV1	带步长范围	∨	最小: 10mm	最大: 15mm	步长: 5mm		
	DV2	带步长范围	∨	最小: 20mm	最大: 25mm	步长: 5mm		
	DV3	带步长范围	∨	最小: 20mm	最大: 25mm	步长: 5mm		
	单击此处添加变量		∨					
□ 约束								
	约束1	小于	∨	最大: 3e+08 牛顿/m^2	初始静态分析 ∨			
	约束2	小于	∨	最大: 0.21mm	初始静态分析 ∨			
	约束3	介于	∨	最小: 260 Hz	最大: 400 Hz	初始频率分析 ∨		
	单击此处添加约束		∨					
□ 目标								
	体积1	最小化	∨					
	单击此处添加目标		∨					

图 7-65 优化设计三要素设定

同理，设置"位移"约束最大为"0.21mm"；设置频率约束介于 260Hz 和 400Hz 之间。

[步骤3] 定义目标函数

如图 7-65 所示，在"目标"下，单击"单击此处添加目标"，在属性对话框的"目标下"选择"体积1"和"最小化"，单击"确定"按钮 ✔ 。

［步骤4］ 运行优化研究

在优化设计管理器中单击"运行"按钮，经 10 次循环之后完成优化设计，并切换到结果视图 。

［步骤5］ 观察优化设计结果

由图 7-66 可见，最优解是 D11 = 10mm，D12 = 25mm，D13 = 20mm。

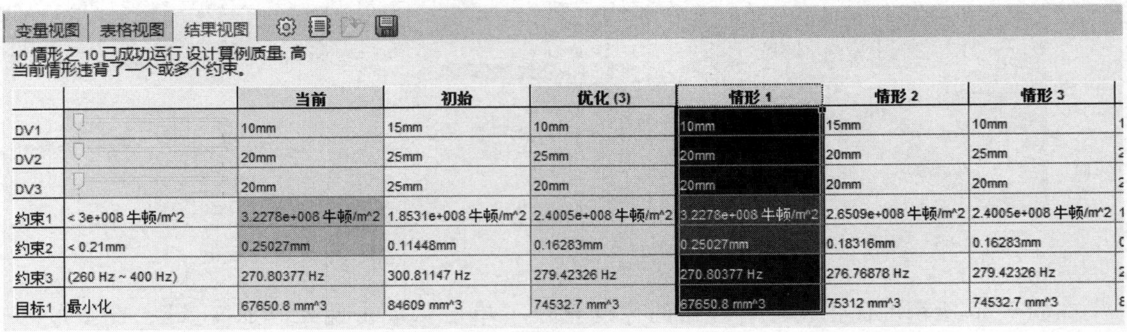

		当前	初始	优化 (3)	情形 1	情形 2	情形 3
DV1		10mm	15mm	10mm	10mm	15mm	10mm
DV2		20mm	25mm	25mm	20mm	20mm	25mm
DV3		20mm	25mm	20mm	20mm	20mm	20mm
约束1	< 3e+008 牛顿/m^2	3.2278e+008 牛顿/m^2	1.8531e+008 牛顿/m^2	2.4005e+008 牛顿/m^2	3.2278e+008 牛顿/m^2	2.6509e+008 牛顿/m^2	2.4005e+008 牛顿/m^2
约束2	< 0.21mm	0.25027mm	0.11448mm	0.16283mm	0.25027mm	0.18316mm	0.16283mm
约束3	(260 Hz ~ 400 Hz)	270.80377 Hz	300.81147 Hz	279.42326 Hz	270.80377 Hz	276.76878 Hz	279.42326 Hz
目标1	最小化	67650.8 mm^3	84609 mm^3	74532.7 mm^3	67650.8 mm^3	75312 mm^3	74532.7 mm^3

变量视图　表格视图　结果视图

10 情形之 10 已成功运行 设计算例质量: 高
当前情形违背了一个或多个约束。

图 7-66　优化结果

7.6　耦合场分析

自然界存在四种场：位移（应力应变）场、电磁场、温度场和流场。这四种场之间是相互联系的，现实世界不存在纯粹的单场问题，所遇到的所有物理问题都是多场耦合的，只是受到硬件或软件的限制，人为将它们分成单场现象，单独进行分析。有时这种分离可以接受的，但有很多问题这样计算将得到错误结果。因此，在条件允许时，应该尽量进行多场耦合分析。目前，多场耦合问题一般采用将前一个场的分析结果作为后一个场的载荷进行求解。

7.6.1　压气机连杆动应力分析

分析思路：将压气机机构仿真确定的连杆上作用的力作为连杆应力分析的载荷。即，首先用 SolidWorks Motion 对活塞式压气机进行机构仿真分析，然后用 SolidWorks Simulation 对其进行应力计算。

1. 活塞式压气机机构仿真

［步骤1］ 打开机构装配

打开〈资源文件〉中的"单缸压气机.sldasm"。

［步骤2］ 启动 SolidWorks Motion 和 SolidWorks Simulation

在"SolidWorks 插件"选项卡中，单击"SolidWorks Motion"和"SolidWorks Simulation"。

［步骤3］ 执行仿真分析

如图 7-67 所示，单击"Motion"切换到运动管理器，选择分析类型为"Motion 分析"，单击"计算" 🎬，完成连杆反作用力仿真。单击"保存" 💾▾保存计算结果（详细步骤见本书

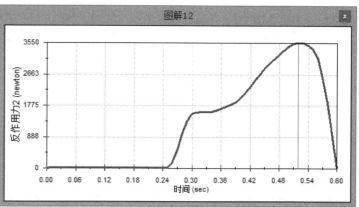

图 7-67　连杆反作用力

第 6.2.1 节）。可见，在 0.52s 时，力最大，大小为 3550N。

［步骤 4］　将运动载荷输入 SolidWorks Simulation

如图 7-68 所示，单击"Simulation"→"输入运动载荷"。如图 7-69 所示，在"输入运动载荷"对话框的"可用的装配体零部件"中选中零件"Liangan-2"，单击 > 将其移动到"所选零部件"中。选中"单画面算例"单选框，将"画面号数"设为"55"（对应的运动仿真时间设为 0.54s，即图 7-69 中最大反作用力处），单击"确定"按钮。

图 7-68　"Simulation"菜单

图 7-69　"输入运动载荷"对话框

2. 连杆动应力分析

［步骤 1］　打开零件并进入 Simulation 管理器界面

如图 7-70 所示，在设计树中，右键单击零件"Liangan-2"并在弹出的菜单中选择"打开零件"，打开连杆，发现在图形窗口左下方添加了标签"CM4-ALT-Frame-55"，单击该标签，进入 Simulation 管理器界面。如图 7-71 所示，在"外部载荷"中已添加 4 个由运动仿真获得的载荷。

［步骤 2］　选材料

在 Simulation 管理器中右键单击"link-rod"，在弹出的菜单中选择"应用/编辑材料"，在

图 7-70 打开零件

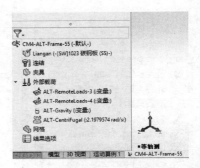

图 7-71 Simulation 管理器

弹出的"材料"属性对话框中,选中"自库文件"为"SolidWorks materials",选中"钢"中的"1023 碳钢板",单击"确定"按钮。

[步骤 3] 分网格

在 Simulation 管理器中右键单击"网格",在弹出的菜单中选择"生成网格",在弹出的"网格"属性对话框中单击"确定"按钮 ✔,接受默认的"网格密度",完成网格划分。

[步骤 4] 求结果

在命令管理器的"Simulation"工具条中单击"运行" 🗒 执行分析,在弹出的"线性静态算例"对话框中单击"是"按钮。完成分析后,在 Simulation 管理器中添加应力等 3 个分析结果的结果文件夹,且图形区域中显示应力分布图解。

7.6.2 制动零件热应力分析

1. 问题描述

踏面制动是铁路货车车辆最基本的制动方式。闸瓦作用于车轮时,通过摩擦将列车动能转化为热能,这一能量被轮辋吸收,造成车轮内部的温度梯度,再加上车轮各部分之间的制约关系,就形成了车轮内部的热应力。热负荷会形成轮辋裂纹、踏面裂纹缺损、擦伤以及辐板裂纹等多种破坏方式。踏面制动车轮热机耦合分析对车轮热负荷最不利的制动工况。

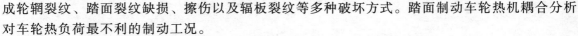

热机耦合

分析思路:将温度场分析得到的温度分布,作为热应力分析的热载荷,计算热应力分布。

2. 温度场计算

[步骤 1] 打开模型

打开〈资源文件〉中的"车轮热机耦合 . sldprt"文件。

[步骤 2] 生成热分析算例

在 Simulation 工具条中选择"算例" 🔍 中的"新算例"。在"算例"对话框的"名称"下面输入"热分析",在"类型"下,单击"热力" 🎛,单击"确定"按钮 ✔。

[步骤 3] 指派材料

在 Simulation 设计树中的零件中,右键单击"车轮热机耦合",在弹出菜单中选择"应用/编辑材料",在"材料"对话框中单击选择"钢"中的"1023 碳钢板",单击"应用"按钮,然后单击"关闭"按钮。

[步骤 4] 划分网格

在 Simulation 工具条中选择"运行" 中的"生成网格" ，在"网格"对话框拖动网格参数滑杆设置元素尺寸及公差值，单击"确定"按钮 ，完成网格划分。

［步骤5］ 施加热载荷和边界条件

对车轮热负荷最不利的制动工况是紧急制动工况，按普通货车计算制动功率，则紧急制动工况的热流密度为 $288.8kW/m^2$。

右键单击设计树的"热载荷" ，在弹出菜单中选择"热流量"，如图 7-72 所示，选中车轮踏面，热流密度为 $288800W/m^2$。

右键单击设计树的 "热载荷"，在弹出菜单中选择"对流"，如图 7-73 所示，选中除轮毂孔外的所有面，设"对流系数"为 $16W/(m^2 \cdot K)$，"总环境温度"为"293K"，单击"确定"按钮 。

［步骤6］ 运行分析

在 Simulation 工具条中单击"运行" ，完成分析后显示温度图解。

［步骤7］ 观察温度分布

在 Simulation 设计树中的"结果"文件夹中右键单击"温度"，在弹出菜单中选择"编辑定义"。在"热力"对话框中将"温度单位"设为"Celsius"（摄氏度），单击"确定"按钮 ，显示温度图解，如图 7-74 所示。

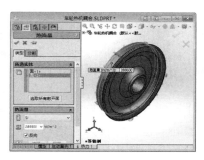
图 7-72 应用热流量

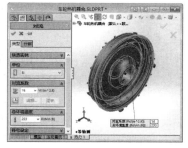
图 7-73 施加对流边界条件

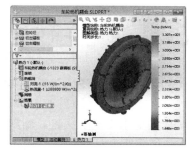
图 7-74 温度场结果

3. 热应力分析

［步骤1］ 生成稳态分析算例

在 Simulation 工具条中选择"算例" 中的"新算例"。在"算例"对话框的"名称"下面输入"热应力分析"，在"类型"下，单击"静态" ，单击"确定"按钮 。

［步骤2］ 指派材料

右键单击热分析算例中的"热机耦合"，在弹出菜单中选择"复制"，然后切换到热应力分析算例，右键单击热分析算例中的"热机耦合"，在弹出菜单中选择"粘贴"，热应力算例的"零件" 图标将出现选中标记，表明所有实体都指派了材料。

［步骤3］ 施加约束条件

右键单击热应力分析算例 Simulation 设计树中的"热应力分析"，在弹出菜单中选择"属性"，在"静应力分析"对话框的"选项"选项卡中选择"使用软弹簧使模型稳定"，单击"确定"按钮。

[步骤4] 施加热效应载荷

在热应力分析算例的 Simulation 设计树中，右键单击"外部载荷"，如图 7-75 所示，在弹出的菜单中选择"热力效应"，在"静应力分析"对话框中选中"热算例的温度"单选框，"热算例"名称输入为"热分析"，单击"确定"按钮。

[步骤5] 网格化模型和运行研究

在 Simulation 工具条中单击"运行" 。完成分析后，显示瞬态热分析热应力，如图 7-76 所示。

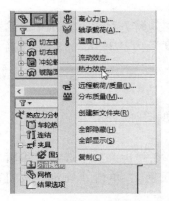

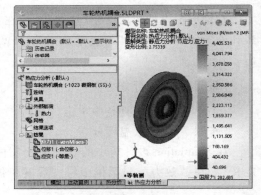

图 7-75 应用热效应 　　　　　图 7-76 热应力分布

7.6.3 动车组车体碰撞分析

手机等电子产品，从投产直到产品完全报废，与外界的物品发生碰撞是不可避免的。掉落测试研究是评估零件在规定跌落高度掉落在硬地板上的效应。

以 100m/s（相当于 360km/h）的速度沿轴向运动的铝圆柱杆，碰撞固定边界，用以模拟动车组车体碰撞刚性墙。计算杆件反应的时间函数，并求出杆件最小长度。杆件采用铝合金制作，满足具有硬化同向性的 von Mises 塑性模型。

[步骤1] 打开零件

浏览并打开〈资源文件〉中的零件"AluminumBar. sldprt"。

[步骤2] 生成掉落测试算例

在 Simulation 工具条中选择"算例" 中的"新算例"。在"算例"对话框的"名称"下面输入"跌落"，在"类型"下，单击" 掉落测试"，单击"确定"按钮 。

[步骤3] 指定材料属性

在设计树中，右键单击"跌落分析"文件夹并在弹出的菜单中选择"应用/编辑材料"。在"材料"对话框的"选择材料来源"下，选中"自定义"单选框。在"材料属性"的"模型类型"中，选择"塑性-von Mises"并设定单位为"公制"。输入"铝-塑性"作为名称。在材料属性表中，执行以下操作：设定 EX（弹性模量）为"7e+010"；设定 NUXY（泊松比）为"0.3"；设定 SIGYLD（屈服应力）为"420000000"；设定 ETAN（相切模量）为"100000000"；设定 DENS（质量密度）为"2700"，单击"确定"按钮，如图 7-77 所示。

［步骤4］ 定义掉落测试参数

在 Simulation 设计树中，右键单击"设置" ，在弹出菜单中选择"定义/编辑"。在"掉落测试设置"对话框中设定"指定"为"冲击时速度"，在"冲击时速度"下，单击方向，然后在设计树中单击"Front Plane"。将速度设为 478m/s。在"引力"下的"方向的面、线"选择框内单击，然后选择如图 7-78 显示的边线。接受默认引力加速度的大小。在图形区域中出现相量显示引力的方向。在"目标方向"下单击"垂直于引力"单选框，单击"确定"按钮。

图 7-77 指定材料属性

［步骤5］ 设定结果选项

需要设定冲击之后的求解时间，以及时间历史记录反应图表的位置。要设定结果选项：

单击"Simulation"工具栏上的"结果选项"。在"结果选项"对话框中，在"冲击后的求解时间"下，输入"45"（微秒）。在"保存结果"下，执行如下操作：a. 将"从此开始保存结果"设为 0；b. 将图解步长数设为 30；c. 在圆柱的圆形面中心选择两个顶点。单击"确定"按钮，如图 7-79 所示。

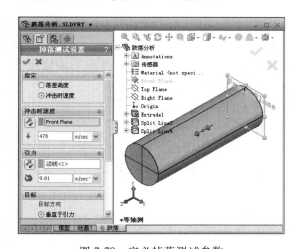

图 7-78 定义掉落测试参数

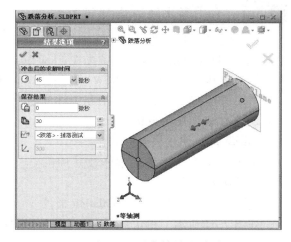

图 7-79 设定结果选项

［步骤6］ 网格化模型和运行分析

在 Simulation 工具条中单击"运行"。网格化后运行分析。

［步骤7］ 查看结果

掉落测试结果包括位移、应力和应变。

● 查看 45s 时的应力

在 Simulation 设计树中，右键单击"结果"文件夹中的"应力1"，在弹出的菜单中选择"编辑定义"，如图 7-80 所示，在"图解步长"中输入"30"，单击"确定"按钮，则显示第 30 步（对应时刻第 45 微秒）时的应力分布。

- 绘制位移图表

在设计树中，右键单击"结果"文件夹，在弹出菜单中选择定义"时间历史图表"。在"时间历史图表"对话框中，选"预定义的位置"单选框，在"Y 轴"中设"位移""UZ：Z 位移"，单击"确定"按钮✔，如图 7-81 所示。

图 7-80 第 45 微秒时的应力分布

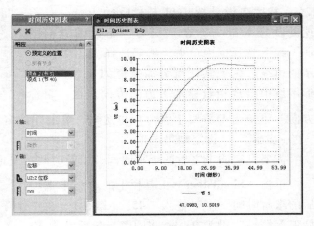

图 7-81 Z 方向位移变化

7.6.4 动车组车体流固耦合分析

动车组车体由于受到空气等流体的压力而产生应力，这属于流固耦合场分析问题。Solid-Works 流固耦合求解步骤为：首先在 Flow Simulation 中进行流体仿真，得到固体壁面的流体压力，然后将其结果导出为 SolidWorks Simulation 加载条件，最后进行应力分析。

下面通过 Flow Simulation 分析上述问题，说明 Flow Simulation 分析步骤。

1. 车体表面压力分析

［步骤 1］ 建立模型

参照图 7-82 所示建立车体及其周围空气控制体模型（一般比车体大 4~5 倍），保存为"车体 CFD. sldprt"。

［步骤 2］ 启动 Flow Simulation 插件

如图 7-83 所示，单击"SOLIDWORKS 插件"中的"SolidWorks Flow Simulation"插件。

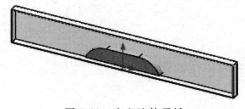

图 7-82 定义流体子域

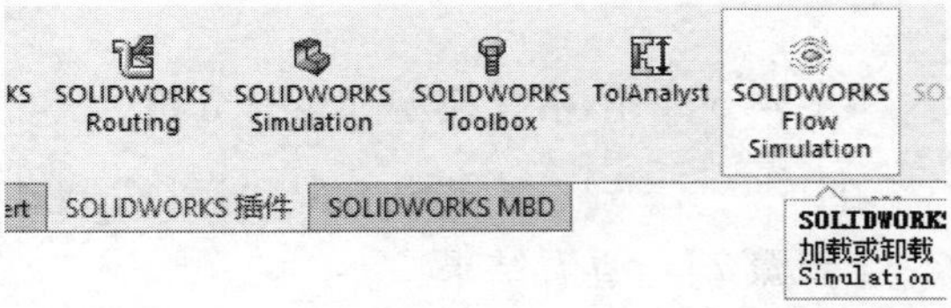

图 7-83 添加进口压力

［步骤 3］ 创建流动模拟

切换到"流动模拟" ⚙ 标签，单击"Flow Simulation"工具栏上的"新建"按钮，在

"项目名称"中输入"车体空气压力",单击"确定"按钮✔,创建流动模拟,并自动生成计算域。

[步骤4] 定义流体子域

在设计树中右键单击"流体子域",在弹出菜单中选择"插入流体子域"。如图7-84所示,在绘图区中单击选中内部的流体区域,选择"流体类型"为"气体/真实气体/蒸汽,空气(气体)",单击"确定"按钮✔,创建"流体子域"。

[步骤5] 添加进出口边界条件

在设计树中右键单击"边界条件",在弹出菜单中选择"插入边界条件"。如图7-85所示,在绘图区中单击选中进口截面,选择"类型"为"入口速度",设定进口速度 $V = 100\text{m/s}$(相当于360km/h),单击"确定"按钮✔。重复以上步骤,创建出口压力条件 $P = 101325\text{Pa}$(标准大气压)。

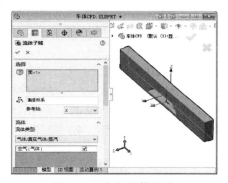

图7-84 定义流体子域

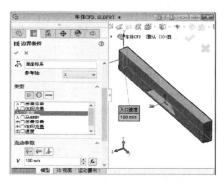

图7-85 添加进口边界条件

[步骤6] 设置迭代控制目标

在设计树中右键单击"目标",在弹出菜单中选择"插入全局目标",设"平均速度"为控制目标,单击"确定"按钮✔。

[步骤7] 求解

单击"Flow Simulation"工具栏上的"运行"按钮,在"运行"对话框中单击"运行"按钮。

[步骤8] 显示速度流线图解

右键单击设计树中的"流动迹线",在弹出菜单中选择"插入",在"插入"对话框中选择"前视基准面"和"速度",单击"确定"按钮✔。显示流动迹线,如图7-86所示。

2. 车体结构应力分析

通过上述步骤完成 Flow Simulation 分析,可以求得流体对管道壁面的作用力。将计算所得结果输出到 SolidWorks Simulation 即可寻求模型的最大应力。

[步骤1] 完成流体分析

打开〈资源文件〉中的"车体 CFD.sldprt",在"流动模拟"工具栏中单击"运行"完成事先建立的流体分析。

[步骤2] 导出结果到模拟

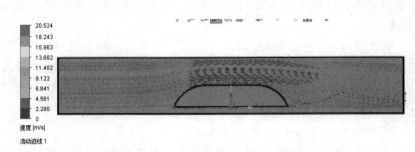

图 7-86　流动迹线

单击"工具"→"Flow Simulation"→"工具"→"将结果导出到模拟"。

［步骤 3］　建立应力分析算例

单击"Simulation"工具条中的"新算例",设"名称"为"流动效应应力",选择"静应力分析",单击"确定"按钮✔,应力分析算例。为车体添加材料为"1023 碳钢板"和为车体下表面添加固定几何体约束条件。

［步骤 4］　施加流动效应载荷

如图 7-87 所示,右键单击"外部载荷",在弹出菜单中选择"流动效应",在"静应力分析"对话框的"流动/热力效应"选项卡中选中"液压选项"选项组中的"包括 SOLID-WORKS Flow Simulation 中的液压效应"复选框,浏览到流体分析结果文件,如"2.fld",单击"打开"按钮,再单击"确定"按钮。

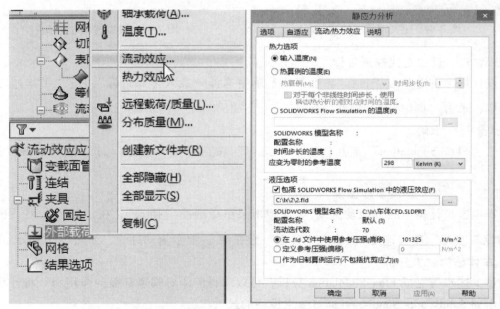

图 7-87　施加流动效应载荷

［步骤 5］　运行分析并查看结果

单击"Simulation"工具条上的"运行"按钮,执行流固耦合应力分析,所得应力分布如图 7-88 所示。

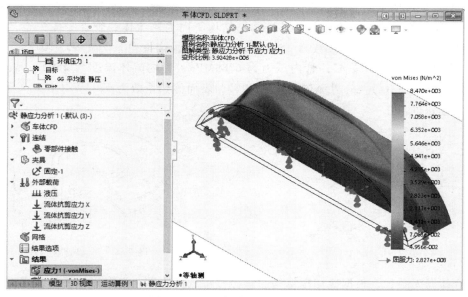

图 7-88　流固耦合应力分析结果

7.7　习题 7

7-1　什么是有限元法？简述有限元法的基本思路。简述大型有限元软件的分析步骤。

7-2　如图 7-89 所示，一个 AISI304 钢材料制成的 L 形支架上端面被固定（埋入），同时在下端面施加 200N 的弯曲载荷。分析该模型的位移和应力分布情况，尤其是位于拐角处大小为 10mm 的倒角部分的应力分布，比较有圆角和无圆角的结果；比较有圆角时，采用不同圆角网格控制时的结果。

7-3　如图 7-90 所示，一个内半径为 121.82mm 的机轮边承受一个外半径为 121.91mm 的轮毂的压力作用。试求出这两者中的 von Mises 应力和接触应力。利用模型的对称性，分别选择它的 1/2、1/4，甚至 1/8 部分来进行分析。

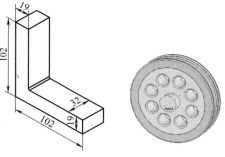

图 7-89　L 形支架

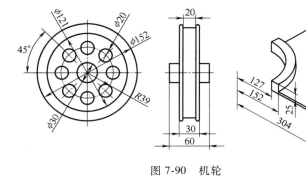

图 7-90　机轮

7-4 对图 7-91 所示的下部固定的音叉进行频率分析，确定其前 5 阶固有频率和模态。

7-5 如图 7-92 所示，一个轴对称的冷却栅结构管内为热流体，管外流体为空气，管道机冷却栅材料均为不锈钢，导热系数为 25.96W/(m·℃)，弹性模量为 1.93×10^9Pa，泊松比为 0.3，热胀系数为 1.62×10^{-5}/℃，管内压力为 6.89MPa，管内流体温度为 250℃，表面传热系数为 249.23W/(m^2·℃)，外界流体温度为 39℃，表面传热系数为 62.3W/(m^2·℃)，试求解其温度和应力分布。

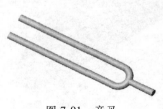

图 7-91 音叉

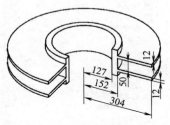

图 7-92 冷却栅结构管

假定冷却栅无限长，根据冷却栅结构的对称性特点构造出的有限元分析简化模型，其上下边界承受边界约束，管内部承受均布压力。

7-6 一个承受单向拉伸的平板，拉伸载荷为 30MPa。板长为 100mm，初始板宽为 80mm，板厚为 10mm，在其中心位置有一个 ϕ20mm 的小圆孔。材料属性：弹性模量为 2.06×10^{11}Pa，泊松比为 0.3，材料许用应力为 130MPa，确定质量最轻时的板宽。

第8章 计算机辅助制造

计算机辅助制造（Computer Aided Manufacturing，CAM）是指在机械制造业中，利用计算机通过各种数值控制机床和设备，自动完成离散产品的加工、装配、检测和包装等制造过程。本章重点介绍 SolidWorks CAM 数控加工的知识。

CAM 入门　　　　槽铣削

8.1 SolidWorks CAM 快速入门

1. 引例——槽形凸轮铣削

下面以图 8-1 所示槽形凸轮为例来说明 SolidWorks CAM 如何使数控加工变得更轻松。

（1）零件建模 在 SolidWorks 中打开〈资源文件〉中的"SolidWorks CAM 快速入门（槽形凸轮）.sldprt"。

（2）提取加工特征 如图 8-2 所示，单击"SolidWorks CAM"工具栏中的"提取可加工的特征"，自动提取可加工的特征，并在 SolidWorks CAM 特征树中显示。

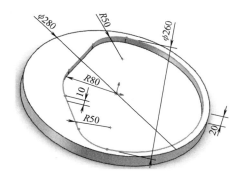

图 8-1 挖槽加工零件

图 8-2 提取可加工的特征

（3）生成操作计划 如图 8-3 所示，单击"SolidWorks CAM"工具栏中的"生成操作计划"，自动为提取的加工特征生成操作计划，并在 SolidWorks CAM 操作树中显示。

（4）生成刀具轨迹 如图 8-4 所示，单击"SolidWorks CAM"工具栏中的"生成刀具轨迹"，自动按操作计划生成刀具轨迹。

（5）模拟刀具轨迹 如图 8-5 所示，单击"SolidWorks CAM"工具栏中的"模拟刀具轨迹"，单击"模拟刀具轨迹"工具栏上的"播放"按钮观看刀具轨迹模拟。

（6）生成 G 代码 图 8-6 所示，单击"SolidWorks CAM"工具栏中的"后置处理"，为刀具轨迹生成机床 G 代码，并在 SolidWorks CAM 操作树中显示。

如图 8-6 所示，单击"后置处理"按钮，选择生成文件的保存位置并输入文件名"平面凸轮加工"，单击"播放"按钮来生成 G 代码文件。

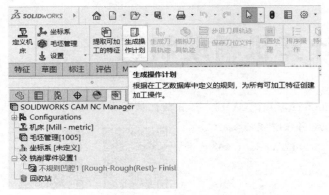

图 8-3　生成操作计划

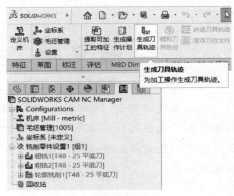

图 8-4　生成刀具轨迹

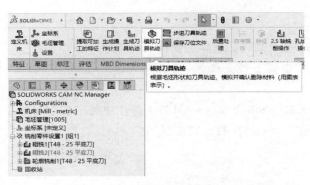

图 8-5　刀具轨迹模拟

图 8-6　生成 G 代码文件

2. SolidWorks CAM 基本步骤

由上面的实例可见，SolidWorks CAM 数控加工的主要步骤如下。

1）选定加工机床：包括选择加工方式和加工毛坯。本例默认为铣削加工和矩形块毛坯。

2）提取加工特征：用自动特征识别或交互特征识别功能，提取加工特征。

3）生成操作计划：操作计划就是对提取的特征设定加工操作。包括粗/精加工、钻孔等。

4）生成刀具轨迹：定义刀具的进给速度、卡盘的转速、进刀点的位置、安全点位置等。

5）模拟刀具轨迹：模拟刀具轨迹。看是否有刀具干涉，加工的先后顺序是否合理。

6）输出加工 G 代码：生成程序代码，传输至机床上加工。

3. SolidWorks CAM 常用功能及界面

SolidWorks CAM 是一种与 SolidWorks 无缝集成的 CAM，提供了基于规则的加工和自动特征识别功能，可以大幅简化和自动化 CNC 制造操作。SolidWorks CAM 提供了完整的机床的真实仿真，加工模块可以有多种铣削和车削功能（常用的加工功能见表 8-1）。

表 8-1 SolidWorks CAM 2023 常用加工功能

名称	功 能	示例
2.5 轴铣削	2.5 轴铣削包括自动粗加工、精加工、螺纹铣削、表面铣削以及单点（钻孔、镗孔、铰孔和攻螺纹）循环加工体素特征	
2.5 轴车削	2.5 轴车削包括车削、车槽、车镗加工	

SolidWorks CAM 插件启动方法为：单击“工具”→“插件”，打开“插件”对话框，在“其它插件”中勾选“SOLIDWORKS CAM 2023”。如图 8-7 所示，启动 SolidWorks CAM 后在 SolidWorks 中新增一个 SolidWorks CAM 工具栏，在左窗口中新增“特征树”、“操作树”和“刀具树”。

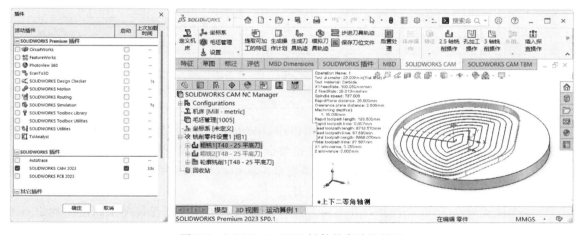

图 8-7 SolidWorks CAM 插件的启动及界面

8.2 SolidWorks CAM 数控铣削加工

铣削是将毛坯固定，用高速旋转的铣刀在毛坯上走刀，切出需要的形状和特征的一种机械加工方法。传统铣削较多地用于铣削轮廓和凹槽等简单外形/特征，数控铣床可以进行复杂外形和特征的加工。

8.2.1 平面凸轮轮廓铣削

数控机床程序编制方法有手工编程和自动编程两种。下面以平面凸轮零件为例，说明数控铣床的编程过程。

1. 加工工艺分析

凸轮数控加工工序卡见表8-2。

表8-2 凸轮数控加工工序卡

数控加工工序卡		零件图号	零件名称	文件编号	第 页
		NC 01	凸轮		
		工序号	工序名称		材料
		50	铣周边轮廓		45 钢
		加工车间	设备型号		
			XK5032		
		主程序名	子程序名		加工原点
		O100			G54
		刀具半径补偿/mm	刀具长度补偿/mm		
		H01 = 10	0		
工步号	工步内容		工装		
1	数控铣周边轮廓	夹具		刀具	
		定心夹具		立铣刀 φ15mm	
		更改标记	更改单号		更改者/日期
工艺员		校对	审定		批准

由表8-2可知，凸轮曲线分别由几段圆弧组成，φ30mm孔为设计基准，其底面与定位孔已加工好。故取φ30mm孔和一个端面作为主要定位面。因为孔是设计和定位的基准，所以对刀点选在孔中心线与端面的交点上，这样很容易确定刀具中心与零件的相对位置。铣刀的端面距零件的表面有一定的距离。选用φ15mm立铣刀。

装夹选在φ30mm的孔上，并以其为对刀点，使编程简单，并能保证加工精度。确定走刀路线时，需考虑沿切向的切入切出。在具有直线及圆弧插补功能的铣床上进行加工。其走刀路线为 $O \rightarrow P_1 \rightarrow P_2 \rightarrow P_3 \rightarrow P_4 \rightarrow P_5 \rightarrow P_7 \rightarrow P_6 \rightarrow P_8 \rightarrow P_9 \rightarrow P_{10} \rightarrow O$，见表8-3。

2. 手工编程

（1）数学处理 须求出平面凸轮零件图形中各几何元素相交或相切的基点坐标值。应用三角、几何及解析几何的数学方法可计算出 P_1，P_2，…，P_{10}各点的坐标为：

$P_1(-50, 170)$ $\quad$ $P_2(-10, 130)$ $\quad$ $P_3(0, 130)$ $\quad$ $P_4(47.351, 98.750)$

$P_5(74.172, 30)$ $\quad$ $P_6(74.172, -30)$ $\quad$ $P_7(47.351, -98.750)$ $\quad$ $P_8(0, -130)$

$P_9(10, 130)$ $\quad$ $P_{10}(50, 170)$

表 8-3　数控加工走刀路线图

数控加工走刀路线图		零件图号	NC01	工序号		工步号		程序号		O100
机床型号	XK5032	程序段号	N10~N170	加工内容	铣周边	共 1 页		第　页		

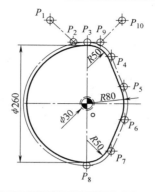

编程	
校对	
审批	

符号	⊙	⊗	◕	●—→	→	←↓	○- --	⌁	⇉
含义	抬刀	下刀	编程原点	起刀点	走刀方向	走刀线相交	爬斜坡	铰孔	行切

（2）编写程序单　按程序格式编写凸轮零件加工程序单如下：

序号	语句	注释
N100	%O033	程序号
N110	G92 X0 Y0 Z100；	//对刀
N120	G90 M03 S700；	//主轴正转
N130	G00 X-50 Y170；	//快进到下刀点
N140	G01 Z-9 F500；	//下刀 P1
N150	G01 G41 D01 X-10 Y130；	//→P2
N160	X0；	//→P3
N170	G02 X47.351 Y98.750 R50；	//→P4
N180	G01 X74.172 Y30.00；	//→P5
N190	G02 X74.172 Y-30 R80；	//→P6
N200	G01 X47.351 Y-98.750；	//→P7
N210	G02 X0.0 Y-130.0 R50；	//→P8
N220	G02 X0 Y130 R130；	//→P3
N230	G01 X10；	//→P9
N240	G40 G00 X50 Y170；	//→P10
N250	Z100；	//抬刀
N260	G01 X0 Y0 M05；	//回刀
N100	M02；	//结束

3. SolidWorks CAM 加工仿真

（1）加工分析

1）毛坯分析：类型为拉伸草图（大于上表面外轮廓 2mm），起始位置为上表面，终止位置为下表面。

2）特征分析：类型为 2.5 轴特征，类型为凸台，起始位置为上表面，终止位置为从下表面向下偏差 2mm。

（2）加工准备

1）零件建模：如图 8-8 所示，在 SolidWorks 中以上视基准面为草图平面创建一个 20mm 厚度的平面凸轮实体，保存为"平面凸轮 .sldprt"。

2）毛坯管理：如图 8-9 所示，单击左上角"特征树"的  切换到 SolidWorks CAM 特征树，然后双击特征树中的"毛坯管理"，弹出毛坯管理器对话框，如图 8-10 所示，设"毛坯类型"为"拉伸草图" 🗲🗲，单击上表面的"毛坯草图"，设"拉伸目标" ↙ 为"偏差面"，单击选择凸轮下表面，单击"确定"按钮 ✔ 生成毛坯。

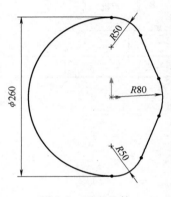

图 8-8　平面凸轮

图 8-9　切换到 SolidWorks CAM

图 8-10　毛坯管理

（3）提取加工特征

1）确定进刀方向：如图 8-11 所示，右键单击特征树中的"毛坯管理"，在弹出的菜单中选择"铣削零件设置"，如图 8-12 所示，单击工件上表面，设定加工方向（一定要保持 Z 轴是垂直于工件的），单击"确定"按钮 ✔，在设计树中出现"铣削零件设置 1"。

图 8-11　铣削零件设置

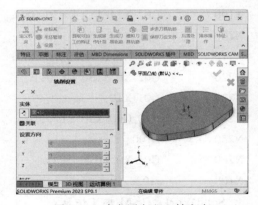

图 8-12　确定原点和 Z 轴方向

2）新建加工特征：如图 8-13 所示，右键单击设计树中的"铣削零件设置 1"，在弹出的菜单中选择"2.5轴特征",弹出"2.5轴特征"向导界面,设置特征"类型"为"凸台",单击"所选实体"框,并单击凸台上表面,单击"结束条件"按钮,设 🔧 为"从面偏差",选中凸轮上表面,设偏差值为2mm(这样做可以确保自动适应模型厚度修改),单击"确定"按钮 ✅,在SolidWorks CAM特征树中自动创建2.5轴特征"不规则凸台1"。

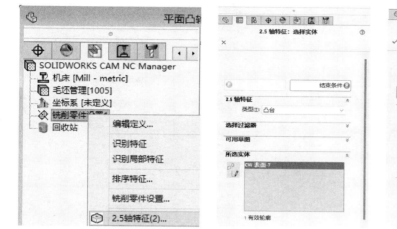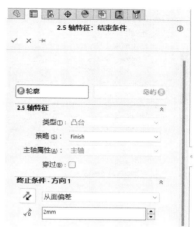

图8-13 新建2.5轴特征

(4)生成操作计划

1)选定加工特征:单击"SolidWorks CAM"工具栏上的"2.5轴铣削操作",弹出铣削操作设置对话框。如图8-14所示,选中"轮廓铣削",单击" 🔳 特征",在"特征用于轮廓铣削"中的"选取自可用"中选中"不规则凸台1",单击"确定"按钮。然后单击"确定"按钮 ✅,并弹出"操作参数"对话框。

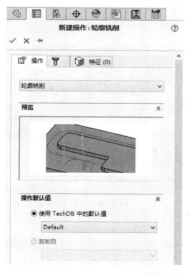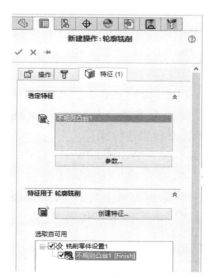

图8-14 选定加工特征

2)设置操作参数:如图8-15所示,单击切换到"刀具"选项卡,单击"铣刀"卡片,设置"切削直径"等参数。单击切换到"切入引导"选项卡，修改"引入类型"为"圆弧"，"之间链接"的"侧轨迹"设为"直接"（全程不提刀，加速铣削过程），单击"预览"按钮查看更改效果。设置刀具、切入方式等参数后，单击"确定"按钮。在 SolidWorks CAM 操作特征树中自动创建操作"轮廓铣削 1"。

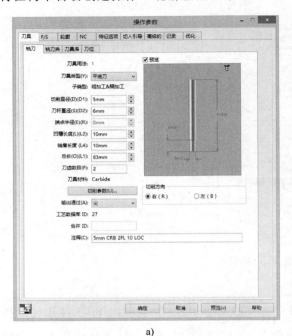
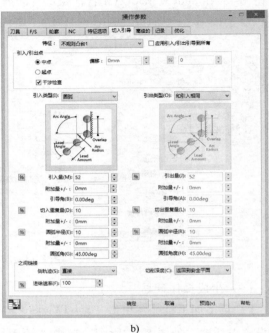

a)   b)

图 8-15 设置加工参数

a）刀具参数设置   b）切入方式设置

（5）生成刀具轨迹 在 SolidWorks CAM 操作特征树中右键单击操作树中的"轮廓铣削 1"，在弹出菜单中选择"生成刀具轨迹"。

（6）模拟刀具轨迹 如图 8-16 所示，在"SolidWorks CAM"工具栏上单击"模拟刀具轨迹"，单击"模拟刀具轨迹"工具栏上的"播放"按钮观看刀具轨迹模拟。

（7）输出 G 代码 在"SolidWorks CAM"工具栏上单击"后置处理"按钮，选择生成文件的保存位置并输入文件名"平面凸轮加工"，选择"播放"箭头输出 G 代码文件。

图 8-16 刀具轨迹模拟

8.2.2 外形与凹槽铣削加工

1. 问题描述

如图 8-17 所示，毛坯尺寸为 170mm×145mm×30mm，材料为 45 钢，六面已粗加工过，要求铣出轮廓和槽。

2. 加工工艺分析

- 定位基准与装卡：以已加工过的底面为定位基准。
- 工步顺序：①铣削外轮廓；②铣削直槽。

3. 外轮廓铣削

（1）加工准备

1）打开零件文件：在 SolidWorks 中打开"〈资源目录〉\8 CAM \ 外形与槽铣加工 . sldprt"
文件。

2）毛坯管理：单击左上角的"特征树" 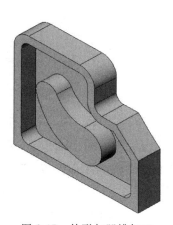切换到 SolidWorks CAM 特征
树，然后双击特征
树中的"毛坯管理"，弹出毛坯管理器对话框。如图 8-18 所示，选择"毛坯类型"为中间的
"拉伸草图"，打开 SolidWorks 特征树，并选中"毛坯草图"，选择方向控制方式为"偏差顶
点"，并在图形区选中下角顶点，单击"确定"按钮 ✔️，生成毛坯。

图 8-17　外形与凹槽加工

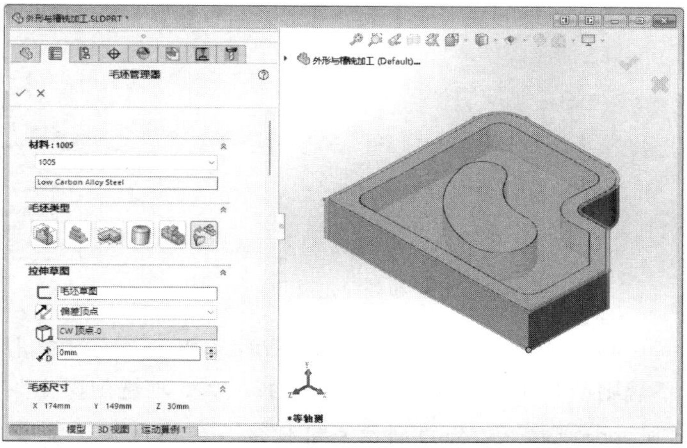

图 8-18　毛坯管理

（2）铣削零件设置　如图 8-19 所示，右键单击特征树中的"毛坯管理"，在弹出的菜单中
选择"铣削零件设置"。如图 8-20 所示，单击工件上表面，单击"确定"按钮 ✔️，设计树中
出现"铣削零件设置 1"。

图 8-19　铣削零件设置

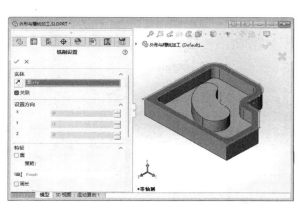

图 8-20　确定原点和 Z 轴方向

（3）新建外轮廓特征 如图 8-21 所示，右键单击设计树中的"铣削零件设置 1"，在弹出的菜单中选择"2.5 轴特征"，弹出"2.5 轴特征"向导界面，可利用特征向导设置以下参数。

1）特征和截面定义：如图 8-22 所示，设置特征"类型"为"凸台"，单击模型上表面，单击"结束条件"按钮。

2）选择终止条件：如图 8-23 所示，设置"终止条件·方向 1"为"直到顶点"，然后单击选中底面顶点。单击"完成"按钮，再单击"关闭"按钮完成 2.5 轴特征添加。

图 8-21 新建 2.5 轴特征 1

图 8-22 特征和截面定义 1

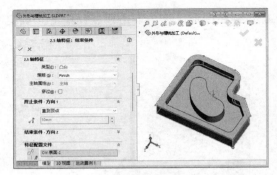

图 8-23 选择终止条件 1

（4）轮廓加工操作设置 如图 8-24 所示，右键单击操作树中的"铣削零件设置 1"下的"不规则凸台 1"，在弹出菜单中选择"2.5 轴铣削操作"→"轮廓铣削"。如图 8-25 所示，在特征列表中选择之前创建的 2.5 轴特征，然后单击"确定"按钮 ✔，自动创建操作，并弹出"操作参数"对话框。

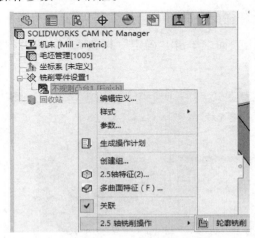

图 8-24 插入 2.5 轴铣削操作 1

图 8-25 操作特征选择 1

（5）操作参数设置

1）刀具参数设置：如图 8-26 所示，单击切换到"刀具"选项卡，单击"铣刀"卡片，设"轴肩长度"为30mm，单击"确定"按钮。

2）进给参数设置：切换到"F/S"（进给量）选项卡，修改主轴速度为1200r/min。

（6）生成刀路轨迹　右键单击操作树中的"轮廓铣削"，在弹出的菜单中选择"生成刀具轨迹"。

（7）模拟刀具轨迹　如图8-27所示，选择左上角的"模拟刀具轨迹"，单击"模拟刀具轨迹"工具栏上的"播放"按钮观看刀具轨迹模拟。关闭"模拟刀具路径"工具栏。

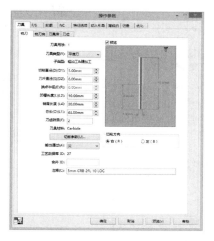

图8-26　刀具参数设置1

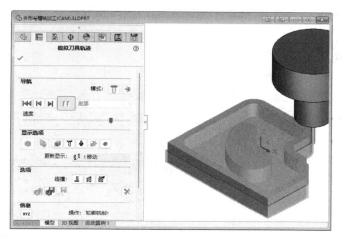

图8-27　刀具轨迹模拟1

4. 槽铣加工

（1）新建槽特征　单击左上角的"特征树" 切换到SolidWorks CAM特征树，如图8-28所示，右键单击设计树中的"铣削零件设置1"，在弹出的菜单中选择新建"2.5轴特征"，弹出"2.5轴特征"向导界面，可利用特征向导设置以下参数。

1）特征和截面定义：如图8-29所示，设置特征"类型"为"槽"，将左下侧列表框中的加工轮廓草图——Sketch2选入右下侧的已选实体列表框中，单击"结束条件"按钮。

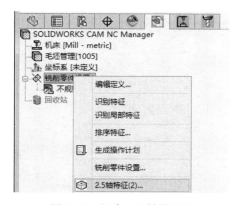

图8-28　新建2.5轴特征2

图8-29　特征和截面定义2

2）选择终止条件：如图8-30所示，设置"终止条件·方向1"为"直到面"，然后单击选中槽底面，单击"岛屿"按钮。

3）岛屿设定：如图 8-31 所示，单击岛屿图素列表框，在图形区单击岛屿顶面，单击"完成"按钮，再单击"关闭"按钮完成 2.5 轴特征添加。

（2）新建槽加工操作　如图 8-32 所示，右键单击操作树中的"铣削零件设置 1"，在弹出的菜单中选择"2.5 轴铣削操作"→"粗铣"。如图 8-33 所示，单击"特征"切换到列表中选择之前创建的槽特征，然后单击"确定"按钮 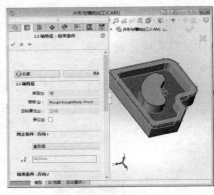，自动创建操作，并弹出"操作参数"对话框。

（3）操作参数设置

1）刀具参数设置：单击切换到"刀具"选项卡，

图 8-30　选择终止条件 2

单击"刀具库"卡片，选中其中的"6 号刀"，单击"选择"按钮，设轴肩长度为 30mm，单击"确定"按钮。

图 8-31　岛屿设定

图 8-32　插入 2.5 轴铣削操作 2

图 8-33　操作特征选择 2

2）进给参数设置：切换到"F/S"（进给量）选项卡，修改主轴速度为1200r/min。

（4）生成刀路轨迹

如图8-34所示，右键单击操作树中的"粗铣"，在弹出的菜单中选择"生成刀具轨迹"。

（5）模拟刀具轨迹

如图8-35所示，选择左上角的"模拟刀具轨迹"，单击"模拟刀具轨迹"工具栏上的"播放"按钮观看铣削过程模拟。关闭"模拟刀具路径"工具栏。

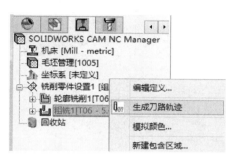

图8-34　刀具参数设置2

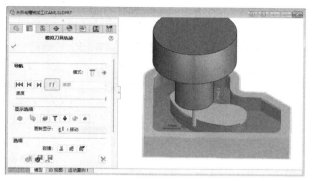

图8-35　刀具轨迹模拟2

5. 轮廓与槽铣加工后处理

（1）模拟所有刀具轨迹　如图8-36所示，右键单击操作树中的"铣削零件设置"，在弹出的菜单中选择"模拟刀具轨迹"，单击"模拟刀具轨迹"工具栏上的"播放"按钮观看刀具轨迹模拟，如图8-37所示。关闭"模拟刀具路径"工具栏。

图8-36　刀具参数设置3

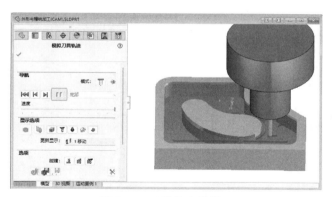

图8-37　刀具轨迹模拟3

（2）输出G代码　在"SolidWorks CAM"工具栏上单击"后置处理"，选择生成文件的保存位置并输入文件名"轮廓与槽铣加工"，选择"播放"箭头输出G代码文件。

8.3　SolidWorks CAM 数控车削加工

车削用来加工回转体零件，把零件通过自定心卡盘夹在机床主轴上，并高速旋转，然后用车刀按照回转体的母线走刀，切出产品外形来。数控车床可进行复杂回转体外形的加工，本节介绍SolidWorks CAM的数控车削功能。

手柄车削

8.3.1 车削入门——手柄车削加工

下面以图 8-38 所示手柄为例，介绍该自动识别特征和交互识别特征的车削加工。

1. 自动识别特征

（1）零件建模

在 SolidWorks 中打开〈资源文件〉中的零件"手柄.sldprt"。

（2）机床选择

如图 8-39 所示，切换到"SolidWorks CAM"工具栏，并单击其中的"定义机床"，在"机床"对话框中选中"可用机床"列表"车床"中"Turn Single Turret"，单击"选择"按钮，再单击"确定"按钮。

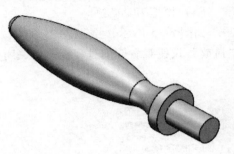

图 8-38　手柄

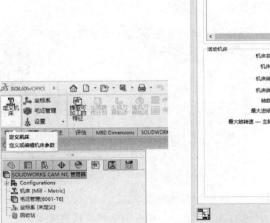

图 8-39　车床选择

（3）提取加工特征

单击"SolidWorks CAM"工具栏中的"提取可加工的特征"，自动提取可加工的特征，并在 SolidWorks CAM 特征树中显示。

（4）生成操作计划

单击"SolidWorks CAM"工具栏中的"生成操作计划"，自动为提取的加工特征生成操作计划，并在 SolidWorks CAM 操作树中显示。

（5）生成刀具轨迹

单击"SolidWorks CAM"工具栏中的"生成刀具轨迹"，自动按操作计划生成刀具轨迹。

（6）模拟刀具轨迹

如图 8-40 所示，单击"SolidWorks CAM"工具栏中的"模拟刀具轨迹"，单击"模拟刀具轨迹"工具栏上的"播放"按钮观看刀具轨迹模拟。

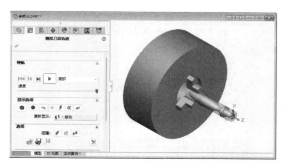

（7）输出 G 代码

单击"SolidWorks CAM"工具栏中的"后置处理"，选择生成文件的保存位置并输入文件名"手柄加工"，单击"播放"按钮来输出 G 代码文件。

图 8-40　刀具轨迹模拟

2. 交互识别特征车削

交互识别特征的车削加工包括设置实体毛坯、车柄身和车柄头等。

（1）零件建模

在 SolidWorks 中打开零件"手柄.sldprt"。

（2）机床选择

单击"SolidWorks CAM"工具栏中的"定义机床"。在"机床"对话框中选中"可用机床"列表中的"车床""Turn Single Turret"，单击"选择"按钮，再单击"确定"按钮。

（3）毛坯管理

双击特征树中的"毛坯管理"，弹出毛坯管理器对话框，如图 8-41 所示，设置"材料：1005"和"毛坯类型"（圆条形毛坯），单击"确定"按钮 ✔。

（4）车柄身

1）新建车削设置：如图 8-42 所示，右键单击特征树中的"毛坯管理"，在弹出的菜单中选择"车削设置"，单击"确定"按钮 ✔，在设计树中出现"车削设置 1"。

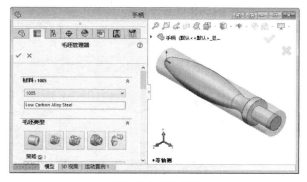

图 8-41　毛坯管理

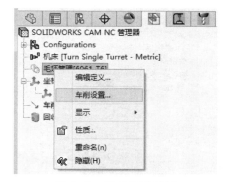

图 8-42　新建车削设置

2）新建车削特征：如图 8-43 所示，右键单击设计树中的"车削设置 1"，在弹出菜单中选择"车削特征"，弹出"新建车削特征"对话框，设"类型"为"OD 特征"（外圆特征），选中"〈零件轮廓〉"，单击柄身表面，单击"确定"按钮 ✔创建"OD 特征 1"。

图 8-43 新建车削特征 1

3）新建车削操作：如图 8-44 所示，右键单击设计树中的"OD 特征 1"，在弹出的菜单中选择"车削操作"→"精车"，选择 T03 号刀具，如图 8-45 所示，单击"确定"按钮 ✔。在"刀夹"卡片中选刀尖"右下"单选框，如图 8-46 所示，单击"确定"按钮。

图 8-44 插入精车操作

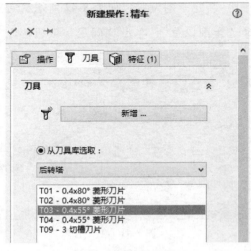

图 8-45 选择刀具

4）生成刀具轨迹：单击"SolidWorks CAM"工具栏中的"生成刀具轨迹"，自动按操作计划生成刀具轨迹。

5）模拟刀具轨迹：单击"SolidWorks CAM"工具栏中的"模拟刀具轨迹"，单击"模拟刀具轨迹"工具栏上的"播放"按钮观看刀具轨迹模拟。

（5）车柄头

1）新建车削特征：单击左上角"特征树" 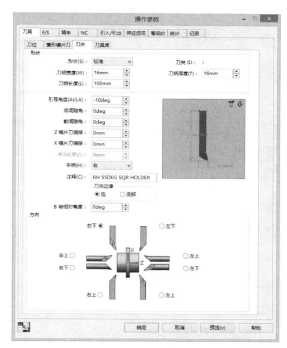 切换到 SolidWorks CAM 的特征树，右键单击设计树中的"车削设置 1"，在弹出菜单中选择"车削特征"，弹出"新建车削特征"对话框，设"类型"为"OD 特征"（外圆特征），选中"〈零件轮廓〉"，如图 8-47 所示，单击柄头表面，单击"确定"按钮 ✔ 创建"OD 特征 2"。

2）新建精车 2 操作：右键单击设计树中的"OD 特征 2"，在弹出菜单中选择"车削操作"→"精车"，选择 T03 号刀具，单击"确定"按钮 ✔。在"刀夹"卡片中选刀尖"左下"单选框，单击"确定"按钮新建精车 2 操作。

图 8-46　设刀尖方向

3）生成刀具轨迹：单击"SolidWorks CAM"工具栏中的"生成刀具轨迹"，自动按操作计划生成刀具轨迹。

4）模拟刀具轨迹：单击"SolidWorks CAM"工具栏中的"模拟刀具轨迹"，单击"模拟刀具轨迹"工具栏上的"播放"按钮观看刀具轨迹模拟。

图 8-47　新建车削特征 2

（6）模拟所有刀具轨迹

在 SolidWorks CAM"操作树"中，右键单击"车削设置 1"，在弹出菜单中选择"车削操作设置 1"，单击"模拟刀具轨迹"工具栏上的"播放"按钮观看所有刀具轨迹模拟。

（7）输出 G 代码

单击"SolidWorks CAM"工具栏中的"后置处理"，选择生成文件的保存位置并输入文件名"手柄加工"，选择"播放"箭头来输出 G 代码文件。

8.3.2　整体辗钢车轮车削加工

铁路客车用辗钢整体车轮 SolidWorks CAM 车削加工过程如下。

1. 加工分析

轧制后的毛坯车轮要经过切削加工才能达到车轮的尺寸精度、几何公差以及表面粗糙度的要求，具体加工流程见表 8-4。

表 8-4　铁路客车用辗钢整体车轮 SolidWorks CAM 车削加工过程

序号	工序名称	主要内容
1	加工准备	1）机床类型：车床 2）毛坯类型：草图旋转。草图：断面外偏 2mm
2	镗轮毂孔	1）加工方向：默认。特征类型：ID 特征。位置：轮毂孔柱面 2）粗镗参数：特征选项中的端部长度 = 10mm 3）精镗参数：特征选项中的端部长度 = 10mm
3	车内侧面	1）加工方向：默认。特征类型：ID 特征。位置：内辋面 + 内辐板面 + 内毂面 2）槽粗加工参数：默认 3）槽精加工参数：默认
4	车外侧面	1）加工方向：反向。特征类型：ID 特征。位置：外辋面 + 外板面 + 外毂面 2）槽粗加工参数：默认 3）槽精加工参数：默认
5	车镟踏面	1）加工方向：反向。特征类型：OD 特征。位置：踏面 + 轮缘面 2）槽粗加工参数：默认 3）槽精加工参数：默认

2. 加工准备

（1）零件建模

打开〈资源目录〉中的"辗钢整体车轮 . SLDPRT"零件文件。

（2）机床选择

单击"SolidWorks CAM"工具栏中的"定义机床"。在"机床"对话框中选中"可用机床"列表中"车床"中的"Turn Single Turret"，单击"选择"按钮，再单击"确定"按钮。

（3）毛坯管理

双击"特征树"中的"毛坯管理"，弹出毛坯管理器对话框，如图 8-48 所示，毛坯类型选中自旋转的草图，选中"可用草图"中的"毛坯草图"，单击"确定"按钮。

3. 镗轮毂孔

（1）新建镗轮毂孔设置

如图 8-49 所示，在 SolidWorks CAM "特征树"中，右键单击"毛坯管理"，在弹出的菜单中选择"车削设置"，单击"确定"按钮，默认加工方向，设计树中出现"车削设置 1"，右键单击，在弹出的菜单中选择"重命名"，更名为"镗轮毂孔"。

（2）提取镗轮毂孔特征

如图 8-50 所示，右键单击设计树中的"镗轮毂孔"，在弹出菜单中选择"车削特征"，弹出"新建车削特征"对话框，选择特征"类型"为"ID 特征"，在图形区单击选中轮毂孔面，单击"确定"按钮创建"ID 特征 1"。

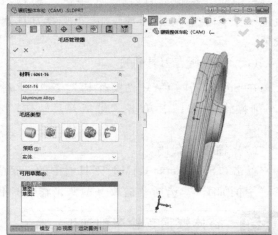

图 8-48　毛坯管理

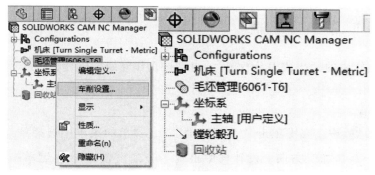

图 8-49 新建镗轮毂孔设置

图 8-50 新建镗轮毂孔设置

（3）新建粗镗加工操作

如图 8-51 所示，在 SolidWorks CAM "特征树" 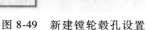 中，右键单击 "ID 特征 1"，在弹出菜单中选择 "车镗操作"→"粗镗"，然后单击 "确定" 按钮 ✔，弹出 "操作参数" 设置对话框，设 "特征选项" 选项卡中的 "端部长度" 为 10mm，单击 "确定" 按钮。

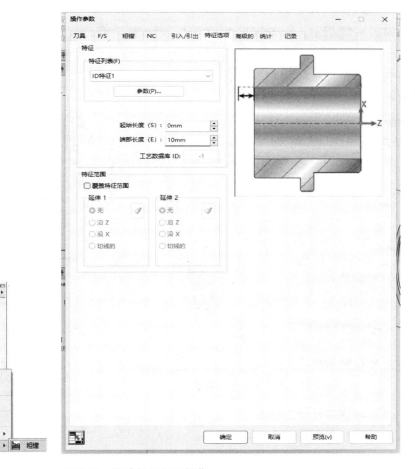

图 8-51 新建粗镗加工操作

（4）新建精镗加工操作

重复上述步骤新建精镗加工操作。

（5）生成刀具轨迹

单击"SolidWorks CAM"工具栏中的"生成刀具轨迹"，自动按操作计划生成刀具轨迹。

4. 车内侧面

（1）新建车内侧面设置

在 SolidWorks CAM "特征树" 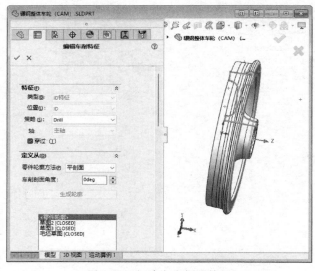 中，右键单击"毛坯管理"，在弹出的菜单中选择"车削设置"，单击"确定"按钮 ✔，默认加工方向，设计树中出现"车削设置1"，右键单击，在弹出菜单中选择"重命名"，更名为"车内侧面"。

（2）新建车内侧面特征

在 SolidWorks CAM "特征树" 中，右键单击"车内侧面"，在弹出的菜单中选择"车削特征"，弹出"编辑车削特征"对话框，如图 8-52 所示，选择特征"类型"为"ID 特征"，在图形区依次单击选中轮毂内端面、内辐板面和轮辋内端面，单击"确定"按钮 ✔ 创建车削特征"ID 特征 2"。

（3）新建槽粗加工操作

如图 8-53 所示，在 SolidWorks CAM "特征树" 中，右键单击"ID 特征 2"，在弹出菜单中选择"车槽操作"→"槽粗加工"，单击"确定"按钮 ✔，弹出"操作参数"对话框，切换到"槽粗加工"选项卡，设"凹槽刀具"为"左"，单击"确定"按钮接受默认加工参数。

图 8-52　新建车内侧面特征

图 8-53　新建槽粗加工操作

（4）新建槽精加工操作

重复上述步骤新建槽精加工操作。

（5）生成刀具轨迹

单击"SolidWorks CAM"工具栏中的"生成刀具轨迹"，自动按操作计划生成刀具轨迹。

5. 车外侧面

（1）新建车外侧壳面设置

在 SolidWorks CAM "特征树" 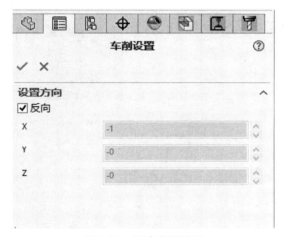 中，右键单击 "毛坯管理"，在弹出菜单中选择 "车削设置"，如图 8-54 所示，在 "车削设置" 对话框中，选中 "反向" 复选框，单击 "确定" 按钮 ✓，设计树中出现 "车削设置 3"，右键单击，在弹出菜单中选择 "重命名"，更名为 "车外侧面"。

（2）新建车外侧面特征

在 SolidWorks CAM "特征树" 中，右键单击 "车外侧面"，在弹出菜单中选择 "车削特征"，弹出 "编辑车削特征" 对话框，如图 8-55 所示，选择特征 "类型" 为 "ID 特征"，在图形区单击选中轮毂外端面、内辐板面和轮辋外端面，单击 "确定" 按钮 ✓ 创建车削特征 "ID 特征 3"。

图 8-54　新建车削设置

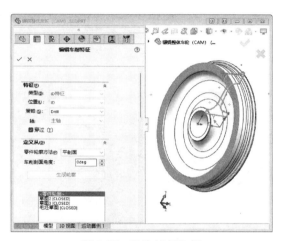

图 8-55　操作特征选择

（3）新建槽粗加工削操作

在 SolidWorks CAM "特征树" 中，右键单击 "ID 特征 3"，在弹出菜单中选择 "车槽操作" → "槽粗加工"，然后单击 "确定" 按钮 ✓，切换到 "槽粗加工" 选项卡，设 "凹槽刀具" 为 "右"，弹出 "操作参数" 对话框，单击 "确定" 按钮接受默认加工参数。

（4）新建槽精加工操作

.重复上述步骤新建槽精加工操作。

（5）生成刀具轨迹

单击 "SolidWorks CAM" 工具栏中的 "生成刀具轨迹"，自动按操作计划生成刀具轨迹。

6. 车镟踏面

（1）新建车削设置

在 SolidWorks CAM "特征树" 中，右键单击 "毛坯管理"，在弹出的菜单中选择 "车削设置"，如图 8-54 所示，在 "设置方向" 中选中 "反向" 复选框，单击 "确定" 按钮 ✓，设计树中出现 "车削设置 4"，右键单击，在弹出菜单中选择 "重命名"，更名为 "车镟踏面"。

（2）新建车削特征

在 SolidWorks CAM "特征树" 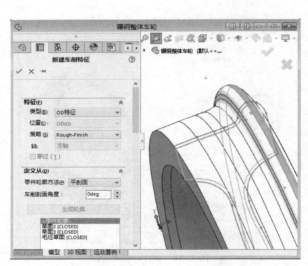 中，右键单击 "车辙踏面"，在弹出菜单中选择 "车削特征"，弹出 "新建车削特征" 对话框，如图 8-56 所示，选择特征 "类型" 为 "OD 特征"，在图形区单击选中踏面和轮缘所有面，单击 "确定" 按钮 ✔ 创建车削特征 "OD 特征 1"。

（3）新建槽粗加工操作

如图 8-56 所示，在 SolidWorks CAM "特征树" 中右键单击 "OD 特征 1"，在弹出菜单中选择 "车槽操作"→"槽粗加工"，然后单击 "确定" 按钮 ✔，在弹出 "操作参数" 对话框的 "刀夹" 卡片中选刀尖 "右下" 单选框，如图 8-57 所示。

图 8-56　新建车削特征

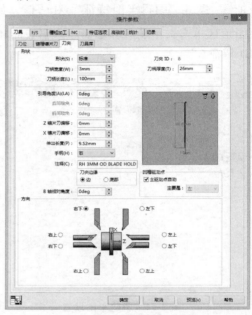

图 8-57　刀尖方向设置

单击 "确定" 按钮接受默认加工参数。

（4）新建槽精加工操作

重复上述步骤新建精车操作。

（5）生成刀具轨迹

单击 "SolidWorks CAM" 工具栏中的 "生成刀具轨迹"，自动按操作计划生成刀具轨迹。

7. 后处理

（1）模拟刀具轨迹

在 SolidWorks CAM 操作树中右键单击 "SolidWorks CAM NC Manager"，在弹出菜单中选择 "模拟刀具轨迹"，如图 8-58 所示，单击 "模拟刀具轨迹" 工具栏上的 "截面视图：全部"，选择 "四分之三"，单击 "播放" 按钮观看刀具轨迹模拟。

（2）输出 G 代码

单击 "SolidWorks CAM" 工具栏中的 "后置处理"，自动为提取的加工特征生成操作计划，并在 SolidWorks CAM 操作树中显示。

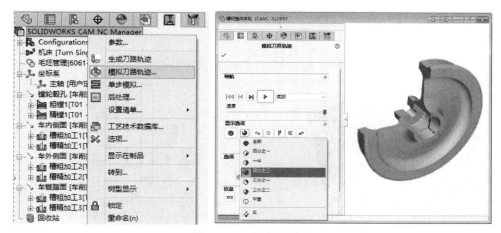

图 8-58　刀具轨迹模拟

8.4　习题 8

8-1　完成以下问题

1）简述数控编程的内容和步骤。SolidWorks CAM 的主要功能有哪些？

2）用交互式方法完成引例中槽型凸轮的槽铣加工。

8-2　图 8-59 所示的两个工件厚度均为 10mm，编写外轮廓加工程序。

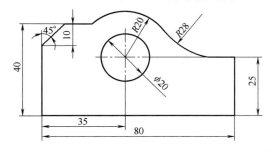

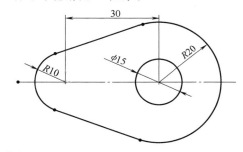

图 8-59　外轮廓加工

8-3　编写图 8-60 所示的两个零件的铣内腔程序。

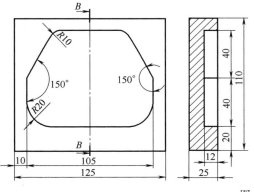

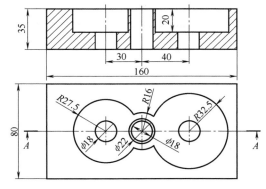

图 8-60　铣内腔

8-4 利用资源文件中的"挖斜槽.sldprt"和"挖斜槽毛坯.sldprt",完成图 8-61 所示零件的"Z 层"3 轴铣削操作。

8-5 完成图 8-62 所示的齿轮轴的车削加工。

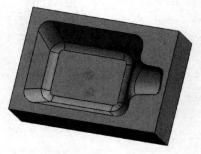

图 8-61 挖斜槽

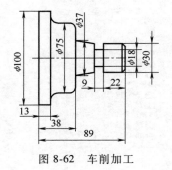

图 8-62 车削加工

参 考 文 献

[1] 商跃进，曹茹. SolidWorks 2018 三维设计及应用教程［M］. 北京：机械工业出版社，2018.

[2] 赵罘，杨晓晋，赵楠. SolidWorks 2021 中文版 机械设计从入门到精通［M］. 北京：人民邮电出版社，2021.

[3] 胡仁喜，孙立明. SOLIDWORKS 2018 中文版标准实例教程［M］. 北京：机械工业出版社，2019.

[4] 窦忠强，曹彤，陈锦昌，等. 工业产品设计与表达［M］. 3 版. 北京：高等教育出版社，2016.

[5] 潘春祥，李香，陈淑清. SolidWorks 2018 中文版 基础教程［M］. 北京：人民邮电出版社，2019.

[6] DS SOLIDWORKS 公司，陈超祥，胡其登. SOLIDWORKS® Flow Simulation 基础教程：2018 版［M］. 北京：机械工业出版社，2018.

[7] 张宏文，吴杰. 传动齿轮接触应力的有限元分析［J］. 石河子大学学报（自然科学版），2008，26（2）：238-240.